Visual Fortran

程式設計

與開發

陳鴻智
張嘉強　編著

編者序

我們是學工程的，第一個接觸到的程式是以福傳(Fortran)語法寫的，工程計算上用到的計算機語法大部份也都是以 Fortran 語法寫成的，雖然目前可以挑選的語法琳瑯滿目，但是我們仍然是 Fortran 的愛好者。近年來視窗環境的流行，使用者按幾下滑鼠，敲幾個鍵盤，就可跑出結果來，畫面也顯得多彩多姿，相對於只有簡單文字畫面，還要背一大堆指令才能完成計算的時代，已差距大矣。近年來，Fortran 語法也引進時下最流形的概念，像是：物件導向、指標等等的設計，已慢慢追上時代潮流。

我們為什麼要用 Visual Fortran 呢?

- 在 Windows 95/NT 系統下，MS-DOS 模式屬執行後不理之型式，以至程式若在 MS-DOS 模式下執行時，會增加程式整合困難及程式結束後系統資源釋放不完整的問題，因此還是採用 32 位元版本的編譯器較為妥當。

- Compaq Visual Fortran 為 32 位元版本的編譯器，其前身 Microsoft Fortran PowerStation 係微軟公司出品，在微軟的作業系統下，其搭配性當可較為穩定。

- Compaq Visual Fortran 支援四種 Windows 32 位元模式執行檔，其中兩種模式 (Win32 Console Application) 需以 WinMain 模組為啟動模組；另外兩種模式為 QuickWin Application 及 Standard Graphics Application。QuickWin Application 為多重文件介面 (MDI)，一般建議傳統 Fortran 程式撰寫者採用本模式進入 Windows 系統， Standard Graphics Application (SDI) 為單一文件介面，其修改方式與 QuickWin Application 同。

還有一個最強的理由‧‧‧

- Compaq Visual Fortran 提供的 IMSL 函式庫(包括數學，特殊函式，統計)物超所值，另外 Microsoft Fortran PowerStation 時代亦提供了 Numerical Receipt 函式，均是其優勢，此外散佈於各處，使用多年且穩定的 Fortran 子程式都還可以繼續使用。

所以，我們決定繼續使用 Fortran 語言。不過當初要跨過門檻進入視窗的世界，還真不如想像中的容易，你要知道什麼是視窗訊息、功能表、工具列等等，一大堆煩雜的東西，這些都是能使畫面好看，使用者方便的功能，但對程式設計而言卻是夢魘的開始。

我們很樂於將心得整理發表。本書討論的焦點是以發展 Fortran 視窗程式爲主軸，你需要一點基礎的 Fortran 知識，並熟悉視窗操作，才能充分掌握書上的內容，使得程式運作能夠開花結果。我們已經把書上的例子作成完整的檔案，附在光碟當中，方便參考。

目錄

第 1 章

開始

1.1 CVF 大觀

CVF(Compaq Visual Fortran)用了與 Microsoft Visual C++開發環境相同的介面，如圖 1-1。圖 1-1 專案內容區下方有三個標籤，分別為 FileView、ResourceView、ClassView 標籤，FileView 標籤展現專案的內容檔案，ResourceView 標籤展現諸如：對話盒、圖像等資源，ClassView 標籤只在 Visual C++開發環境下有作用。Visual Fortran 並未用到它。

在專案的內容區，以滑鼠點擊檔案，右邊的文字編輯區就會出現檔案內容，所有 Fortran 語言的保留字均以藍色色調顯示，註解文字則以綠色色調顯示，其餘文字則為黑色色調顯示，使用者很快也很方便地修改內容。

編譯工具列顯示了編譯過程中會用到的各種按鈕，編譯結果會出現在底下的編譯結果輸出區內，通常它會顯示有關編譯、連結錯誤的情形，你可以根據其底部不同的標籤來看想知到的內容。至於要如何根據編譯、連結錯誤的報告內容來逐一修正程式，那需要不時參閱線上說明，如圖 1-2，或隨時準備一本 Fortran 語法的參考書籍，隨時翻查，假以時日，你就能很快、很正確地修正錯誤。

有幾個網站可以提供幫助：

http://www.compaq.com/Fortran

http://www.compaq.com/math

http://microsoft.com

http://msdn.microsoft.com

http://www.opengl.org

http://developer.intel.com

另外，也可參加討論群，提出問題：

comp.graphics.algorithms

comp.graphics.api.opengl

comp.lang.Fortran

comp.os.ms-windows.programmer.win32

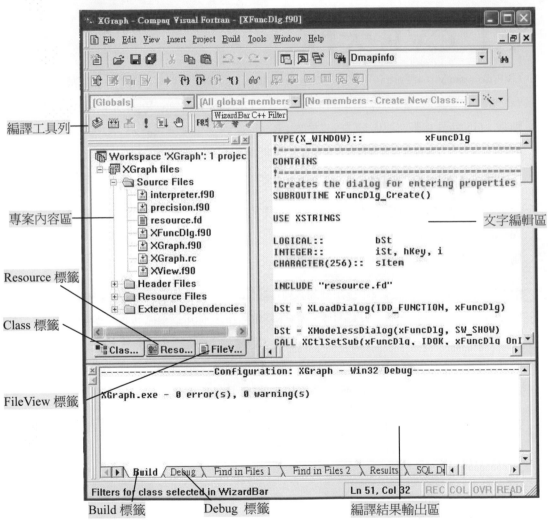

圖 1-1 CVF 開發環境

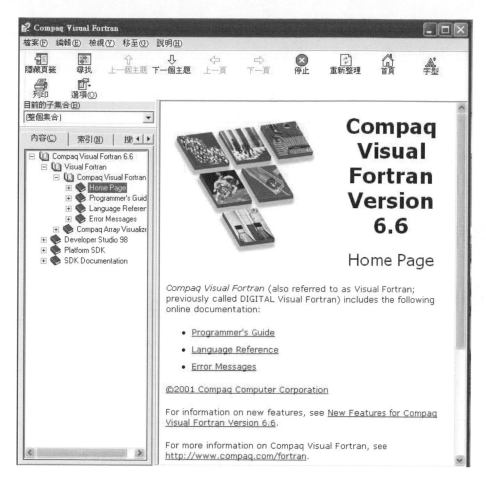

圖 1-2 CVF 線上說明

1.2　簡單 DOS 程式

假如你有使用 Fortran 語言的經驗，下面的程式是一個很基本的 Fortran 程式，我將用它來解釋，怎麼撰寫視窗程式。

本程式的目的是讀入一個字串，把它轉換成兩個變數值，並把它相加後，開啓一個文字檔，將結果存入。

```
program primitive
real*4 a，b，c
```

```fortran
character*7 input_file
input_file='1.0 2.0'
read(input_file，*) a，b
c = a + b
open(unit=1，file="result_file.txt")
write(1，"(f10.3)") c
close(1)
stop
end
```

程式碼 1-1

1.3　進入視窗第一步

CVF 可以自動產生簡單的視窗程式，如圖 1-3， File→New 製作一個新的專案。

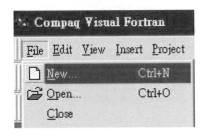

圖 1-3

在 Files Projects 點選 Fortran Windows Applications，並在 Project name： 填入專案名稱， Location： 選擇專案放置的位置。

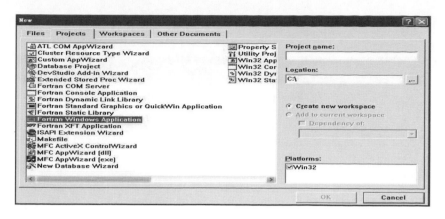

圖 1-4

為了自動產生程式，選 A simple Document Interface(SDI)，按 Finish ，如圖 1-5。

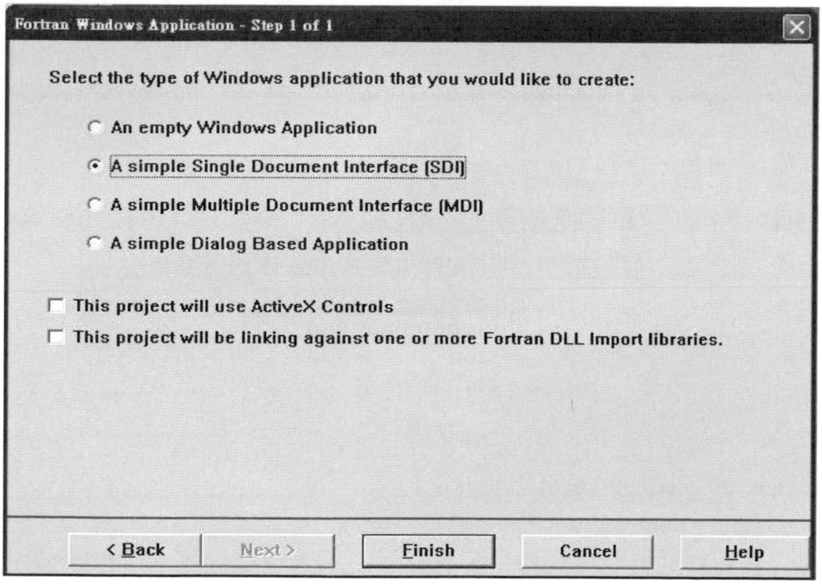

圖 1-5

這樣就會自動生成一個完整的專案內容，如圖 1-6，但是還是個空殼子。

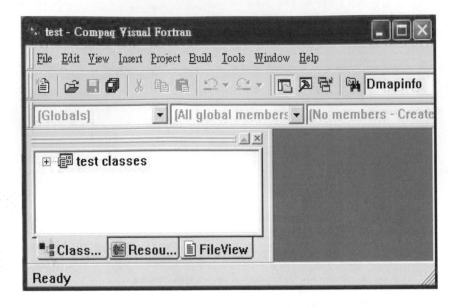

圖 1-6

我們的目的是作真正滿足自己需要的視窗程式，好！讓我們進入視窗的第一步--沒什麼意義，但它是一個正確的程式。我們仿照 Fortran DOS 骨幹寫法：

```
program nothing
stop
end
```

程式碼 1-2

您瞧，DOS 程式變成了 Window 程式：

```
integer function WinMain(hInstance，hPrevInstance，lpszCmdLine， &nCmdShow)
    !DEC$ IF DEFINED(_X86_)
    !DEC$ ATTRIBUTES STDCALL, ALIAS : '_WinMain@16' :: WinMain
    !DEC$ ELSE
    !DEC$ ATTRIBUTES STDCALL, ALIAS : 'WinMain' :: WinMain
    !DEC$ ENDIF
    integer hInstance,hPrevInstance,nCmdShow,lpszCmdLine
    WinMain = 0
    end
```

程式碼 1-3

就這麼簡單，把 DOS 的程式與套上 Windows 的外框，完成了一個最的 Windows 程式。

```
! Windows 程式的外框碼,由程式碼 1-3 取得的
  integer function WinMain( hInstance, hPrevInstance, &
                            lpszCmdLine, nCmdShow )
!DEC$ IF DEFINED(_X86_)
!DEC$ ATTRIBUTES STDCALL, ALIAS : '_WinMain@16' :: WinMain
!DEC$ ELSE
!DEC$ ATTRIBUTES STDCALL, ALIAS : 'WinMain' :: WinMain
!DEC$ ENDIF
    integer hInstance,hPrevInstance,nCmdShow,lpszCmdLine
! Windows 程式的外框碼結束


! DOS 程式的外框碼,由程式碼 1-1 取得的
    real*4 a,b,c
    character*7 input_file
    input_file='13.512 21.033'
    read(input_file,*) a,b
    c = a + b
    open(unit=1,file="result_file.txt")
    write(1,"(f10.3)") c
    close(1)
! DOS 程式結束
  WinMain = 0
  end
! 程式結束
```

程式碼 1-4

此外，我們將上面程式碼加了視窗介面，讓它看起來像是程式。MessageBox function 是一個簡單的視窗，在往後的程式您可以像使用"read"般的使用，就不再贅述。

```
! Windows 程式的外框碼,由程式碼 1-3 取得的
  integer function WinMain( hInstance, hPrevInstance, &
                            lpszCmdLine, nCmdShow )
!DEC$ IF DEFINED(_X86_)
!DEC$ ATTRIBUTES STDCALL, ALIAS : '_WinMain@16' :: WinMain
!DEC$ ELSE
!DEC$ ATTRIBUTES STDCALL, ALIAS : 'WinMain' :: WinMain
!DEC$ ENDIF
    integer hInstance,hPrevInstance,nCmdShow,lpszCmdLine
! Windows 程式的外框碼結束
```

```
!  DOS 程式的外框碼,由程式碼 1-1 取得的
    real*4 a,b,c
    character*7 input_file
    input_file='13.512 21.033'
    read(input_file,*) a,b
    c = a + b
    open(unit=1,file="result_file.txt")
    write(1,"(f10.3)") c
    close(1)
!  DOS 程式結束

!  跑出一個訊息,把"B"的內容顯示出來
    iret = MessageBox(NULL, "Program ended"C, "B", MB_OK)
  WinMain = 0
  end
!  程式結束
```

程式碼 1-5

第 2 章

視窗是什麼

為以後說明方便，以下列出各種視窗上各種組成的稱謂(有些並未出現於圖中)，如圖 2-1，這些名稱都以 Microsoft 公佈的詞彙為依據。

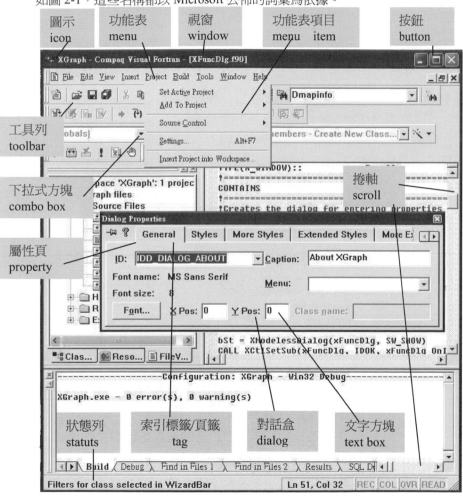

圖 2-1

2.1   視窗是什麼

根據 Microsoft 的說法，視窗是：

1."所謂視窗就是螢幕上一塊方形區域，它用來顯示結果及供使用者輸入，視窗彼此共用，但同一時間只能有一個窗子接受輸入，使用者可借滑鼠或鍵盤與之溝通"；

2."所謂視窗是以 Win32 為根基，它與使用者互相溝通並完成工作，故首要之務在建立視窗，並作視窗間的溝通、縮放、移動和顯示等"；

3."每一個以 Win32 為根基的繪圖視窗，至少要產生一個主視窗(main window)，以作為應用程式的頭，供使用者與其溝通，大部分的應用程式還會直接或間接產生其它視窗來作事，這些事是與主視窗有關係的，各個視窗只顯示部分輸出及接受使用者輸入"；

使用 CVF 很容易發展 Win32 API(Window 32 Application Programming Iinterface) 視窗程式，這個由視窗系統提供的 Win32 API，分為好幾個動態聯結函式庫(DLL) 。這群 Win32 函式都由 C 呼叫，CVF 已經把大部分的呼叫介面定義好了，使用時只要查一下 Program Files\DF98\include*.F90 中有關函式的描述，該填那些參數，參數的型態是什麼・・・等等。所有 Win32 API 函式均有線上說明，如圖 2-2：

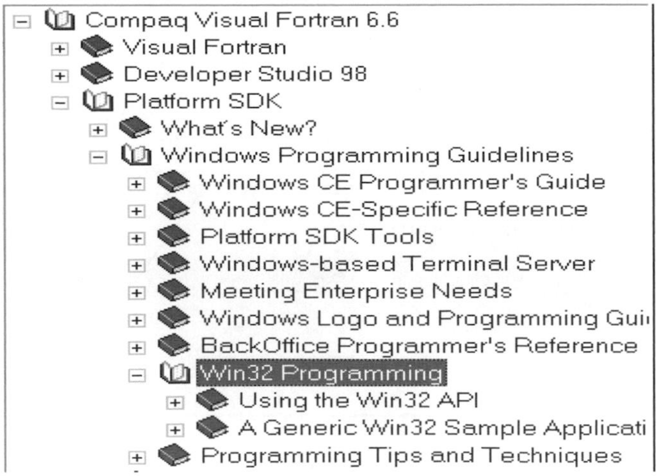

```
⊟ 🕮 Compaq Visual Fortran 6.6
  ⊞ 📚 Visual Fortran
  ⊞ 📚 Developer Studio 98
  ⊟ 🕮 Platform SDK
    ⊞ 📚 What's New?
    ⊟ 🕮 Windows Programming Guidelines
      ⊞ 📚 Windows CE Programmer's Guide
      ⊞ 📚 Windows CE-Specific Reference
      ⊞ 📚 Platform SDK Tools
      ⊞ 📚 Windows-based Terminal Server
      ⊞ 📚 Meeting Enterprise Needs
      ⊞ 📚 Windows Logo and Programming Gui
      ⊞ 📚 BackOffice Programmer's Reference
      ⊟ 🕮 Win32 Programming
        ⊞ 📚 Using the Win32 API
        ⊞ 📚 A Generic Win32 Sample Applicati
      ⊞ 📚 Programming Tips and Techniques
```

圖 2-2

常用到的 DLL 如下表：

DLL 名稱	說明
KERNEL32	低階操作函式，專門處理記憶體安排，工作流程安排及掌握資源。
USER32	處理視窗，包括訊息，功能表，滑鼠及大部分非顯示函式。
GDI32	它是一個繪圖介面函式庫，例如繪製線，字型等等。
COMDLG32	通用對話方塊，像是打開檔案，列印文件時，出現的方塊。
VERSION	版本控制。
COMCTL32	一般像是工具列，按鈕，下拉式方塊‥‥等，都是透過它來運作，是視窗程式的精華，以後我們花一些篇幅來詳細說明，參閱 4.2。

要如何使用呢？在 CVF 中的用法：**USE** KERNEL32，若是不曉得該用那一個，那就用 **USE** DFWIN 吧！

2.2　基本型(如 SDI 等)

從 1.3 節得到的知識，要製作一個 Windows 程式並不是很困難，分析 SDI 最基本骨架，它是由下列幾步驟組成：

1.產生 WinMain 函式
2.填註 WNDCLASS

3.註冊 window's class - RegisterClass 函式

4.產生視窗 - CreateWindow(Ex) 函式

5.訊息分派

6.處理訊息

底下的 Windows 程式框架的功能，只處理結束訊息，以後我們會在其中逐步添加其他功能，說明時將不再把全部程式碼列出 Windows 程式只要掌握住這個基本框架後，撰寫 Windows 程式應該不困難。

```
! 1.產生 WinMain 函式
integer function WinMain( hInstance, hPrevInstance, &
lpszCmdLine, nCmdShow )
!DEC$IF DEFINED(_X86_)
!DEC$ ATTRIBUTES STDCALL,  ALIAS : '_WinMain@16' :: WinMain
!DEC$ ELSE
!DEC$ ATTRIBUTES STDCALL,   ALIAS : 'WinMain' :: WinMain
!DEC$ ENDIF
use      dfwin  !Win32 API 函式
integer    hInstance,hPrevInstance,nCmdShow,lpszCmdLine
type    (T_WNDCLASS)   wc
type    (T_MSG)   mesg
integer    hWnd
interface
integer  function MainWndProc ( hWnd,mesg,wParam, lParam )
!DEC$ IF DEFINED(_X86_)
!DEC$ ATTRIBUTES STDCALL, ALIAS : '_MainWndProc@16'&
:: MainWndProc
!DEC$ ELSE
!DEC$ ATTRIBUTES STDCALL, ALIAS : '_MainWndProc &
:: MainWndProc
!DEC$ ENDIF
use   dfwin
integer   hWnd, mesg, wParam, lParam
end  function MainWndProc
end  interface
character*100 lpszClassName,lpszAppName
  lpszCmdLine    = lpszCmdLine
  nCmdShow       = nCmdShow
  hPrevInstance  = hPrevInstance
  lpszClassName ="MinimalApp"C
  lpszAppName   ="Minimal Window-based Application Sample"C

 ! 2.填註 WNDCLASS
  wc%lpszClassName = LOC(lpszClassName)
  wc%lpfnWndProc   = LOC(MainWndProc)
  wc%style         = IOR(CS_VREDRAW, CS_HREDRAW)
```

```fortran
  wc%hInstance      = hInstance
  wc%hIcon          = LoadIcon( NULL,IDI_APPLICATION)
  wc%hCursor        = LoadCursor( NULL, IDC_ARROW )
  wc%hbrBackground = ( COLOR_WINDOW+1 )
  wc%lpszMenuName   = 0
  wc%cbClsExtra     = 0
  wc%cbWndExtra     = 0
! 3.註冊
  iret = RegisterClass(wc)

! 4.產生視窗 - CreateWindow(Ex) 函式
hWnd=CreateWindowEx( 0,lpszClassName, lpszAppName, &
        INT(WS_OVERLAPPEDWINDOW),CW_USEDEFAULT, &
         0,CW_USEDEFAULT,0,NULL,NULL,hInstance,NULL)
  iret = ShowWindow( hWnd, SW_SHOWNORMAL)
! 5.訊息分派及處理訊息
  do while(GetMessage (mesg,NULL, 0, 0) .NEQV. .FALSE.)
    i = TranslateMessage( mesg )
    i = DispatchMessage( mesg )
  end do
! 結束程式
  WinMain = 0
  end
! 程序主體
integer function MainWndProc ( hWnd, mesg, wParam, lParam )
!DEC$IF DEFINED(_X86_)
!DEC$ ATTRIBUTES STDCALL, ALIAS : '_WinMain@16' :: WinMain
!DEC$ ELSE
!DEC$ ATTRIBUTES STDCALL, ALIAS : 'WinMain' :: WinMain
!DEC$ ENDIF
  use    dfwin
  integer   hWnd, mesg, wParam, lParam
  select   case(mesg)
     case (WM_DESTROY)
       call   PostQuitMessage( 0 )
       MainWndProc = 0
       return
     case default
       MainWndProc = DefWindowProc( hWnd, mesg, wParam, &
                   lParam )
  end select
!訊息結束
  return
  end
! 結束程式
```

程式碼 2-1

2.3　對話窗型

還有一種常會用到的視窗，就是對話窗型視窗，分析對話窗型視窗基本骨架，它是由下列幾步驟組成：

1.產生 WinMain 函式；

2.產生對話窗- DialogBox 函式；

3.產生對話窗訊息程序；

4.使用資源編輯對話窗。

```fortran
integer function WinMain( hInstance,PrevInstance,lpszCmdLine, nCmdShow )
!DEC$IF DEFINED(_X86_)
!DEC$ ATTRIBUTES STDCALL, ALIAS : '_WinMain@16' :: WinMain
!DEC$ELSE
!DEC$ ATTRIBUTES STDCALL, ALIAS : 'WinMain' :: WinMain
!DEC$ENDIF
use     dfwin
integer   hInstance,hPrevInstance,nCmdShow,lpszCmdLine
interface
  integer*4 function AboutDlgProc( hwnd, mesg, wParam, Param )
!DEC$IF DEFINED(_X86_)
!DEC$ ATTRIBUTES STDCALL, ALIAS : '_AboutDlgProc@16' :: AboutDlgProc
!DEC$ELSE
!DEC$ ATTRIBUTES STDCALL, ALIAS : 'AboutDlgProc' :: AboutDlgProc
!DEC$ENDIF
  use         dfwin
  integer       hwnd
  integer       mesg
  integer       wParam
 integer        lParam
 end function
end interface
! create dialog now!
iret = DialogBox(hInstance,LOC("AboutTmpl"C), NULL, &
       LOC(AboutDlgProc))
WinMain = 0
end
!Dilalog function
integer*4  function   AboutDlgProc(hwnd, mesg, wParam, lParam )
!DEC$IF DEFINED(_X86_)
!DEC$ ATTRIBUTES STDCALL, ALIAS : '_AboutDlgProc@16' :: AboutDlgProc
```

```
!DEC$ELSE
!DEC$ ATTRIBUTES STDCALL, ALIAS : 'AboutDlgProc' :: AboutDlgProc
!DEC$ENDIF
use        dfwin
integer    hwnd , mesg , wParam , lParam
include    "mindlg.fd"
  select case(mesg)
    case(WM_SYSCOMMAND)
         select case(wparam)
            case(SC_CLOSE)
                 iret = EndDialog(hwnd,1)  !按了左上角的 X
                 AboutDlgProc = 1
                 return
              case default
                 AboutDlgProc = 0
                 return
           end select
    case(WM_COMMAND)
       if(LoWord(wParam) == IDOK) then !按了 OK 鍵
            iret = EndDialog(hwnd,1)
          AboutDlgProc = 1
       End if
       return
  end select
    AboutDlgProc = 0
    return
 end
 ! end of program
```

程式碼 2-2

第 3 章

視窗的基本運作

設計 Windows 程式之前，先瞭解一下視窗運作的原理，給你一個概念，正如 2.2
列出的框架，照套就可以作出簡單的視窗，這一章進一步說明各個細節，讓你知
其然及所以然，請耐住性子看下去。

3.1　基本概念－怎麼開始

視窗是事件導向，它不像 MS-DOS 程式，不會直接叫用函式去取得輸入值，而是
等視窗將輸入交給它，視窗將所有輸入交給不同的視窗應用程式，每一個視窗各
具有自己的處理程序函式，用來接受輸入並將控制交還給視窗。你現在惟一要瞭
解的就是稍爲修改以前所寫的程式碼：

```
program <<program name>>
  . . .
stop
end
```

程式碼 3-1

撰寫視窗程式時加入一些函式以作爲作業系統呼叫之用，底下爲其基本架構：

```
integer*4 function WindowProcedure(hWnd,message,wparam,lparam)
    . . .
  select case(message)
  case(my_event)
  此處放入自己的演算法及程式碼  . . .
  end select
    . . .
  end
```

程式碼 3-2

3.2   視窗類別

視窗類別在 Windows 程式設計上扮演著核心角色，它掌管著視窗的外貌和行為。類別一旦完成登記之後，就可以用它來建立無數個視窗。每一個視窗產生自類別登記，因為每一個視窗都是視窗類別的一份子。 所謂視窗類別是微軟用模版所建立的視窗應用程式，使用視窗之前一定要先登記。 登記包括視窗程序，類別種類，其他屬性等。當應用程式在 **CreateWindow** 或 **CreateWindowEx** 函數內指定類別名字，視窗便據以建立。

3.2.1 視窗類別型式

為了建立視窗類別，必須先把 WINDCLASS 結構體初始化。視窗類別有三種型式：

1.內定的全域式類別：只有系統能夠註冊，其他程式則不允許註冊。因此只需要呼叫 **CreateWindow** 或 **CreateWindowEx** 函數即可建立並使用。程式可以使用的有：BUTTON，COMBOX，EDIT，LISTBOX，MDICLIENT，SCROLLBAR，STATIC 等。詳參閱：*/Platform SDK/User InterfaceService/Windowing/Windows/ WindowsReference/WindowsFunctions*

2.程式自定全域式類別：由程式註冊(DLL 最常用到) 。一般 DLL 在開始時需先註冊類別，在結束時要註銷類別；所以 DLL 所註冊的類別，只有在 DLL 被執行時才能使用。

3.程式自定區域式類別：就是你自己的程式所註冊的類別，僅限於註冊該類別的程式使用，別的程式不能使用，這種類別的生命的週期始於註冊時，終於被註銷或該程式的所有代碼結束時。

以上三個類別的主要差別在於，所使用的範圍及視窗何時與如何建立與關閉。當應用程式啟始時，視窗會為其內定的控制登記一組系統內定的全域式類別，所謂內定控制元件包括按鈕、下拉式方塊、表列盒、明細檢視視窗、捲動軸、靜態文字欄、樹狀檢視欄等‧‧‧。任何一個應用程式隨時都可以使用系統內定的全域式類別，因為視窗已為所有應用程式登記過系統內定的全域式類別，故應用程式無法摧毀登記過的類別。所謂應用程式自定全域式類別是由動態聯結函數庫 (dynamic-link library[DLL])登記建立的而且可在作業系統中供所有應用程式使用。 例如：DLL 能呼叫 **RegisterClassEx** 函式去向系統登記視窗類別，因此所有應用程式能夠產生自定的控制事件。所謂應用程式自定區域式類別，是一種應用程式給自己使用而登記的視窗類別，雖說應用程式可登記好多個視窗類別，但大部分的應用程式僅登記一個。這個已登記過的視窗類別會為應用程式主視窗處理視窗訊息。

3.2.2 視窗類別的使用

在 **2.2** 示範過如何撰寫視窗程式，底下為程式碼片段：

```
! 2.填註 WNDCLASS
  wc%lpszClassName = LOC(lpszClassName)
  wc%lpfnWndProc   = LOC(MainWndProc)
  wc%style         = IOR(CS_VREDRAW， CS_HREDRAW)
  wc%hInstance     = hInstance
  wc%hIcon         = LoadIcon( NULL，IDI_APPLICATION)
  wc%hCursor       = LoadCursor( NULL， IDC_ARROW )
  wc%hbrBackground = ( COLOR_WINDOW+1 )
  wc%lpszMenuName  = 0
  wc%cbClsExtra    = 0
  wc%cbWndExtra    = 0
! 3.註冊
iret =  RegisterClass(wc)
```

登記視窗類別時，要填註 **T_WNDCLASS** 結構中一些參數，之後借著 **Win32 API** 的 **RegisterClass** 函數登記。

讓我們來瞭解一下各個參數的意義。

wc%lpszClassName=**LOC**(lpszClassName)	類別的名稱。與其他已記過的類別區別。用福傳函數 LOC 標指字串名稱。
wc%lpfnWndProc=**LOC**(MainWndProc)	處理視窗送過來的訊息及定義視窗行為，它是個長程指標。用 Fortran 函數 LOC 可以將指標指向 MainWndProc 這個函數。
wc%style =**IOR**(CS_VREDRAW，CS_HREDRAW)	定義視窗外觀、移動、滑鼠、鍵盤操作等。(詳閱 Microsoft Platform SDK。)
wc%hInstance	程式或動態聯結函式庫 DLL 的代碼。為應用程式 WinMain 函數的一個參數，其值是由作業系統獲得。 你一定得把它轉給已登記過的類別。
wc%hIcon=LoadIcon(NULL，IDI_APPLICATION)	當視窗縮小成圖像的代碼 。IDI_APPLICATION 為內訂的縮小圖像，你也可以自己畫一個圖像之後，給它一個代號 IDI_ICON1，然後呼叫使用。
wc%hCursor = LoadCursor(NULL，IDC_ARROW)	此視窗所使用的滑鼠式樣代碼。IDC_ARROW 為內訂的滑鼠式樣，你也可以自己畫一個圖像之後，給它一個代號 IDI_CURSOR1，然後呼叫使用。
wc%hbrBackground	定義視窗內繪圖區域塗色與式樣代碼。

wc%lpszMenuName	根據視窗類別定義來決定其值為功能表或子視窗編號。
wc%cbClsExtra	為視窗保留一個額外的記憶體空間。所有視窗共用此一空間 。視窗在啟動之初此記憶體空間是 0，它是一個額外的 bytes。
wc%cbWndExtra	為屬於此類別的視窗保留一個額外的記憶體空間。他供應用程式使用 。視窗在啟動之初此記憶體空間是 0，它是一個額外的 bytes。。

程式碼　3-3

3.2.3 存取類別資料的方法

我們用 **RegisterClass** 函式來存取類別資料。它執行的步驟如下：

1.核對同一模組中是否有同名的類別存在，如果存在，RegisterClass 傳回 NULL。

2.配置記憶體給類別，記憶體要足以容納 WNDCLASS 結構體和 cbClsExtr 指定的額外空間(eXtrabyteS)。

3.將 WNDCLASS 的內容拷貝到記憶體，且將額外空間初始化為 0，這些額外空間是保留給你的程式使用的，Windows 不會動用他們，儲存在額外空間的資訊，可以由該類別的所有視窗共同使用，所以，這些額外空間也由程式設計者負責維護與管理。

4.另外，再配置一塊記憶體以記載功能表(menu)的名稱，並用 IpSzMenuNam。指向該記憶區。

5.WNDCLASS 結構的 hInstance 是 instance 私有資料區的代碼(data instance

handle)，由此代碼可找到該程式所屬的 module handle，並將其保存在類別的記憶區裡，所以你可用識別碼 GCW_HMODULE(不是用 GCW_HINSTANCE)呼叫 GetClassWord 以取得 module handle。

6.將類別名稱加到 atom tabIe，並將 atom 值存入該類別的記憶區。我們可以將識別碼 GCW_ATOM 做為 GetClassWord 的引數來取得 atom 值。

7.最後，RegistClass 傳回的值就是上述所提的 atom 值，有了 atom 值，就可以應用在以類別名為引數的函式中，例如類別註冊，建立視窗：

atomClass = RegistCIass(wc)

hWnd =

CreateWindowEx(0,MAKEINTRESOURCE(atomClass),NULL,WS_CHILD,···)。

處理視窗類別的函數定義在 USER32.FOR 中：有 GetClassInfoEx，GetClassLong，GetClassName，GetWindowLong，RegisterClassEx，SetClassLong，UnregisterClass。

修改編輯方塊,使得滑鼠的形狀為箭頭型：

```
!建立編輯方塊
hWndEdit=CreateWindowEx( 0,"EDIT"C,"", INT(WS_OVERLAPPED), &
                         0, 0, 0, 0, NULL, NULL, hInstance,&
                         NULL)
!改變滑鼠形狀呈現箭頭形狀
iret = SetClassLong( hWndEdit, GCL_HCURSOR, &
                LoadCursor(NULL,IDC_UPARROW))
!清除編輯方塊
iret = DestroyWindow( hWndEdit)
```

程式碼 3-4

3.3　　產生視窗

填註完視窗類別資料之後，用 **CreateWindow**　或　**CreateWindowEx** 函式產生應用程式視窗，在產生視窗時，建立一個有自己特色的視窗。

CreateWindowEx 函式的參數之一"**dwExStyle**"是 **CreateWindow** 所沒有；其餘的

參數均相同，事實上 CreateWindow 也是叫用 CreateWindowEx 函式，而把 dwExStyle 設為 0。

Win32 API 還提供有另外幾種視窗的函式，如 DialogBox，CreateDialog，MessageBox。

3.3.1 視窗範例

在 2.2 示範過如何撰寫視窗程式，底下為程式碼片段：

！4.產生視窗 - CreateWindow(Ex) 函式

```
hWnd=CreateWindowEx( 0,lpszClassName,lpszAppName, &
             INT(WS_OVERLAPPEDWINDOW),CW_USEDEFAULT, &
             0, CW_USEDEFAULT, 0, NULL, NULL, hInstance, &
             NULL)
iret = ShowWindow( hWnd, SW_SHOWNORMAL)！顯示視窗
```

程式碼 3-5

3.4　　視窗程序

視窗當中，都有視窗程序配合運作，它是一個處理送來訊息的函數，有點像似郵局在處理與分發信件，處理中心視窗的外觀與行為均與其息息相關。每一個視窗都是某個特定視窗類別的一份子，視窗類別決定了個別視窗處理訊息的視窗程序，屬同一個視窗類別的視窗均有相同的視窗程序。例如，**combo box class (COMBOBOX)**定義視窗程序，故所有的 **combo boxes** 就使用該程序。

應用程式至少登記一個新的視窗類別，該類別配有相對稱的視窗程序。登記之後，應用程式就能夠產生多個屬同一個類別的視窗，他們都使用同一個視窗程序。意即好幾個資源會同時叫用到同一段的程式碼，程式設計者在修改視窗程序共享資源時一定要特別小心。

對話窗的視窗程序和一般的視窗程序一樣，具相同的結構與函數。本節所說的視窗程序均適用。

3.4.1 視窗程序的結構

所謂視窗程序，是一個具有四個參數並傳回 32 位元無號的函式，其中的兩個參數分別為視窗代碼，訊息身份認證值（**WPARAM** ， **LPARAM**）參數。詳細的說明請參閱 Microsoft Win32 SDK **WindowProc** 函式。要如何取得當中的訊息呢？

通常訊息含在低與高字元組內，Microsoft Win32 API 中有數個巨集可以取得這些訊息內容。我們通常會用 **LOWORD** 函數，取得低位元組值(0 到 15 位元) 。至於其他常用到的函數有 **HIWORD**、 **LOBYTE**、**HIBYTE** 等等。

至於傳回來的值所代表的意義是什麼，就要自己參考線上說明文件了，以後會在不同的場合我們會說明。

因為可以反覆呼叫視窗程序，在使用區域變數的量應減至最低。當處理個別訊息時，應用程式應在程序外呼叫函式，以避免過度使用區域變數，免得遞迴數一多時很容易造成堆疊溢位。

視窗程序函式 **DefWindowProc** 定義了所有視窗共用的基本行為，也是功能最少的，使用者可以自己添加一些變化，並傳遞給 **DefWindowProc** 函式。

3.4.2 視窗程序例子

在 **2.2** 示範過如何撰寫視窗程式，底下為程式碼片段：

```
interface
  integer  function MainWndProc ( hWnd,mesg,wParam, &
                                  lParam )
  !DEC$IF DEFINED(_X86_)
  !DEC$ ATTRIBUTES STDCALL,ALIAS : '_WinMain@16' :: &
                                  WinMain
  !DEC$ ELSE
  !DEC$ ATTRIBUTES STDCALL,ALIAS : 'WinMain' :: WinMain &
  !DEC$ ENDIF use   dfwin
```

```
    integer   hWnd, mesg, wParam, lParam
  end  function MainWndProc
end  interface
  . . .
    wc%lpfnWndProc     = LOC(MainWndProc)
  . . .

  ! 3.註冊
    iret  =  RegisterClass(wc)
  . . .

  ! 程序主體
  integer function  MainWndProc ( hWnd, mesg, wParam,&
                                  lParam )
!DEC$IF DEFINED(_X86_)
!DEC$ ATTRIBUTES STDCALL,ALIAS : '_WinMain@16' :: WinMain
!DEC$ ELSE
!DEC$ ATTRIBUTES STDCALL, ALIAS : 'WinMain' :: WinMain&
!DEC$ ENDIF
  use    dfwin
  integer   hWnd, mesg, wParam, lParam
  select   case(mesg)
     case (WM_DESTROY)
       call   PostQuitMessage( 0 )
            MainWndProc = 0
       return
     case default
       MainWndProc = DefWindowProc( hWnd, mesg,&
                                    wParam,lParam )
  end select
!訊息結束
  return
  end
! 結束程式
```

程式碼 3-6

從本例中你可以看到標準及最陽春的視窗程式。所有的事件(訊息)傳給視窗
並經視窗標準函式處理，惟一例外的是 **WM_DESTROY** 訊息為視窗內定訊
息，由視窗程序處理。

3.5　視窗訊息

主體程式或應用程式將訊息傳至視窗訊息處理函式中，當使用者敲下鍵盤，移動滑鼠或捲動捲動列時，都會產生輸入事件。每當應用程式改變字型或變換視窗大小的時候也會產生輸入事件，這時均會產生訊息，以便和視窗溝通。

視窗訊息處理函式：

integer function MainWndProc (hWnd, mesg, wParam, lParam)

視窗訊息處理程式**(WndProc)**參數：接收訊息的視窗代碼，標示訊息的數值，及兩個 32 位元訊息參數(提供關於訊息的更多資訊)。當視窗收到此值後，會決定該採取那一種適當的處理步驟，例如：訊息值為 WM_PAINT 時，表示工作區內容已經改變了，需要重新繪製視窗。

wParam， lParam 參數，包含有詳細資料，有時是兩個存放在一起的 16 位元值，而有時又是一個指向字串或資料結構的指標。若不需要用到此值時，可以用 NULL 表示。

3.5.1 視窗訊息種類

視窗的訊息分成兩大類：

1.系統內定的訊息

2.應用程式定訂的訊息

　　1.系統內定的訊息：

系統透過傳遞或分發訊息的方式與應用程式溝通。利用訊息來操控應用程式並為應用程式提供輸入和其所需要的資料，反之亦然。

系統訊息都是惟一的常數值，他們的涵義及常數值可以在 SDK 檔頭內找到，例如：WM_PAINT 就是視窗重繪.

訊息字首字母編碼的意義.

字首	意義
ABM	Application desktop toolbar
BM	Button control
CB	Combo box control
CDM	Common dialog box
DBT	Device
DL	Drag list box
DM	Default push button control
EM	Edit control
HDM	Header control
LB	List box control
LVM	List view control
PBM	Progress bar
PSM	Property sheet
SB	Status bar window
SBM	Scroll bar control
STM	Static control
TB	Toolbar
TBM	Trackbar
TCM	Tab control
TTM	Tooltip control
TVM	Tree-view control
UDM	Up-down control
WM	General window

2.應用程式定訂的訊息：

自訂的訊息可用以和系統或其他的處理程序溝通，若應用程式產生自己的訊息，
視窗程序收到後一定得解譯並作適當的處理。應用程式自訂的訊息有：

- 視窗保留的訊息辨識值，應用程式不可使用，其值界於 **0x0000** 與

0x03FF 間（WM_USER ?1)。

* 界於 0x0400 (WM_USER)與 0x7FFF 間，可供視窗類別變數使用。
* 若應用程式的版本為 4.0 以上，就可以使用 0x8000 (WM_APP) 與 0xBFFF 的值。
* 當應用程式呼叫 RegisterWindowMessage 函式，系統會傳回界於 0xC000 與 0xFFFF 間的值，故請勿使用。

例子，我們要用自己給的訊息作一些事情，寫法如下：

```
Integer(4),parameter,public:: WM_BITBLT =WM_USER+1
Case (WM_PAINT)
. . .
  iret = SendMessage(hWnd,WM_BITBLT,0,0)
. . .
return
Case(WM_BITBLT)！自己給的訊息
. . .
```

3.5.2 視窗訊息處理

視窗採用兩種方式將訊息發送給視窗訊息處理程序：分派訊息給訊息佇列，它是一種先進先出佇列，為系統內定的記憶體，可以暫時儲存訊息並直接將訊息傳遞給視窗訊息處理程序。

傳給佇列的訊息叫佇列訊息，他們是使用者滑鼠或鍵盤輸入訊息諸如 WM_MOUSEMOVE、WM_LBUTTONDOWN、 WM_KEYDOWN，和 WM_CHAR 等訊息。其他的佇列訊息，如時序、繪畫、終止等訊息： WM_TIMER、 WM_PAINT、 和 WM_QUIT。

其他大部分的訊息都直接傳遞給視窗訊息處理程序，他們來自呼叫特定的視窗函式，例如：當 WinMain 呼叫 CreateWindow 時，系統將建立視窗並於處理過程中給視窗訊息處理程式發送一個 WM_CREATE 訊息，此訊息稱為非佇列訊息。

在 2.2 示範過如何撰寫視窗程式，底下為程式碼片段：

```
. . .
type (T_MSG) mesg
. . .
! 訊息處理
    do while( GetMessage (mesg, NULL, 0, 0) .NEQV. .FALSE.)
            i =  TranslateMessage( mesg )
            i =  DispatchMessage( mesg )
    end do
```

例釋
1. GetMessage 函式從系統佇列收到訊息；
2. TranslateMessage 函式為接收鍵盤訊息必備之函式；
3. DispatchMessage 函式將收到的訊息發送給特定的視窗 ；
其餘細節請參考視窗訊息函式章節。
記住，你可以修改上列程式碼架構，以上所列足敷所需。

程式碼 3-7

第 4 章

視窗的控制元件

要讓視窗變得華麗及多采多姿，就要靠本章談到的內容，什麼是控制元件，就是你在視窗當中見到的按鈕、捲動軸、下拉式清單方塊‧‧‧等等。如下圖：

 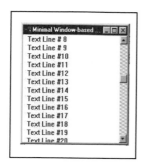 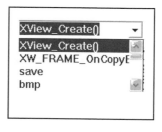

圖 4-1

它們是怎麼製作出來的？其實，這些控制元件也是一個個視窗。可以用 CreateWindowEx 函式指定名稱後，個別產生控制元件。這一章，我們作一個開端介紹控制元件。想更進一步瞭解控制元件的話，可以參考 Charles Calvert 所著：「教你在 21 天內學會設計 Windows 95 程式」，或 Nancy Winnick Cluts 所著：「Windows 95 使用者界面程式設計」不過這兩本書都用 C 語法撰寫。另外應該隨時把 WIN32.HLP 說明檔打開來參考(但通常會找不到你想要的答案)。

在繼續閱讀有關控制元件章節前，若想馬上瞧瞧視窗定訂的控制元件，你必須：

1.修改視窗背景顏色：

wc%hbrBackground = GetStockObject(BLACK_BRUSH)

2.其他的控制元件可參考下面的程式碼片段：

```
case (WM_CREATE)
```

! 產生視窗....(例如，按鈕).

! 產生按鈕元件，上頭放"Main Button"字樣 位於 (5,5)，寬= 120，高= 30

```
control_handle = CreateWindowEx(0,"button"C ,"Main Button"C,
                   IOR(WS_CHILD,WS_VISIBLE),          &
                   5 ,5 ,120 ,30 ,hWnd ,1 ,hInst ,NULL )
```

!產生靜態文字方塊元件，

```
control_handle=CreateWindowEx(0,"static"C ,"Main Static"C, &
                   IOR(WS_CHILD,WS_VISIBLE),          &
                   5 ,40 ,120 ,30 ,hWnd ,1 ,hInst ,NULL )
```

!產生表列盒元件，

```
control_handle = CreateWindowEx(0,"listbox"C ,""C, &
                   IOR(WS_CHILD,WS_VISIBLE),            &
                   5 ,75 ,120 ,30 ,hWnd ,1 ,hInst ,NULL )
```

!產生編輯方塊元件，

```
control_handle = CreateWindowEx(0,"edit"C,""C, &
                   IOR(WS_CHILD,WS_VISIBLE),          &
                   5 ,110 ,120 ,30 ,hWnd ,1 ,hInst ,NULL )
```

!產生下拉式方塊元件，

```
control_handle = CreateWindowEx(0,"combobox"C ,""C, &
                   IOR(WS_CHILD,WS_VISIBLE),          &
                   5 ,145 ,120 ,30 ,hWnd ,1 ,hInst ,NULL )
```

!產生捲動軸元件，

```
control_handle = CreateWindowEx(0,"scrollbar"C,""C, &
                   IOR(WS_CHILD,WS_VISIBLE),          &
                   5 ,180 ,120 ,30 ,hWnd ,1 ,hInst ,NULL )
MainWndProc = 0
return
```

程式碼 4-1

4.1　簡單的常用控制元件

簡單的常用控制元件有：按鈕、靜態控制項(如靜態文字標籤)、編輯方塊(可以在此編輯一行或行文字)、清單方塊、下拉式清單方塊等、捲動列，詳參閱：*/Platform SDK/User InterfaceService/Controls*。

4.1.1 按鈕

按鈕視窗的式樣都以字母「BS」開頭，它包括了按鈕視窗式樣和描述文字，共有 10 個類型。

	**case (WM_CREATE)**
	! 產生視窗....(例如,按鈕)
	!本段程式碼將產生按鈕元件,上頭放 "Main Button"字樣! 位於 (5,5), 寬= 120, 高= 30
	
	`control_handle=CreateWindowEx(0,"button"C,"MainButton"C,`
	`IOR(BS_PUSHBUTTON,IOR(WS_CHILD,WS_VISIBLE)),`
	`5 ,5 ,120 ,30 ,hWnd ,1 ,hInst ,NULL )`

	**case (WM_CREATE)**
	! 產生視窗....(例如, 內訂按鈕)
	
	`control_handle=CreateWindowEx(0,"button"C,"MainButton"C,`
	`IOR(BS_DEFPUSHBUTTON,IOR(WS_CHILD,WS_VISIBLE)),`
	`5 ,5 ,120 ,30 ,hWnd ,1 ,hInst ,NULL )`

方鈕	
	case (WM_CREATE) ! 產生視窗....(例如,核取方塊) ``` control_handle=CreateWindowEx(0," button"C,"MainButton"C, IOR(BS_CHECKBUTTON,IOR(WS_CHILD,W S_VISIBLE)), 5 ,5 ,120 ,30 ,hWnd ,1 ,hInst ,NULL) MainWndProc = 0 return ```
	case (WM_CREATE) **! 產生視窗....(例如, 自動核取方塊)** ``` control_handle=CreateWindowEx(0," button"C ,"Main Button"C, & IOR(BS_AUTOCHECKBOX,IOR(WS_CHILD, WS_VISIBLE)), & 5 ,5 ,120 ,30 ,hWnd ,1 ,hInst ,NULL) MainWndProc = 0 return ```
	case (WM_CREATE) **! 產生視窗....(例如, 3D核取方塊)** ``` control_handle=CreateWindowEx(0," button"C ,"Main Button"C, & IOR(BS_3STATE,IOR(WS_CHILD,WS_VIS IBLE)), & 5 ,5 ,120 ,30 ,hWnd ,1 ,hInst ,NULL) ``` **MainWndProc = 0** **return**
	case (WM_CREATE) **! 產生視窗....(例如, 3D自動核取方塊)** ``` control_handle=CreateWindowEx(0," button"C ,"Main Button"C, & IOR(BS_AUTO3STATE,IOR(WS_CHILD,WS _VISIBLE)), & 5 ,5 ,120 ,30 ,hWnd ,1 ,hInst ,NULL) MainWndProc = 0 return ```

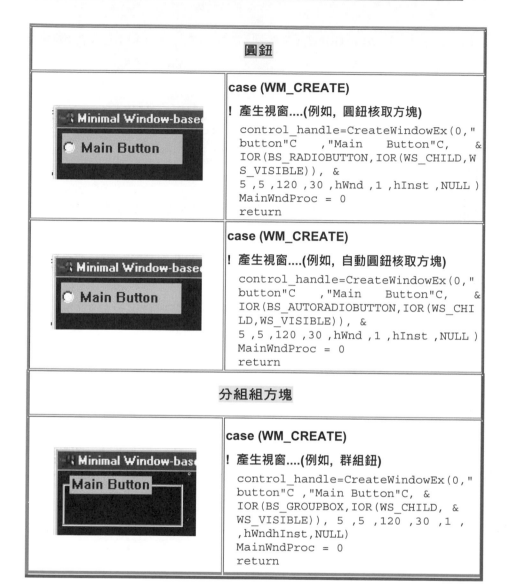

圓鈕	
	case (WM_CREATE) ! 產生視窗....(例如, 圓鈕核取方塊) ``` control_handle=CreateWindowEx(0," button"C ,"Main Button"C, & IOR(BS_RADIOBUTTON,IOR(WS_CHILD,W S_VISIBLE)), & 5 ,5 ,120 ,30 ,hWnd ,1 ,hInst ,NULL) MainWndProc = 0 return ```
	case (WM_CREATE) ! 產生視窗....(例如, 自動圓鈕核取方塊) ``` control_handle=CreateWindowEx(0," button"C ,"Main Button"C, & IOR(BS_AUTORADIOBUTTON,IOR(WS_CHI LD,WS_VISIBLE)), & 5 ,5 ,120 ,30 ,hWnd ,1 ,hInst ,NULL) MainWndProc = 0 return ```
分組組方塊	
	case (WM_CREATE) ! 產生視窗....(例如, 群組鈕) ``` control_handle=CreateWindowEx(0," button"C ,"Main Button"C, & IOR(BS_GROUPBOX,IOR(WS_CHILD, & WS_VISIBLE)), 5 ,5 ,120 ,30 ,1 , ,hWndhInst,NULL) MainWndProc = 0 return ```

程式碼 4-2

現在你已經對 GUI 式的按鈕有了初步的認識，你也可以自己訂製按鈕，所謂自己訂製按鈕：「它是應用程式繪製的按鈕，無一定的外觀與使用方式，完全由應用程式來規定其行為與外觀，也就是所謂的：BS_OWNERDRAW」。

好！終於在視窗中讓我們找到另一扇窗戶，利用這種按鈕型態，我們有機會按照自己的意思製作出獨特的 GUI 型，當然啦，這扇「窗」很小，但卻是我們所發掘的第一扇窗，故為了產製使用者自訂型態的按鈕，須要修改一下程式碼：

```
case (WM_CREATE)
!產生視窗....
control_handle=CreateWindowEx(0,"button"C ,""C, &
    IOR(BS_OWNERDRAW,IOR(WS_CHILD,WS_VISIBLE)), &
    5 ,5 ,120 ,30 ,hWnd ,1 ,hInst ,NULL )
MainWndProc = 0
return
```

光是靠上面片段程式碼，使用者什麼也見不到，為了外觀好看還需要加一些視窗程序 WM_DRAWITEM 及影像來繪製按鈕。

研究視窗按鈕特徵之前，先看看按鈕是怎產生的：

```
button_handle  =  CreateWindowEx(ExStyle,"button"C, Title,
                   Style,x_left,y_top,width,height,
                   hWnd,code,hInst,NULL )
```

式中

ExStyle	控制元件的外觀擴充式樣，要瞭解不同的參數會產什麼樣的元件外觀，你可以用 Developer Studio 資源編輯器來觀察，在 dfwin.f90 和 dfwinty.f90 中，並沒有比較美觀的式樣，但是別急，你可以自己作一個，Fortran 語法： **integer*4，parameter::WS_EX_something = #0000001**
Style	- 控制元件的外觀基本式樣，上述所有參數均適用於本參數

如何啟動這個按鈕：

在 **CreateWindowEx()** 函式中的 **code**，記錄著按鈕的身份認證值，還記得第 23 頁提到的 LOWORD 這個函數吧，用它來取得訊息身份認證值(wparam，lparam)低位元組之值，按鈕的啟動就是靠它。

```
case(WM_COMMAND)
  select case(LoWord(wParam))
```

```
   case(code)
    call ActionWhenButtonIsPressed(......)
    MainWndProc = 0
    return
 end select
```

程式碼 4-3

這個例子很簡單，按下按鈕就會彈出訊息視窗，告訴你一些反應。

```
 case (WM_CREATE)
 button_handle=CreateWindowEx(0,"button"C,"DemoButton"C, &
             IOR(BS_PUSHBUTTON,IOR(WS_CHILD,WS_VISIBLE)), &
             25 ,25 ,120 ,30 ,hWnd , button_code , hInst ,NULL )
 MainWndProc = 0
 return
 case (WM_COMMAND)
    select case(LoWord(wParam))
       case(button_code)
          iret = MessageBox(hWnd,"Demo Button pressed"C,   &
                 "Button Handler"C,MB_OK)
    end select
 MainWndProc = 0
 return
```

程式碼 4-4

給按鈕用的訊息：

有兩個函式可用來將訊息傳遞給視窗：

logical(4) function　　PostMessage (hWnd,Msg,wParam,lParam)	
目的	把訊息放到可產生特定視窗的緒頭佇列中，並不等該緒頭處理訊息就回報

參數	
integer hWnd	- 接收訊息並加以處理的視窗代號
integer Msg	- 要貼上的訊息
integer Param	- 額外的訊息
integer Param	- 額外的訊息

logical(4) function	SendMessage (hWnd,Msg,wParam,lParam)
目的	傳送訊息的函式.它為特定的視窗呼叫視窗程序直到程序處理完訊息後才回報

參數	
integer hWnd	- 接收訊息並加以處理的視窗代號
integer Msg	- 要貼上的訊息
integer wParam	- 額外的訊息
integer lParam	- 額外的訊息

我們常在 BS_RADIOBUTTON 和 BS_CHECKBUTTON 控制元件使用上述函式. 因為前二元件在按下之後，使用者必須為該事件提供自訂的代碼. 底下是給 BM_SETSTATE 和 BM_SETCHECK 訊息使用的 SendMessage 範例

```
select case(mesg)
  case (WM_CREATE)
    !Create demo block for BM_SETSTATE message
    iret = CreateWindowEx(0,"button"C ,"BM_SETSTATE Demo &
        Field"C,IOR(BS_GROUPBOX,IOR(WS_CHILD,WS_VISIBLE)),&
        5 ,5 ,220 ,150 ,hWnd ,1 ,hInst ,NULL )
    demo_but1_handle = CreateWindowEx(WS_EX_DLGMODALFRAME,&
            "button"C ,"Demo Button1"C, &
            IOR(BS_PUSHBUTTON,IOR(WS_CHILD,WS_VISIBLE)), &
```

```
                50 ,25 ,120 ,30 ,hWnd ,2 ,hInst ,NULL )
     iret = CreateWindowEx(0,"button"C ,"PUSH"C, &
              IOR(BS_PUSHBUTTON,IOR(WS_CHILD,WS_VISIBLE)), &
              80 ,60 ,50 ,30 ,hWnd ,3 ,hInst ,NULL )
     iret = CreateWindowEx(0,"button"C ,"POP"C, &
              IOR(BS_PUSHBUTTON,IOR(WS_CHILD,WS_VISIBLE)), &
              80 ,100 ,50 ,30 ,hWnd ,4 ,hInst ,NULL )
! Create demo block for BM_SETCHECK message
  iret=CreateWindowEx(0,"button"C,"BM_SETCHECK Demo Field"C,&
         IOR(BS_GROUPBOX,IOR(WS_CHILD,WS_VISIBLE)), &
         240 ,5 ,220 ,150 ,hWnd ,1 ,hInst ,NULL )
  demo_but2_handle = CreateWindowEx(WS_EX_DLGMODALFRAME,&
         "button"C ,"Demo Button2"C, &
         IOR(BS_CHECKBOX,IOR(WS_CHILD,WS_VISIBLE)) &,
         285 ,25 ,120 ,30 ,hWnd ,5 ,hInst ,NULL )
  demo_but3_handle = CreateWindowEx(WS_EX_DLGMODALFRAME,&
         "button"C ,"Demo Button3"C, &
         IOR(BS_RADIOBUTTON,IOR(WS_CHILD,WS_VISIBLE)),&
         285 ,60 ,120 ,30 ,hWnd ,6 ,hInst ,NULL )
  iret = CreateWindowEx(0,"button"C ,"CHECK"C, &
         IOR(BS_PUSHBUTTON,IOR(WS_CHILD,WS_VISIBLE)),&
         305 ,95 ,80 ,25 ,hWnd ,7 ,hInst ,NULL )
  iret = CreateWindowEx(0,"button"C ,"UNCHECK"C, &
         IOR(BS_PUSHBUTTON,IOR(WS_CHILD,WS_VISIBLE)),&
         300 ,125 ,90 ,25 ,hWnd ,8 ,hInst ,NULL )
MainWndProc = 0
return
case(WM_COMMAND)
  select case(LoWord(wParam))!取得子視窗 ID
    case(3)!第 1 個按鈕處於按下狀態
      iret = SendMessage(demo_but1_handle,BM_SETSTATE,1,0)
    case(4)!解除第 1 個按鈕的按下狀態
      iret = SendMessage(demo_but1_handle,BM_SETSTATE,0,0)
    case(7)
      iret = SendMessage(demo_but2_handle,BM_SETCHECK,1,0)
      iret = SendMessage(demo_but3_handle,BM_SETCHECK,1,0)
    case(8)
      iret = SendMessage(demo_but2_handle,BM_SETCHECK,0,0)
      iret = SendMessage(demo_but3_handle,BM_SETCHECK,0,0)
  end select
```

程式碼 4-5

4.1.2 靜態控制項

我們以紅色標示出底下的程式碼，可以作為不同樣式的靜態控制項使用。

圖示式樣	程式該改的地方
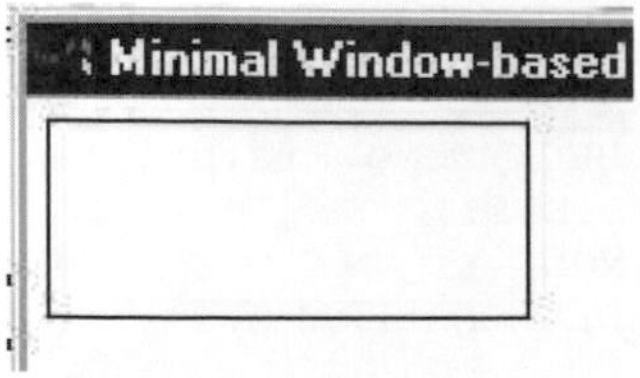 **Minimal Window-based**	不必改
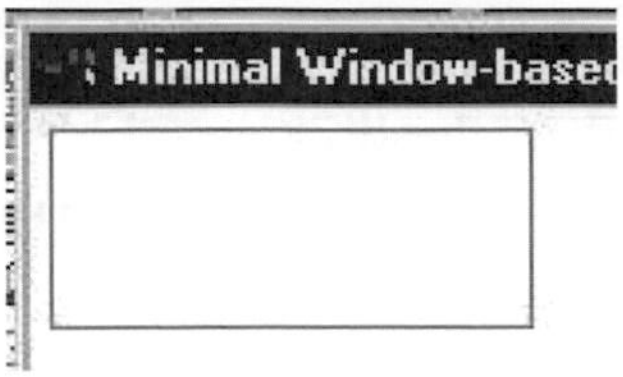 **Minimal Window-based**	**itype = SS_GRAYFRAME**
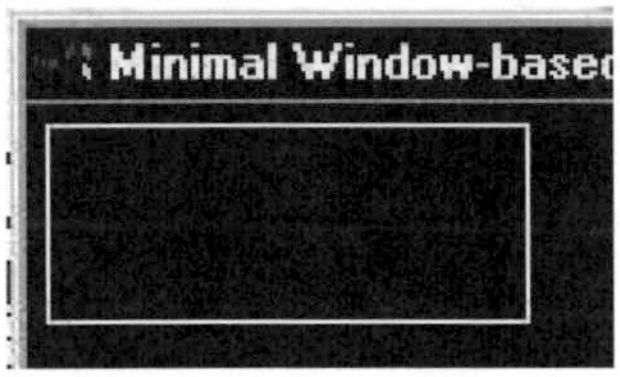 **Minimal Window-based**	**icolor =** **GetStockObject(BLACK_BRUSH)** **itype = SS_WHITEFRAME**
 **Minimal Window-based**	**icolor = COLOR_BTNFACE+1** **itype = SS_ETCHEDHORZ** 同時要改 *param_exchange* **integer ,** **parameter::SS_ETCHEDHORZ =** **#00000010**

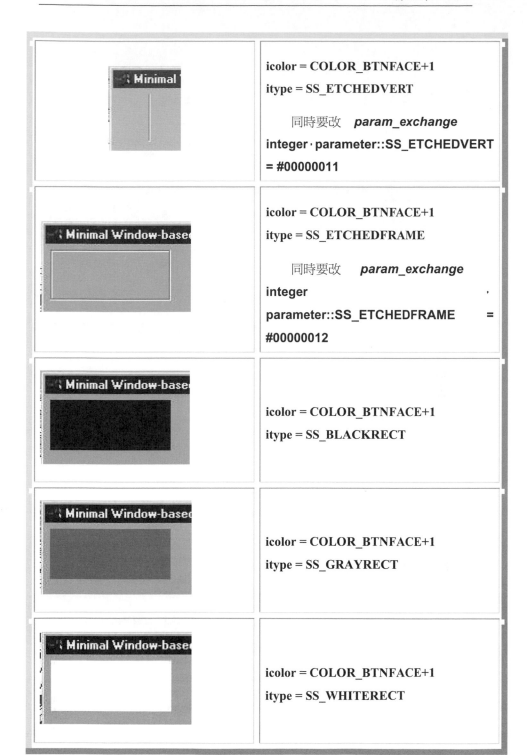

| | icolor = COLOR_BTNFACE+1
itype = SS_ETCHEDVERT

　　同時要改　**param_exchange**
integer · parameter::SS_ETCHEDVERT
= #00000011 |

| | icolor = COLOR_BTNFACE+1
itype = SS_ETCHEDFRAME

　　同時要改　**param_exchange**
integer　　　　　　　，
parameter::SS_ETCHEDFRAME　=
#00000012 |

| | icolor = COLOR_BTNFACE+1
itype = SS_BLACKRECT |

| | icolor = COLOR_BTNFACE+1
itype = SS_GRAYRECT |

| | icolor = COLOR_BTNFACE+1
itype = SS_WHITERECT |

文字式樣	程式該改的地方
Minimal Window-bas **SS_SIMPLE Style**	**icolor=GetStockObject(GRAY_BRUSH)** **itype = SS_SIMPLE** ``` control_handle=CreateWindowE x(0,"static"C,"SS_SIMPLEStyl e"C, IOR(SS_SIMPLE,IOR(WS_CHILD,W S_VISIBLE)), 5 ,5 ,200 ,20 ,hWnd ,-1 ,hIn st ,NULL) ```
Minimal Window-based Application **SS_LEFT Style**	**icolor=GetStockObject(GRAY_BRUSH)** **itype = SS_LEFT** ``` control_handle=CreateWindowE x(0,"static"C,"SS_LEFT Style"C, IOR(SS_LEFT,IOR(WS_CHILD,WS_ VISIBLE)), 5 ,5 ,200 ,20 ,hWnd ,-1 ,hIn st ,NULL) ```
Minimal Window-based Application **SS_RIGHT Style**	**icolor=GetStockObject(GRAY_BRUSH)** **itype = SS_RIGHT** ``` control_handle=CreateWindowE x(0,"static"C,"SS_RIGHTStyle "C, IOR(SS_RIGHT,IOR(WS_CHILD,WS _VISIBLE)), 5 ,5 ,200 ,20 ,hWnd ,-1 ,hIn st ,NULL) ```

icolor=GetStockObject(GRAY_BRUSH)

itype = SS_CENTER

```
control_handle=CreateWindowE
x(0,"static"C ,"SS_CENTERSty
le"C,IOR(SS_CENTER,IOR(WS_CH
ILD,WS_VISIBLE)),
5 ,5 ,200 ,20 ,hWnd ,-1 ,hIn
st ,NULL )
```

程式碼 4-6

圖像式樣	程式該改的地方
	**icolor = GetStockObject(GRAY_BRUSH)** **itype = SS_BITMAP** ```control_handle=CreateWindowEx(0,"static"C ,"MY_BMP"C,IOR(SS_BITMAP,IOR(WS_CHILD,WS_VISIBLE)),5 ,5 ,200 ,20 ,hWnd ,-1 ,hInst ,NULL)``` 同時要改　*param_exchange* **integer,parameter::SS_BITMAP=#0000000E** 當然還得用資源檔,,把 BMP 檔插入,,舉個例: **MY_BMP BITMAP DISCARDABLE** **"my_bmp.bmp"**
	icolor = GetStockObject(GRAY_BRUSH) **itype = SS_ICON** ```control_handle=CreateWindowEx(0,"static"C,"MY_ICON"C,IOR(SS_ICON,IOR(WS_CHILD,WS_VISIBLE)),5 ,5 ,200 ,20 ,hWnd ,-1 ,hInst ,NULL)``` 當然還得用資源檔,把 BMP 檔插入,舉個例: **MY_ICON ICON DISCARDABLE** **"my_icon.ico"**

icolor = GetStockObject(WHITE_BRUSH)

itype = SS_ENHMETAFILE

```
control_handle                    =
CreateWindowEx(0,"static"C ,""C,
IOR(SS_ENHMETAFILE,IOR(WS_CHILD,WS_VIS
IBLE)),5 ,5 ,200 ,20 ,hWnd ,-1 ,hInst
,NULL )
ihemf = GetEnhMetaFile("sample.emf"C)
iret=SendMessage(control_handle,STM_SE
TIMAGE,IMAGE_ENHMETAFILE,ihemf)
```

同時要改   *param_exchange*

integer,parameter::SS_ENHMETAFILE=#0000000F

integer,parameter::STM_SETIMAGE   =#0172

integer,parameter::IMAGE_ENHMETAFILE=3

程式碼 4-7

現在你已認識第二種 GUI 族中靜態控制項,也瞭解定義該元件使用者自定的型式,「使用 SS_OWNERDRAW,應用程式就會為靜態控制元件繪出圖樣」,我們見到了「窗中窗」的現象,為了產製使用者自定的控制元件則必須修改程式碼:

```
case (WM_CREATE)
   control_handle=CreateWindowEx(0,"static"C,""C,
              IOR(SS_OWNERDRAW,IOR(WS_CHILD,WS_VISIBLE))
              ,5 ,5 ,120 ,30 ,hWnd ,1 ,hInst ,NULL)
   MainWndProc = 0
   return
```

程式碼 4-8

但是上述程式碼,只單單產生使用者自定的靜態控制項而已,想把他弄漂亮點還需要在視窗程序中加入 WM_DRAWITEM 處理程序並為元件提供影像資源。

在應用程式中處理靜態控制項:

由於文字及圖形非屬靜態控制項內定處理,另外討論。比較有趣的是為靜態控制項著色,當視窗呼叫了帶有參數 mesg = WM_CTLCOLORSTATIC 的視窗訊息時,你可以為靜態控制項文字及背景著色。

其參數：

wParam 靜態控制項文字代碼；

lParam　　靜態控制項代碼.

若應用程式處理這訊息時，其傳回值為用來繪製靜態控制項背景的筆刷代號，底下
範例，示範如何製作靜態控制項並為文字與背景著色程式碼及結果：

```
case(WM_CTLCOLORSTATIC)
    if (lParam.eq.GetDlgItem(hWnd,static_code) ) then
        iret = SetBkMode(wParam,TRANSPARENT)
        iret = SetTextColor(wParam,RGB(255,0,0))!紅色
        MainWndProc = GetStockObject(Black_Brush)
    else
    MainWndProc=DefWindowProc(hWnd,mesg,wparam,lparam)
    Endif
```

程式碼 4-9

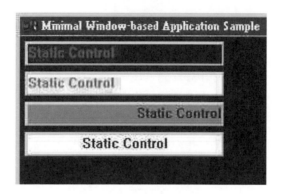

圖 4-2

給靜態控制項用的訊息：

給靜態控制項用的訊息有 STM_GETICON 和 STM_SETICON， 因
STM_SETIMAGE 較通用，我們就用它來說明，它們都用 SendMessage 函式回應，
底下範例是如何把圖片放到靜態控制項上：

要送訊息到靜態控制項，一定要呼叫 SendMessage：

iresult = SendMessage(static_handle，STM_SETIMAGE，Image_type，Image_handle)

式中：

> integer Image_type - （輸入）圖像旗標，其值如下：
> **! IMAGE_BITMAP** - **一定得在檔頭加入下面一段程式碼：**
> integer*4，parameter::IMAGE_BITMAP　=　0
> **! IMAGE_ICON** - **一定得在檔頭加入下面一段程式碼 ：**
> integer*4，parameter::IMAGE_ICON　=　1
> **! IMAGE_CURSOR** - **一定得在檔頭加入下面一段程式碼：**
> integer*4，parameter::IMAGE_CURSOR　=　2
> **! IMAGE_ENHMETAFILE** - **一定得在檔頭加入下面一段程式碼 ：**
> integer*4，parameter::IMAGE_ENHMETAFILE = 3
> integer Image_handle - （輸入）圖像代號
> integer iresult - （輸出/返回值）跟靜態控制項一起的影像代號 ，若無則
> 傳回 NULL

底下範例，示範如何製作靜態控制項並放入圖像的程式碼及結果：

```
case (WM_COMMAND)
  select case(LoWord(wParam))
    case(1)         ! "Change BMP" button was selected
      iret  = SendMessage(control_handle1,STM_SETIMAGE,  &
               IMAGE_BITMAP,image_handle1)
      iret  = EnableWindow(button1,.FALSE.)
    case(2)         ! "Change Icon" button was selected
      iret = SendMessage(control_handle2,STM_SETIMAGE,  &
               IMAGE_ICON,image_handle2)
      iret   = EnableWindow(button2,.FALSE.)
    case(3)           !"Change emf" selected
      iret   = SendMessage(control_handle3,STM_SETIMAGE,  &
                          IMAGE_ENHMETAFILE,ihemf2)
      iret   = EnableWindow(button3,.FALSE.)
  end select
```

程式碼 4-10

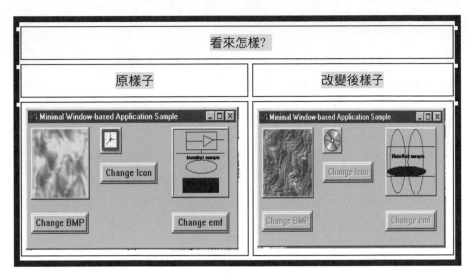

圖 4-3

4.1.3 編輯方塊

編輯方塊常用於對話窗中供使用者輸入和編輯文字之用，有兩種編輯方塊(可以單行與多行編輯)，想作到複雜一點的，只要參考範例(及微軟 Win32 SDK)應該不難完成。底下範例，示範如何製作編輯方塊的程式碼及結果：

```
case (WM_CREATE)
   control_handle = CreateWindowEx(0,"edit"C ,""C, &
      IOR(ES_LEFT,IOR(WS_BORDER,IOR(WS_CHILD,WS_VISIBLE)))),&
      5 ,5 ,120 ,20 ,hWnd ,1 ,hInst ,NULL )
```

程式碼 4-11

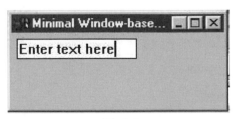

圖 4-4

使用編輯方塊來操作輸出入：

實用上，我們把編輯方塊當成被動的東西，透過視窗 CreateWindow(Ex)函式來掌握，要取出其中的資料時用 GetWindowText 函式。

```
case (WM_CREATE)
    edit1_handle = CreateWindowEx(0,"edit"C,""C, &
    IOR(ES_LEFT,IOR(WS_BORDER,IOR(WS_CHILD,WS_VISIBLE)))), &
     200 ,5 ,120 ,20 ,hWnd ,edit1_code ,hInst ,NULL )
     . . .
case (WM_COMMAND)
    select case(LoWord(wparam))
        iret = GetWindowText(edit1_handle, real_input_value,20)
        wbufr(ir:20) = ' '
        write(wbufr,"(1pe12.5)") real_input_value
        iret= SetWindowText(edit1_handle,TRIM(wbufr)//char(0))
            . . .
```

程式碼 4-12

4.1.4 清單方塊

清單方塊為視窗內含了一連串可讓使用者挑選的項目，它可以是文字、圖片，或兩者之混合，若控制元件容納不下內容時則會出現捲動列，讓使用者可以捲動，以挑選或刪除項目，被挑中的項目會改變顏色，此時視窗會通知元件的父視窗。清單方塊分為兩類：單選型 (為內定的型式) 和多選型。

單選型使用一次只能挑選一個項目，而多選型則一次可以挑選數個項目。同時，它的型式和外觀可以有項目經過排序的、多欄選項、應用程式繪製等等，底下舉其中五例：

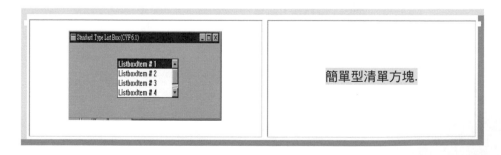

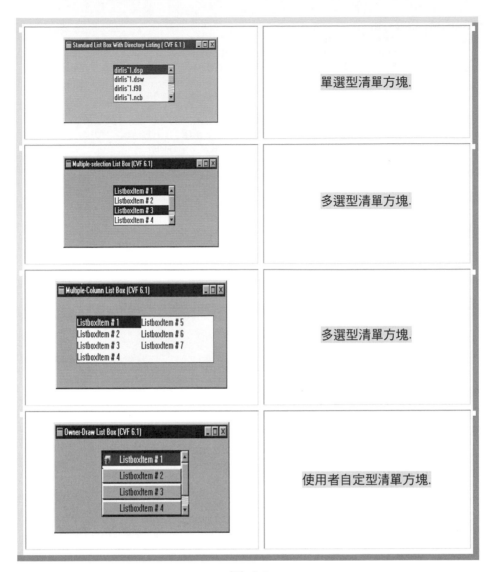

圖 4-5

底下範例，內有一串選項，當你選擇其中一項後，程式會將處理訊息代號 LBN_SELCHANGE 所代表的動作通知視窗執行，示範如何製作清單方塊的程式碼 及結果：

```
case(WM_CREATE)
! Create standard List Box
  listbox_handle=CreateWindowEx(0,"listbox"C,""C, &
      IOR(LBS_NOTIFY,IOR(WS_BORDER,IOR(WS_VSCROLL, &
      IOR(WS_CHILD,WS_VISIBLE))))),&
      5 ,5 ,140 ,150 ,hWnd ,listbox_code,hInst ,NULL )
  button_handle=CreateWindowEx(0,"button"C,"Restore List&
      Box"C,IOR(BS_PUSHBUTTON,IOR(WS_CHILD,WS_VISIBLE)), &
      5 ,175 ,140 ,30 ,hWnd , button_code , hInst ,NULL )
      iret = ShowWindow(button_handle,SW_HIDE)
! Fill created List Box now
      iret = SendMessage(listbox_handle,WM_SETREDRAW,0,0)
 do j=1,5
    iret=SendMessage(listbox_handle,LB_ADDSTRING,0,&
              LOC(ListBoxItems(j)))
 end do
      iret = SendMessage(listbox_handle,WM_SETREDRAW,1,0)
      iret = InvalidateRect(listbox_handle,NULL_RECT,.TRUE.)
! Set current selection in List Box
      iret = SendMessage(listbox_handle,LB_SETCURSEL,0,0)
MainWndProc = 0
return
case (WM_COMMAND)
select case(LoWord(wparam))
  case(button_code)
    iret = ShowWindow(listbox_handle,SW_SHOWNORMAL)
    iret = EnableWindow(listbox_handle,.TRUE.)
    iret = ShowWindow(button_handle,SW_HIDE)
    MainWndProc = 0
    return
  case(listbox_code)
      if( HiWord(wparam).eq.LBN_SELCHANGE) then
        iret = SendMessage(listbox_handle,LB_GETCURSEL,0,0)
        if((iret.ge.0).and.(iret.le.4)) then
          select case(iret)
            case(0)  ! "Initial State" selected now
              iret = MoveWindow(listbox_handle,5,5, &
                    140,150,.TRUE.)
            case(1)  ! "Move List Box" selected now
              iret = MoveWindow(listbox_handle,5,5, &
                    140,150,.TRUE.)
              do  j=1,10
                iret = MoveWindow(listbox_handle,5+j*10,5, &
                      140,150,.TRUE.)
                iret = UpdateWindow(listbox_handle)
                call Sleep(300)
              enddo
            case(2)   ! "Resize List Box" selected now
              iret = MoveWindow(listbox_handle,5,5, &
                    140,150,.TRUE.)
              do j=1,10
                iret = MoveWindow(listbox_handle,5,5, &
```

```
                    140+j*10,150,.TRUE.)
        iret = UpdateWindow(listbox_handle)
        call Sleep(300)
      enddo
 case(3)   ! "Hide List Box" selected
        iret = ShowWindow(listbox_handle,SW_HIDE)
        iret=ShowWindow(button_handle,SW_SHOWNORMAL)
 case(4)   ! "Disable List Box" selected
        iret = EnableWindow(listbox_handle,.FALSE.)
        iret=ShowWindow(button_handle,SW_SHOWNORMAL)
   end select
```

程式碼 4-13

圖 4-6

4.1.5 下拉式清單方塊

下拉式清單方塊(COMBOBOX 類別所定義的控制元件)，它包含了表列與編輯兩功能.，有一串可供挑選的項目及被挑中的項目欄. 除了下拉式表列盒外，被挑中的項目可以在編輯欄內修改內容。

下拉式清單方塊有三種型式：簡單型 (CBS_SIMPLE)，下拉型 (CBS_DROPDOWN)和下拉表列盒型 (CBS_DROPDOWNLIST) 。此外，你也可以自己設計下拉式清單方塊型式，通常我們會用自己設定的下拉式清單方塊，底下就是程式碼：

```
case (WM_CREATE)
  ! Create standard Combo Box
  ComboBox_handle = CreateWindowEx(0,"ComboBox"C ,""C, &
          IOR(CBS_SIMPLE,IOR(WS_CHILD,WS_VISIBLE)),&
          5 ,5 ,140 ,150 ,hWnd ,1 ,hInst ,NULL )
```

```
! Fill created Combo Box now
iret = SendMessage(ComboBox_handle,WM_SETREDRAW,0,0)
do j=1,10
   iret = SendMessage(ComboBox_handle,  &
          CB_ADDSTRING,0,LOC(ComboBoxItems(j)))
end do
iret = SendMessage(ComboBox_handle,WM_SETREDRAW,1,0)
iret = InvalidateRect(ComboBox_handle,NULL_RECT,.TRUE.)
! Set current selection in Combo Box
iret = SendMessage(ComboBox_handle,CB_SETCURSEL,0,0)
```

程式碼 4-14

下拉式清單方塊另外的用途：

下拉表列盒型(CBS_DROPDOWNLIST)會產生可供挑選的項目，你可以挑選中意的
項目內容，把它放到最上端的編輯方塊內，但簡單型 (CBS_SIMPLE)及下拉型
(CBS_DROPDOWN)，你就得自行考慮可供挑選的數目。底下的範例，產生
CBS_SIMPLE 型下拉式清單方塊，有兩個靜態控制元件與一個按鈕，當你從選單挑
出項目後，第一個靜態控制元件顯示挑中的是第幾個項目，第二個靜態控制元件顯
示其內容。試著挑挑看並加以編修，按完按鈕，你可以看出彼此的差異。

```
case (WM_CREATE)
  ! Create standard Combo Box
  ComboBox_handle = CreateWindowEx(0,"ComboBox"C ,""C, &
                    IOR(CBS_SIMPLE,IOR(WS_CHILD,WS_VISIBLE)),
                    &
                    5 ,5 ,140 ,150 ,hWnd ,1 ,hInst ,NULL )
  ! Fill created Combo Box now
  iret = SendMessage(ComboBox_handle,WM_SETREDRAW,0,0)
  do j=1,10
     iret = SendMessage(ComboBox_handle,  &
            CB_ADDSTRING,0,LOC(ComboBoxItems(j)))
  end do
  iret = SendMessage(ComboBox_handle,WM_SETREDRAW,1,0)
  iret = InvalidateRect(ComboBox_handle,NULL_RECT,.TRUE.)
  ! Set current selection in Combo Box
   iret = SendMessage(ComboBox_handle,CB_SETCURSEL,0,0)
  ! Create static controls for selections dispaying
   control_handle1 = CreateWindowEx(WS_EX_DLGMODALFRAME,  &
     "static"C,""C,IOR(SS_CENTER,IOR(WS_CHILD,WS_VISIBLE)),
     &
     170 ,5 ,200 ,20 ,hWnd ,NULL ,hInst ,NULL )
   control_handle2 = CreateWindowEx(WS_EX_DLGMODALFRAME,  &
     "static"C,""C,IOR(SS_CENTER,IOR(WS_CHILD,WS_VISIBLE)),
     &
     170 ,30 ,200 ,20 ,hWnd ,NULL ,hInst ,NULL )
```

```
! Create button to ask Combo Box about current selection
  button_handle=CreateWindowEx(0,"button"C, &
        "ShowSelections"C,IOR(BS_PUSHBUTTON,
        IOR(WS_CHILD,WS_VISIBLE)),&
        170 ,60 ,200 ,30 ,hWnd , &
        button_code, hInst ,NULL )
MainWndProc = 0
return
case (WM_COMMAND)
 select case(LoWord(wparam))
   case(combo_code)
     if( HiWord(wparam).eq.CBN_SELCHANGE) then
      iret = SendMessage(ComboBox_handle,CB_GETCURSEL,0,0) + 1
       write(wbuf,"('Selection:',i2)")  iret
      iret = SetWindowText(control_handle1,wbuf//char(0))
     endif
   case(button_code)
     iret = SendMessage(ComboBox_handle,CB_GETCURSEL,0,0) + 1
     write(wbuf,"('Selection:',i2)") iret
     iret = SetWindowText(control_handle1,wbuf//char(0))
     iret = SendMessage(ComboBox_handle, WM_GETTEXT,20,&
            loc(wbuf1))
     iret = SetWindowText(control_handle2,wbuf1//char(0))
end select
```

程式碼 4-15

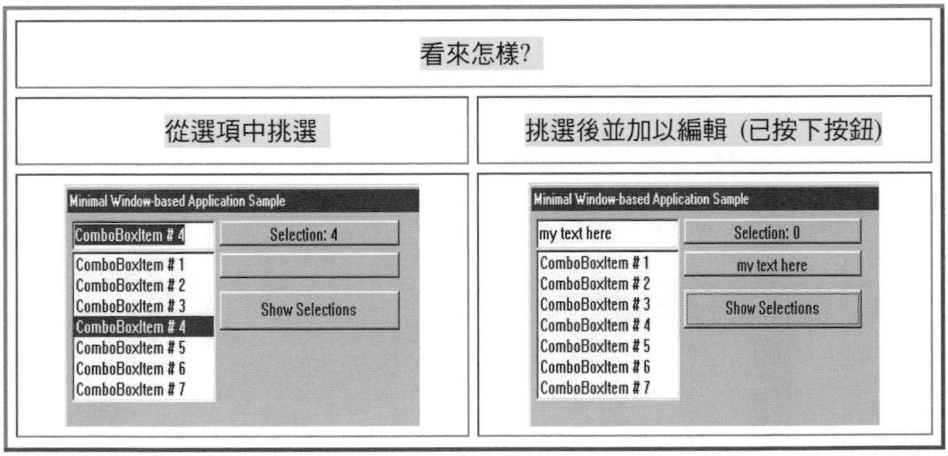

圖 4-7

4.1.6 捲動列

當視窗內容大過視窗顯示區時，可將捲動列附上，讓視窗捲動，適度調整顯示的內容。水平捲動列是左右移動，而垂直捲動列是上下移動。記得捲動列有兩種捲動法：

1.把 WS_VSCROLL 或 WS_HSCROLL 加入到 CreateWindow(Ex) 函式。

2.在 CreateWindow(Ex) 函式中使用內定類別 "Scroll Bar" 以定出捲動列的位置/大小/顏色等等。底下的範例單獨產生捲動列：

1. CreateWindowEx

2. SetScrollRange - 初始化捲動列

```
case (WM_CREATE)
  ihandle = CreateWindowEx(0,"scrollbar"C ,""C, &
        IOR(SB_VERT,IOR(WS_CHILD,WS_VISIBLE)),&
        25 ,5 ,15 ,90 ,hWnd ,1,hInst ,NULL )
! Set scroll bar range
  iret = SetScrollRange(ihandle,SB_CTL,1,20,.TRUE.)
```

程式碼 4-16

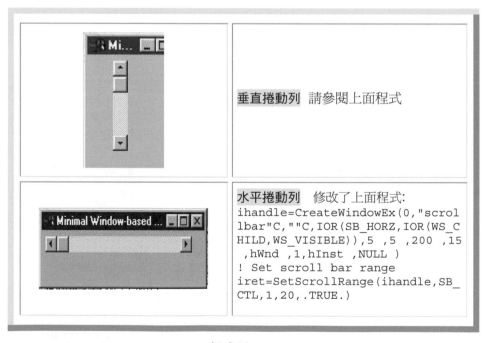

垂直捲動列 請參閱上面程式

水平捲動列 修改了上面程式:
```
ihandle=CreateWindowEx(0,"scrol
lbar"C,""C,IOR(SB_HORZ,IOR(WS_C
HILD,WS_VISIBLE)),5 ,5 ,200 ,15
 ,hWnd ,1,hInst ,NULL )
! Set scroll bar range
iret=SetScrollRange(ihandle,SB_
CTL,1,20,.TRUE.)
```

程式碼 4-17

處理捲動列的函數：

```
integer(4) function  SetScrollPos (hWnd ,nBar ,nPos ,bRedraw )
```

目的："捲動列鈕定位位函式， 必要時會重繪捲動列並將捲動列扭定在新的位置上.本函式是爲了相容於 Windows 3.x. Win32-程式請改用 SetScrollInfo ..."

integer　　hWnd　 -　根據 nBar 參數來辨別捲動列或視窗的捲動列

integer　　nBar　　 -　指定捲動列的型式.計：

　　　　　　　　SB_CTL - 捲動列位置設定 hWnd 參數得是捲動列代碼

　　　　　　　　SB_HORZ - 設爲水平捲動列

　　　　　　　　SB_VERT - 設爲垂直捲動列

integer　　nPos　　 -　指定捲動列鈕新位置，其值必須在捲動的範圍內，請參閱 SetScrollRange 函式

logical(4)　bRedraw　-　重繪旗標.若爲 TRUE，則重繪.若爲 FALSE， 則不重繪

```
logical(4) function  ShowScrollBar (hWnd ,wBar ,bShow )
```

目的: "...顯示或隱藏捲動列..."

integer　　hWnd - 根據 nBar 參數來辨別捲動列或視窗的捲動列

integer　　wBar - 指定捲動列的顯示與否型式.計：

　　　　　　　　SB_BOTH - 同時顯示水平與垂直捲動列

　　　　　　　　SB_CTL　 - 捲動列. hWnd 參數得是捲動列代碼

　　　　　　　　SB_HORZ　- 水平捲動列

　　　　　　　　SB_VERT - 垂直捲動列

logical(4)　bShow - 若爲 TRUE，則顯示.若爲 FALSE， 則隱藏

```
logical(4)function  EnableScrollBar (hWnd ,wSBflags ,wArrows )
```

目的："・・・.讓捲動箭頭啓動或停止・・・"

integer hWnd　　　-根據 wSBflags 參數來辨別捲動列或視窗

integer wSBflags　- 指定捲動列的型式：

　　　　　　　　　　SB_BOTH　- 視窗同時顯示水平與垂直捲動列

　　　　　　　　　　SB_CTL　- 認定捲動列爲捲動列. hWnd 得是捲動列代碼

　　　　　　　　　　SB_HORZ　- 啓動或停止水平捲動列， hWnd 得是視窗代碼

　　　　　　　　　　SB_VERT　- 啓動或停止垂直捲動列， hWnd 得是視窗代碼

---

 integer wArrows　-　指定捲動列箭頭顯示與否

參數值計有：

　　　　　　　　　　ESB_DISABLE_BOTH　- 不顯示捲動列箭頭

　　　　　　　　　　ESB_DISABLE_DOWN - 不顯示垂直捲動列箭頭

　　　　　　　　　　ESB_DISABLE_LEFT　- 不顯示水平捲動列左邊箭頭

　　　　　　　　　　ESB_DISABLE_LTUP　- 不顯示水平捲動列左邊箭頭或垂

　　　　　　　　　　　　　　　　　　　　直捲動列向上箭頭

　　　　　　　　　　ESB_DISABLE_RIGHT　- 不顯示水平捲動列右邊箭頭

　　　　　　　　　　ESB_DISABLE_RTDN　- 不顯示水平捲動列右邊箭頭或

　　　　　　　　　　　　　　　　　　　　垂直捲動列向下箭頭

　　　　　　　　　　ESB_DISABLE_UP　　- 不顯示垂直捲動列向上箭頭

　　　　　　　　　　ESB_ENABLE_BOTH　- 顯示箭頭

.

4.2　特殊的控制元件

特殊的控制元件有：動畫、樹狀、標籤等 20 餘個控制項(未來也許還會陸續增加)，有關這些控制元件，詳參閱：*/Platform SDK/User InterfaceService/Shell and Common Controls/Common Controls*。在使用這些控制元件之前，可參考 Nancy Winnick Cluts 著:Programming the Windows 95 User Interface(WINDOWS 95 介面程式設計，松格資訊翻譯)或者 Norman Lawrence 著:Compaq Visual Fortran A Guide to Creating Windows applications ISBN:1-55558-249-4 ，另外也應研究 comctl32.f90 標頭檔。

Compaq Visual Fortran 提供了一隻程式：Comctl32.f90，程式內含有各個控制元件的原函式宣告，要使用這些元件，必需在程式中加上 USE COMCTL32。

這些控制元件發揮作用的關鍵是動態聯結控制函式庫(Comctrl32.dll)，使用時必須連結 COMCTL32.LIB。在呼叫任何特殊的控制元件之前，應該呼叫 InitCommonControls 函式，以確保 Comctrl32.dll 已先載入，InitCommonControls 是個空函式，沒有參數，也沒有傳回值。和簡單的常用控制元件一樣，應用程式只要在 CreateWindow 或 CreateWindowEx 函式內指定適當的視窗類別就可以了。

測試 COMCTL32.DLL 方式：

```
type(T_INITCOMMONCONTROLSEX) wcl
    wcl%dwSize = 8
    wcl%dwICC = ICC_WIN95_CLASS
    Call InitCommonControlEx(wcl)
```

程式碼 4-18

建立各種子視窗的名稱，其參數定義可以在 DFWINTY.F90 中找到：

```
CHARACTER*(*)，PARAMETER::ANIMATE_CLASS="SysAnimate32"C
CHARACTER*(*)，PARAMETER::DATETIMEPICK_CLASS="SysDateTimePick32"C
CHARACTER*(*)，PARAMETER::DRAGLISTMSGSTRING="Commctrl_DragListMsg"C
CHARACTER*(*)，PARAMETER::HOTKEY_CLASS="msctls_hotkey32"C
CHARACTER*(*)，PARAMETER::MONTHCAL_CLASS="SysMonthCal32"C
CHARACTER*(*)，PARAMETER::PB_CLASS_NAME="msctls_progress32"C
CHARACTER*(*)，PARAMETER::REBARCLASSNAME="ReBarWindow32"C
CHARACTER*(*)，PARAMETER::STATUSCLASSNAME="msctls_statusbar32"C
CHARACTER*(*)，PARAMETER::TAB_CLASS_NAME="SysTabControl32"C
CHARACTER*(*)，PARAMETER::TB_CLASS_NAME="msctls_trackbar32"C
CHARACTER*(*)，PARAMETER::TOOLBARCLASSNAME="ToolbarWindow32"C
CHARACTER*(*)，PARAMETER::TOOLTIPS_CLASS="Tooltips_class32"C
CHARACTER*(*)，PARAMETER::UD_CLASS_NAME="msctls_updown32"C
CHARACTER*(*)，PARAMETER::WC_COMBOBOXEX="ComboBoxEx32"C
CHARACTER*(*)，PARAMETER::WC_LISTVIW="SysListview32"C
CHARACTER*(*)，PARAMETER::WC_TREEVIEW="SysTreeview32"C
```

4.2.1 動畫控制元件

所謂動畫控制元件,是一種可以顯示 AVI 格式的視窗 (一種連串式圖片窗,像似電影般) ,也能處理 RLE 壓縮的 AVI 檔案,雖說 AVI 檔可含有音效,但本元件不能發出聲音。當系統要長時間處理一件事情時、操作緒頭持續執行就使用,例如檔案總管在搜尋檔案時,它出現一張紙由一個資料夾飛向另一個資料夾的動畫圖片,讓使用者知道系統仍在作用中,不會誤以為當機。

產製控制元件:

```
avi_handle = CreateWindow(ANIMATE_CLASS,"",IOR(WS_BORDER, &
        IOR(WS_CHILD,ACS_AUTOPLAY)),0,0,0,0,hWnd,2,hInst, NULL)
```
處理動畫的函數:

用 Animate_Create() 函式為視窗或 Animate_Open() 函式為對話窗或視窗產製本元件,Animate_Open() 函式打開及顯示第一個 AVI 檔案框。

hanictl= Animate_Create(hpar,ID_ANICTL,ACS_CENTER,ghinst);

Animate_Open(hanictl,ID_AVI);

Animate_Create 函式中第三個參數說明如下:

ACS_CENTER 型態,把動畫控制元件放在視窗中央,並設長寬為 0,若不設的話元件放在視窗最左上角,並設長寬為 AVI 框尺寸。

ACS_AUTOPLAY 型態,則為邊打開檔案邊放映。

ACS_TRANSPARENT 型態,背景設為透明。

若未設 ACS_AUTOPLAY 型態,則緊接著將是放映或搜尋框框。

Animate_Play(hanictl,0,-1,-1);

Animate_Stop(hanictl);

Animate_Seek(hanictl,5);

Animate_Play() 函式的第二個參數指定從那開始，0 表示從第一框開始，第三個參數指定放到那結束，-1 表示放到最後一框爲止， 第四個參數指定重複放映框框數，-1 表示重複放映。

Animate_Stop() 函式，爲停止放映。

Animate_Seek() 函式，爲找第二個參數指定的框。

範例：

```
use   ComCtl32

. . .
case(WM_CREATE)
 iret = CreateWindowEx(0,"button"C ," 動畫 Control Sample: &
        "C,IOR(BS_GROUPBOX,IOR(WS_CHILD,WS_VISIBLE)),&
         5 ,5 ,340 ,280 ,hWnd ,1 ,hInst ,NULL )
 avi_handle = CreateWindow(ANIMATE_CLASS,"",IOR(WS_BORDER, &
     IOR(WS_CHILD,ACS_AUTOPLAY)),0,0,0,0,hWnd,2,hInst, NULL)
 iret = MoveWindow(avi_handle,15,35,320,240,.TRUE.)
 iret = SendMessage(avi_handle, ACM_OPEN, 0, LOC("vfc.avi"C))
 iret = ShowWindow(avi_handle,SW_SHOW)
 MainWndProc = 0
 return
case(WM_DESTROY)
 iret = SendMessage(avi_handle,ACM_STOP,0,0)
 iret = SendMessage(avi_handle,ACM_OPEN, 0, NULL)
 iret = DestroyWindow(avi_handle)
 call PostQuitMessage( 0 )
```

程式碼 4-19

圖 4-8

4.2.2 樹狀控制元件

樹狀控制元件為視窗的一種，可顯示層狀清單，諸如文件標頭、條目的索引或磁碟目錄區及檔案。每一個項目含有標題及圖片，點選後可展開次標題，如下圖：

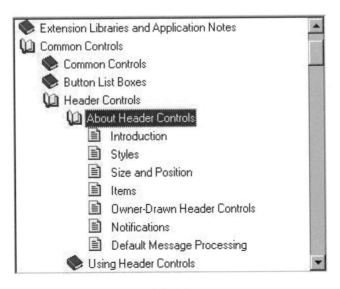

圖 4-9

樹狀控制元件幫你把資料以階層的方式展現，最常用的就是目錄及檔案的顯示。典型的例子，如檔案總管左側「全部資料夾」部分，可讓你展開或收藏目錄節點。

產製控制元件：

```
htree=CreateWindow(WC_TREEVIEW, "", IOR(WS_VISIBLE,IOR(&
              WS_CHILD,IOR(WS_BORDER,TVS_HASLINES))),0,&
              0, width,height)
```

TVS_HASLINES 型式為產生聯結子節點的線。

TVS_HASBUTTONS 型式為子節點產生+/-符號。

TVS_LINESATROOT 型式為產生聯結根節點。

TVS_EDITLABELS 型式允許使用者編修節點標題。

TVS_DISABLEDRAGDROP 型式讓拖拉功能生效與否。

接下來產製 Image List 來處理所有的 icon。 請參閱 4.2.5。
搭配 Image List 及樹狀控制元件：

TreeView_SetImageList(htree, himagelist, TVSIL_NORMAL);

請參閱 4.2.6 中有關 TVSIL_ LVSIL_ 的說明。接下來為樹狀控制元件產製節點
文字及圖片，產製節點需初始化 TV_ITEM 及 TV_INSERTSTRUCT 結構。

產製根節點：

```
type (T_TVITEM) tvi
type (T_TVINSERTSTRUCT) tvins
tvi%mask= IOR(TVIF_TEXT,IOR(TVIF_IMAGE,TVIF_SELECTEDIMAGE)
tvi%pszText="string shown at node"
tvi%iImage=0
tvi%iSelectedImage=1
tvins%hParent=TVGN_ROOT
tvins%hInsertAfter= TVI_LAST
tvins%item= tvi
Call TreeView_InsertItem(htree,tvins)
```

TV_ITEM 結構中的 mask 項反映那些項將是有效的，其他必需知道的值為
LVIF_PARAM， pszText 項為節點文字， iImage 項為圖片在 imagelist 元件中次
序編號，iSelectedImage 項所挑選的圖片在 Image List 元件中次序編號。
TV_INSERTSTRUCT 結構之 hParent 項為要插入節點之父節點，可用
TVGN_ROOT 或， TreeView_InsertItem 函式所傳回的值產製父節點。

ThehInsertAfter 項為插入新節點位置，可以是 TVI_FIRST，TVI_LAST 或
TVI_SORT。

有關巨集及其他訊息請查閱 WIN32.HLP 說明檔中 tvm_ 之說明.亦請查閱 TVN_
NOTIFY 訊息。

範例：

```
! Variables
integer(4) iret
character(SIZEOFAPPNAME) lpszName
character(40) szText
logical(4) :: redraw = .true.
integer(4) hWndTree
integer(4) cxClient, cyClient
integer(4) hBmp1,hBmp2,hIml,BITMAP_WIDTH,BITMAP_HEIGHT
integer(4) iImage
integer(4) iAdd,iM,iE,iC,iL,iB,iChild
integer(4) idbOpenFolder,idbPage
integer(4) i,n
type (People) Info(10)
type (T_INITCOMMONCONTROLSEX) iccex
type (T_TVITEM) TVitem
type (T_TVINSERTSTRUCT) TVIns
type (T_NMTREEVIEW) :: ptvdis
pointer (lptreeview, ptvdis)

   select case ( mesg )
     Case(WM_CREATE)
        iccex%dwSize = sizeof(iccex)
        iccex%dwICC=ICC_TREEVIEW_CLASSES!orICC_WIN95_CLASSES
        call initcommoncontrolsex(iccex)
        call DataFile(Info,n)
         hWndTree = CreateWindowEx(WS_EX_CLIENTEDGE,  &
            WC_TREEVIEWA, "  "C,IOR(WS_VISIBLE,  &
              IOR(WS_CHILD,IOR(WS_BORDER, IOR(TVS_HASLINES, &
            IOR(TVS_HASBUTTONS, TVS_LINESATROOT ))))),0,0,&
              300,300,hwnd, ID_TREEVIEW, ghInstance, NULL)
        BITMAP_WIDTH = 16
        BITMAP_HEIGHT = 16
        hIml = ImageList_Create(BITMAP_WIDTH,BITMAP_HEIGHT, &
              ILC_COLOR ,0,2)
        hBmp1 = LoadBitmap(ghInstance,
```

```
            MAKEINTRESOURCE(IDB_BITMAP1))
idbOpenFolder = ImageList_Add(hIml,hBmp1,Null)
hBmp2 = LoadBitmap(ghInstance, &
      MAKEINTRESOURCE(IDB_BITMAP2))
idbPage = ImageList_Add(hIml,hBmp2,Null)
iret = SendMessage(hWndTree, &
      TVM_SETIMAGELIST,TVSIL_NORMAL ,hIml )
TVitem%mask = IOR(TVIF_TEXT, IOR(TVIF_IMAGE, &
                IOR(TVIF_SELECTEDIMAGE, TVIF_PARAM)))
TVitem%pszText = loc("Addresses"C)
TVitem%cchTextMax = 40
TVitem%iImage = idbPage
TVitem%iSelectedImage = idbOpenFolder
TVIns%item = TVitem
TVIns%hParent = Null
TVIns%hInsertAfter = TVI_ROOT
iAdd = SendMessage (hWndTree, TVM_INSERTITEMA , 0, &
      loc(TVIns))
TVitem%pszText = loc('C'C)
TVIns%hParent = iAdd
TVIns%item = TVitem
TVIns%hInsertAfter = TVI_SORT
iC = SendMessage (hWndTree, TVM_INSERTITEMA , 0, &
      loc(TVIns))
TVitem%pszText = loc('L'C)
TVIns%item = TVitem
iL = SendMessage (hWndTree, TVM_INSERTITEMA , 0, &
      loc(TVIns))
TVitem%pszText = loc('B'C)
TVIns%item = TVitem
iB = SendMessage (hWndTree, TVM_INSERTITEMA , 0, &
      loc(TVIns))
TVitem%pszText = loc('M'C)
TVIns%item = TVitem
iM = SendMessage (hWndTree, TVM_INSERTITEMA , 0, &
      loc(TVIns))
TVitem%pszText = loc('E'C)
TVIns%item = TVitem
iE = SendMessage (hWndTree, TVM_INSERTITEMA , 0, &
      loc(TVIns))
do i = 1 ,n
   TVitem%pszText = loc(Info(I)%surname)
   TVIns%item = TVitem
   if(index(Info(I)%surname,'M') /= 0) then
```

```
          TVIns%hParent = iM
        else if(index(Info(I)%surname,'B') /= 0) then
          TVIns%hParent = iB
        else if(index(Info(I)%surname,'C') /= 0) then
          TVIns%hParent = iC
        else if(index(Info(I)%surname,'E') /= 0) then
          TVIns%hParent = iE
        else if(index(Info(I)%surname,'L') /= 0) then
          TVIns%hParent = iL
        end if
      iChild = SendMessage (hWndTree, TVM_INSERTITEMA,0, &
               loc(TVIns))
    end do
     MainWndProc = 0
    return


case (WM_SIZE)
    cxClient = Loword(lParam)
    cyClient = Hiword(lParam)
   iret = MoveWindow(hWndTree ,0,0, cxClient ,cyClient,
          redraw)
   MainWndProc = 0
    return


 case (WM_NOTIFY)
   if( wParam == ID_TREEVIEW) then
       lptreeview = lparam
     if( ptvdis%hdr%code == TVN_SELCHANGEDA) then
         szText = " "C
       TVitem%hItem = ptvdis%itemNew%hItem
       TVitem%mask = TVIF_TEXT
       TVitem%pszText = loc(szText)
       TVitem%cchTextMax = 40
       iChild = SendMessage (hWndTree, TVM_GETITEMA , &
                    0, loc(TVitem))
       Icount = 0
       do I = 1, n
          ! Note in book in chapter 11 page 276
          ! the next line has been incorrectly
          ! joined to the previous line
           if(Trim(Info(I)%surname) == &
                 Trim(szText)) then
             Icount = I
           end if
```

```
          end do
          if(Icount > 0) then
            lpszName = "Address"C
            iret=DialogBoxParam(ghInstance,&
            LOC(lpszName),hWnd,LOC(AddressDlgProc),0)
          end if
          end if
      MainWndProc = 0
      return
    end if
case (WM_DESTROY)
    call PostQuitMessage( 0 )
      MainWndProc = 0
    return
case (WM_COMMAND)
 select case ( IAND(wParam, 16#ffff ) )
    case (IDM_EXIT)
        iret = SendMessage( hWnd, WM_CLOSE, 0, 0 )
        MainWndProc = 0
        return
    case (IDM_ABOUT)
        lpszName = "AboutDlg"C
        iret=DialogBoxParam(ghInstance,LOC(lpszName)&
                         ,hWnd,LOC(AboutDlgProc),0)
        MainWndProc = 0
        return
    case DEFAULT
     MainWndProc=DefWindowProc(hWnd, mesg, wParam, lParam )
     return
  end select
```

程式碼 4-20

圖 4-10

4.2.3 Tab 控制元件

Tab 控制元件類似記事本的間隔器或檔案儲存櫃的分類標籤，應用程式可以利用
Tab 控制元件將視窗或對話窗劃成不同頁面，每一頁上含有一組資訊或一群控制元
件。Tab 控制元件看起來就像按鈕， 按了之後會直接執行命令而不會顯示頁面。如
下圖：

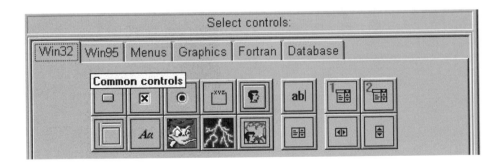

圖 4-11

Tab 控制元件分為標準型及 Property Sheet 型，Property Sheets 型常見於對話窗
當中。

產製控制元件：

```
GetClientRect(hwnd，&rect);
htab = CreateWindow(WC_TABCONTROL，""， IOR(WS_CHILD，&
       IOR(WS_VISIBLE，IOR(WS_BORDER，ES_LEFT)))，0，0，
       rect.right，rect.bottom，hwnd，ID_TAB，ghinst，NULL)
```

程式碼 4-21

上面的例子，Tab 控制元件會占滿整個應用程式視窗，你可以自定 Tab 控制元件大小。

ES_LEFT 設定：文字向左對齊，它僅僅產生控制元件而已，還未真正有"Tabs"誕生，要產製個別的 Tabs ，先得初始化 TC_ITEM 結構。

```
Typa(TC_ITEM) item;
 ！ 設定 TCIF_IMAGE 以使用圖片式的 tab,若不使用圖片式的 tab,請設爲-1
item%mask= TCIF_TEXT;
item%iImage = -1;
item%pszText ="Tab 1";
TabCtrl_InsertItem(htab,0,&item);
item%psaText ="Tab 2";
TabCtrl_InsertItem(htab, 1, &item);
```

程式碼 4-22

上面的例子產生兩個 Tab，TabCtrl_InsertItem 是個 TCM_INSERTITEM 訊息巨集.
第二個參數爲 Tab 位置，配合對話窗，呼叫 CreateDialog()函式：

　　CreateDialog(ghinst，"Dialog1"，htab，(DLGPROC)Dialog1Proc);

對話窗改變時，抓住 WM_NOTIFY 訊息及檢查 TCN_SELCHANGE：

```
Case( WM_NOTIFY)
 {
   NMHDR FAR *tem=(NMHDR FAR *)lParam;
   if (tem->code== TCN_SELCHANGE)
   {
     int num=TabCtrl_GetCurSel(tem->hwndFrom);
     switch(num)
     {
       case 0:
         hdlg=CreateDialog(hinst, "Dialog1", htab, dlgproc);
```

```
      MySizeDialog(parhwnd, hdlg);
      break;
    case 1:
      hdlg=CreateDialog(hinst, "Dialog2", htab, dlgproc2);
      MySizeDialog(parhwnd, hdlg);
      break;
    }
  }
}
```

程式碼 4-23

對話窗的型式必須是 WS_CHILD 及無抬頭或外框，MySizeDialog()函式用來處理對話窗尺寸改變時，不會蓋掉 TAB。要用到 GetClientRect()函式及 MoveWindow()函式，處理話窗尺寸改變。

調整 tabs 所占的位置：

TabCtrl_AdjustRect(htab,FALSE,&rect);

第二個參數設成 false 時，對話窗會估算 tab，若成 true 時，tab 會估算對話窗，rect參數不可設成 0 或無效值。

然後:

```
 MoveWindow(hdlg,rect.left,rect.top,rect.right-rect.left,&
            rect.bottom- rect.top,.TRUE.)
```

其次呼叫 ShowWindow()函式以顯示對話窗，此函式需對 WM_SIZE 訊息反應。

範例：

```
 use     ComCtl32
 integer  hWnd, mesg, wParam, lParam
 type    (T_TCITEM) tci
 type    (T_NMHDR) ncmd
 character*10      outbuf
 type    (T_INITCOMMONCONTROLSEX) wcl
 integer*4  SBParts(2)
 select case(mesg)
   case(WM_CREATE)
     wcl%dwSize = 8
     wcl%dwICC  = ICC_WIN95_CLASSES
     call InitCommonControlsEx(wcl)
     tc_handle=CreateWindowEx(0,TAB_CLASS_NAME,&
```

```
          "",IOR(WS_CHILD,IOR(WS_CLIPSIBLINGS,WS_VISIBL&
          E)),15,30, 220,170, hWnd, NULL, hInst, NULL)
      tci%mask=IOR(TCIF_TEXT,TCIF_PARAM)
      tci%pszText = LOC("item0"C)
      tci%cchTextMax = 10
      tci%iImage      = -1
      tci%lparam      = 0
      iret = SendMessage(tc_handle,TCM_INSERTITEM,0,LOC(tci))
      tci%mask  = IOR(TCIF_TEXT,TCIF_PARAM)
      tci%pszText = LOC("item1"C)
      tci%cchTextMax = 10
      tci%iImage      = -1
      tci%lparam      = 1
      iret = SendMessage(tc_handle,TCM_INSERTITEM,1,LOC(tci))
      tci%mask = IOR(TCIF_TEXT,TCIF_PARAM)
      tci%pszText = LOC("item2"C)
      tci%cchTextMax = 10
      tci%iImage      = -1
      tci%lparam      = 2
      iret = SendMessage(tc_handle,TCM_INSERTITEM,2,LOC(tci))
      iret = SendMessage(tc_handle,TCM_SETCURSEL,1,0)
      iret = SendMessage(tc_handle,TCM_SETCURFOCUS,1,0)
     ihwndSB=CreateStatusWindow(INT4(IOR(WS_CHILD,WS_VISIBLE&
             )),""C,hWnd,10)
      SBParts(1) = 120 ; SBParts(2) = -1
      iret = SendMessage(ihwndSB,SB_SETPARTS,2,LOC(SBParts))
      iret=SendMessage(ihwndSB,SB_SETTEXT,0,LOC("StatusBar&
                       Demo"C))
     MainWndProc = 0
     return
  case(WM_SIZE)
     iret = SendMessage(ihwndSB,WM_SIZE,0,0)
     MainWndProc = DefWindowProc( hWnd, mesg, wParam, lParam )
     return
  case(WM_NOTIFY)
     call CopyMemory(LOC(ncmd),lparam,12)
     if(ncmd%code.eq.TCN_SELCHANGE) then
      iret = SendMessage(tc_handle,TCM_GETCURSEL,0,0)
      write(outbuf,"('tab #',i2,a1)") iret,char(0)
      iret = SendMessage(ihwndSB,SB_SETTEXT,1,LOC(outbuf))
     endif
     MainWndProc = 0
     return
```

程式碼 4-24

圖 4-12

4.2.4 行標題

所謂行標題控制元件視窗是一種位於文字或數字上頭的水平視窗，其上頭每一欄有標題. 微軟的 Mail 和 Excel 是例子。行標題分成數個欄，使用者可以為每一欄設定寬度，可以用拖拉方式增減欄間寬度，也可把它當成按鈕來使用(譬如:資料排序)，欄的顏色為灰色，它無法接受按鍵輸入。行標題控制元件通常和 List View 控制元件一起使用。

欄上可以放入文字，圖片，若欄中含有文字與圖片時，圖片會位於文字之上；若欄中文字與圖片重疊時，文字會寫在圖片上頭

Name	Type	Total Size	Free Space	

圖 4-13

產製控制元件：

CreateWindow(WC_HEADER,title,style,x,y,w,h,hWndPar,id,hInstance,NULL);

WC_HEADER 型態有：HDS_HORZ， HDS_BUTTONS 及 HDS_HIDDEN。

hInstance 為 WinMain 或 DllEntryPoint 的 instance.

大部分的訊息都有巨集，用以替代 SendMessage()函式。本元件大都配 List-View 元件一起使用，故得先填註 LV_COLUMN 結構， ListView_InsertColumn()函式。

```
Type(LV_COLUMN) lvcol
lvcol%mask=IOR( LVCF_FMT,IOR((LVCF_WIDTH,IOR(&
        LVCF_TEXT,LVCF_SUBITEM)
lvcol%fmt= LVCFMT_LEFT
lvcol%cx = 60
lvcol%iSubItem = 0
lvcol%pszText ="First col text"
```

程式碼 4-25

mask 項反映那些項將是有效的，如上例中的 fmt、cx、pszText 及 iSubItem 等項會用到且有效 cx 表欄寬，不同的欄可以同樣寬度也可以是不同的寬度，iSubItem 表那個欄是作標題用，pszText，表欄標題文字內容。接下才呼叫 ListView_InsertColumn() 函式. 請參閱 4.2.6

範例：

```
use VFC_ComCtrls
integer hWnd, mesg, wParam, lParam
type (VFC_NMHDR)          ncmd
character*10              outbuf
type (VFC_INITCOMMONCONTROLSEX) wcl
type (VFC_HDITEM)     hdi
type (VFC_HD_NOTIFY) nmhd
integer*4 SBParts(2)
  select case(mesg)
    case (WM_CREATE)
      wcl%dwSize = 8
      wcl%dwICC  = ICC_WIN95_CLASSES
      iret = InitCommonControlsEx(wcl)
      call VFC_Create_Header( 0,& ! extended window style
          ""C,      & ! pointer to window name
          IOR(WS_CHILD,IOR(WS_BORDER,IOR(HDS_BUTTONS,
          HDS_HORZ))) , 0, 0, 0, 0, hWnd, 2, hInst, NULL, &
          ihwndHD)
      hdi%mask= IOR(HDI_TEXT,IOR(HDI_FORMAT,HDI_WIDTH))
      hdi%cxy= 50
      hdi%pszText= LOC("Item1"C)
      hdi%cchTextMax = 5
      hdi%fmt= IOR(HDF_CENTER,HDF_STRING)
      hdi%iOrder = 0
      callVFC_Header_InsertItem(ihwndHD,100,LOC(hdi),iret)
```

```
      hdi%pszText   = LOC("Item2"C)
      hdi%iOrder    = 1
      callVFC_Header_InsertItem(ihwndHD,100,LOC(hdi),iret)
      hdi%cxy     = 80
      hdi%pszText = LOC("Item3"C)
      hdi%iOrder  = 2
      callVFC_Header_InsertItem(ihwndHD,100,LOC(hdi),iret)
      ihwndSB=CreateStatusWindow(INT4(IOR(WS_CHILD,
            WS_VISIBLE)),""C,hWnd,10)
      SBParts(1) = 90 ; SBParts(2) = -1
      iret=SendMessage(ihwndSB,SB_SETPARTS,2,LOC(SBParts))
      iret = SendMessage(ihwndSB,SB_SETTEXT,0,LOC("Input
            control:"C))
    MainWndProc = 0
    return
  case(WM_SIZE)
    iret = SendMessage(ihwndSB,WM_SIZE,0,0)
    call VFC_Header_Resize(ihwndHD)
    MainWndProc = DefWindowProc( hWnd, mesg, wParam,
            lParam )
    return
  case (WM_NOTIFY)
    call CopyMemory(LOC(ncmd),lparam,12)
    if (ncmd%code.eq.HDN_ITEMCLICK) then
      call CopyMemory(LOC(nmhd),lparam,24)
      write(outbuf,"('item#',i2,a1)")
            (nmhd%iItem+1),char(0)
      iret=SendMessage(ihwndSB,SB_SETTEXT,1,LOC(outbuf))
    endif
    MainWndProc = 0
    return
```

程式碼 4-26

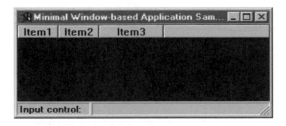

圖 4-14

4.2.5 Image Lists 控制元件

所謂 Image Lists 是由一組同樣尺寸大小的圖片所組成,諸如 bitmap 及把 icons 當作一張大圖片，可用指標指到圖片，這樣可有效的處理大量的 icon 或 bitmap 圖片。在 Image Lists 中所有的圖片尺寸大小均一致，為大張 bitmap 螢幕格式(screen device format)。 Image Lists 中以是單色圖片作為圖片遮罩。

本控制元件搭配 List-view 及樹狀控制元件一起使用，因為它是一張大圖片，可節省資源，所有圖片尺寸必需一致。

產製控制元件：

1. ImageList_LoadBitmap() 函式：

　himage = ImageList_LoadBitmap(ghinst,"bitmapid",32,1,RGB(255,0,0))

產製 Image Lists 並將 bitmapid 名稱的 bitmap 載入，第三個參數為每張圖片 pixels 寬，第四個參數為圖片張數，最後一個參數為 bitmap RGB 值，它允許你將非正方形圖片不必用 bitwise 運算來遮罩 bitmaps，若事先已有 bitmap 圖時，本法用起來很簡單。若於程式執行時才要載入圖片，就需要呼叫 ImageList_Create()，ImageList_AddMasked() 及 ImageList_AddIcon() 等函式。

　himage=ImageList_Create(32,32,ILC_MASK,12,1)

它將產製 32x32 寬的 12 張 bitmap，接下是將這 12 張圖片或 icon 一一加入。ImageList_AddMasked() 函式為加入 bitmap 用，ImageList_AddIcon() 函式為加入 icon 用。

　ImageList_AddMasked(himage,hbitmap,RGB(255,0,0))

　ImageList_AddIcon(himage,hicon)

即使是分別載入 bitmap 及 icon ，他們的尺寸也必需如 ImageList_Create() 函式中的尺寸相同，接下來是把他們繪出：

　ImageList_Draw(himage,0,hdc,10,10,ILD_NORMAL)

第二個參數為要繪出的圖是屬於第幾個圖片，緊接著的參數分別為繪圖之 dc， x 及 y 坐標值，繪圖旗標.可用的旗標有 ILD_BLEND25， ILD_BLEND50，ILD_FOCUS， ILD_MASK， 及 ILD_TRANSPARENT...等等。另外還有兩個功能值得注意，及拖拉與把 imagelist 寫入磁碟. ImageList_Read() 及 ImageList_Write()

函式爲讀寫 imagelist 用。至於拖拉功能或動畫功能，請參看下列函式：

- ImageList_SetDragCursorImage() 設定可拖拉；

- ImageList_BeginDrag() 開始拖拉；

- ImageList_DragEnter() 讓該視窗顯示拖拉圖示；

- ImageList_DragMove() 移動圖片；

- ImageList_DragLeave() 視窗離開拖拉模式；

- ImageList_EndDrag() 結束拖拉。.

有關這些函式及其視窗 API 的更詳盡資訊請查閱 WIN32.HLP 說明檔中 ImageList_
之說明。

範例：

```
use ComCtl32
integer hWnd, mesg, wParam, lParam
type (T_INITCOMMONCONTROLSEX) wcl
integer hdc,ycaption,yborder,xborder
type (T_PAINTSTRUCT) ps
type (T_RECT) rp11
type (T_RECT) rp12
type (T_RECT) rp22
type (T_RECT) rp21
type (T_POINT) mouse
 select case(mesg)
   case (WM_CREATE)
     wcl%dwSize = 8
       wcl%dwICC  = ICC_WIN95_CLASSES
       call InitCommonControlsEx(wcl)
       ! Create storage for 4 images
       ihml = ImageList_Create(200,200,ILC_COLOR16,4,1)
       ! Add images into storage and free bitmap resources
       iret = ImageList_Add(ihml,p11,NULL)
       iret = ImageList_Add(ihml,p12,NULL)
       iret = ImageList_Add(ihml,p22,NULL)
       iret = ImageList_Add(ihml,p21,NULL)
       ! Setup images places
       rp11%top  = 0  ; rp11%bottom = rp11%top+200
       rp11%left = 0   ; rp11%right  = rp11%left+200
       rp12%left = 210 ; rp12%right  = rp12%left+200
```

```
    rp12%top  = 0   ; rp12%bottom = rp12%top+200
    rp21%left = 0   ; rp21%right  = rp21%left+200
    rp21%top  = 210 ; rp21%bottom = rp21%top+200
    rp22%left = 210 ; rp22%right  = rp22%left+200
    rp22%top  = 210 ; rp22%bottom = rp22%top+200
    ! Retrieve system metrics, because drag operation works with
    ! window coordinates only, not client area only
    ycaption = GetSystemMetrics(SM_CYCAPTION)
    yborder  = GetSystemMetrics(SM_CYBORDER)
    xborder  = GetSystemMetrics(SM_CXBORDER)
    ! Create red brush for images borders
    ihbrf   = CreateSolidBrush(#FF0000))
  MainWndProc = 0
  return
case (WM_PAINT)
  hdc   = BeginPaint(hwnd,ps)
  ! Draw each image from list and frame images rectangles
  iret=ImageList_Draw(ihml,0,hdc,rp11%left,&
          rp11%top,ILD_NORMAL)
  iret = FrameRect (hdc ,rp11 ,ihbrf )
  iret = ImageList_Draw(ihml,3,hdc,rp22%left,&
           rp22%top,ILD_NORMAL)
  iret = FrameRect (hdc ,rp22 ,ihbrf )
  iret = ImageList_Draw(ihml,2,hdc,rp21%left,&
           rp21%top,ILD_NORMAL)
  iret = FrameRect (hdc ,rp21 ,ihbrf )
  iret = ImageList_Draw(ihml,1,hdc,rp12%left,&
           rp12%top,ILD_NORMAL)
  iret = FrameRect (hdc ,rp12 ,ihbrf )
  iret = EndPaint(hwnd,ps)
  MainWndProc = 0
  return
case(WM_LBUTTONDOWN)
  mouse%x = LoWord(lparam)
  mouse%y = HiWord(lparam)
  ! Is the button pressed in 2-nd image area?
  if (PtInRect(rp12,mouse)) then
  ! Yes. Set capture and begin drag opeation now.
  iret = SetCapture(hwnd)
  iret = ImageList_BeginDrag(ihml,1,0,0)
  iret=ImageList_DragEnter(hwnd,mouse%x+xborder,
          mouse%y+ycaption+yborder)
  endif
  MainWndProc = 0
  return
```

```
    case(WM_MOUSEMOVE)
      mouse%x = LoWord(lparam)
      mouse%y = HiWord(lparam)
      if (GetCapture()==hwnd) then
   ! Capture was set, so we dragging image now.
        iret=ImageList_DragMove(mouse%x+xborder,&
                        mouse%y+ycaption+yborder)
      endif
      MainWndProc = 0
      return
    case(WM_LBUTTONUP)
      mouse%x = LoWord(lparam)
      mouse%y = HiWord(lparam)
      if (GetCapture()==hwnd) then
      ! Capture was set. Now we end dragging.
        call ImageList_EndDrag()
        iret = ImageList_DragLeave(hwnd)
      ! Set new coordinates for image
        rp12%left = mouse%x ; rp12%right  = rp12%left+200
        rp12%top  = mouse%y ; rp12%bottom = rp12%top+200
        iret = ReleaseCapture()
      ! Update images with respect to changes made.
        iret = InvalidateRect(hwnd,NULL_RECT,.TRUE.)
      end if
      MainWndProc = 0
      return
    case (WM_DESTROY)
      iret = DeleteObject(p11)
      iret = DeleteObject(p12)
      iret = DeleteObject(p21)
      iret = DeleteObject(p22)
      iret = ImageList_Destroy(ihml)
      iret = DeleteObject(ihbrf)
       call PostQuitMessage( 0 )
       MainWndProc = 0
       return
    case default
      MainWndProc = DefWindowProc( hWnd, mesg, wParam, lParam )
    end select
return
end
```

程式碼 4-27

圖 4-15

4.2.6 List-View 控制元件

所謂 List-View 控制元件，不僅顯示文字，也可秀圖，它是一個視窗，內含一群項目，每一個項目由圖片及文字組成。有多種方式來安排這些項目並顯示各別項目。例如：在圖片及文字的右邊增加一欄作為附加訊息之用。

行標題控制元件也用本控制元件來處理標題欄，若有多個欄，本控制元件則用於各別欄以描述各欄內涵，另外它也用在 image list。

產製控制元件：

```
hlist=CreateWindow(WC_LISTVIEW,"",IOR(WS_VISIBLE,
      IOR(WS_CHILD,IOR(LVS_REPORT,LVS_SINGLESEL))),
      0, 0, 0, 0, hwnd, ID_LISTVIEW, ghinst,NULL)
```

產生報告型 List-View 元件，它讓你得到不只是 icon 附上簡單文字而已。

若不想有行標題控制元件，則'or' LVS_NOCOLUMNHEADER。若想要有 icon 串，可加入 LVS_ICON 或 LVS_SMALLICON。把圖片加入其中之呼叫：

Call ListView_SetImageList(hlist,himagelist,LVSIL_SMALL)

LVSIL_SMALL 旗標表示用小張 icons(bitmaps). 也用 LVSIL_NORMAL 或 LVSIL_STATE 旗標。

若想附有想有行標題控制元件，需初始化 LV_COLUMN 結構並呼叫：

Call ListView_InsertColumn(hlist,column,lvcolstruct)

例如想擁有"First Name" 及 "Last Name" 兩個欄，呼叫 ListView_InsertColumn() 兩次。

接下來為 icon 及其他標題欄填註文字，作法如下：

```
Type(LV_ITEM) lvitem
  lvitem.mask=IOR(LVIF_TEXT,IOR(LVIF_IMAGE, LVFI_STATE))
  lvitem%state= lvitem%stateMask=0
  lvitem%iItem=0
  lvitem%iSubitem=0
  lvitem%pszText=LOC("My first icon"C)
  lvitem%cchTextMax=100
  lvitem%iImange=0
  Iret = ListView_InsertItem(hlist,lvitem)
```

程式碼 4-28

為每一項內容分別完成其初始化動作，mask 項，狀態值均為有效值，要注意的是 LVIF_PARAM，iItem 項，為該項在 list 中次序。因尚未設定抬頭欄文字，故 iSubText 項為 0，iImage 項，為 icon 在 list 中次序。其次若為抬頭欄設定文字，呼叫 Listiew_SetItemText()：

```
  Do i=0，numitemsinlist
    Do j=0，numsubitems
      iret=ListView_SetItemText(hlist,I,j,arrayofsubtext(I,j)
    EndDo
  EenDo
```

最後，就是如何回應選擇了。處理的機制在於回應 WM_NOTIFY 訊息，檢查 LVN_ITEMCHANGED 或 LVN_KEYDOWN (按鍵) 及/或 NM_DBLCLK。利用

ListView_GetNextItem() 及 ListView_GetItem()函式來回應：

```
Character*100 text;
type(LV_ITEM) lvitem;
iret = ListView_GetNextItem(hlist, -1, LVNI_SELECTED);
if (iret .GT. 0) then
  lvitem%mask= LVIF_TEXT
  lvitem%pszText=text
  lvitem%cchTextmax=100
  lvitem%iItem=iret
  lvitem%iSubText=0;
  ListView_GetItem(hlist,lvitem);
endif
```

程式碼 4-29

傳入 -1 及 LVNI_SELECTED，讓 ListView_GetNextItem() 函式找到所選的項目，

若沒有選，則傳回 0。

ListView_GetItem() 將從挑選的項填註其內容。在 WM_NOTIFY 訊息內設一
handler 函式將之傳到 DefWindowProc() 中，以確保高亮度選項之工作會完成。

範例：

```
integer hWnd, mesg, wParam, lParam
type (T_INITCOMMONCONTROLSEX) wcl
type (T_WINDOWPOS) wp
type (T_RECT)      rcl
type (T_LV_COLUMN)  lvC
type (T_LV_ITEM)    lvI
type (T_LV_DISPINFO) pLvdi
type (T_NM_LISTVIEW) :: colclick
pointer (plistview, colclick)
type (TAGHOUSEINFO) pHouse
integer*4 SBParts(2)
integer*4 ret
COMMON /globdata/ ghInstance
integer*4        ghInstance
integer*4        hWndListView,hWndEdit
integer          hSmall,hLarge,hIcon
integer(DWORD) dwStyle ! knowns DWORD
  select case(mesg)
```

```fortran
case (WM_CREATE)
  wcl%dwSize = 8
  wcl%dwICC = ICC_WIN95_CLASSES
  call InitCommonControlsEx(wcl)
  call GetClientRect(hWnd, rcl)
  hWndListView = CreateWindowEx(0, & ! extended window style
       WC_LISTVIEW,        & !"SysLiseView32"C
       ""C,         & ! pointer to window name
       IOR(WS_CHILD,IOR(WS_VISIBLE,        &
       IOR(WS_BORDER,IOR(WS_EX_CLIENTEDGE,&
       IOR(LVS_EDITLABELS,LVS_REPORT))))), & ! window style
       0,       & ! horizontal position of window
       0,       & ! vertical position of window
       rcl%right,       & ! window width
       rcl%bottom,       & ! window height
       hWnd,       & ! handle to parent or owner window
       ID_LISTVIEW,&!
       hInst,       & ! handle to application instance
       NULL)         ! pointer to window-creation data

  If (hWndListView == NULL)
    CALL MessageBox(NULL, "Listview not created!", "錯誤", MB_OK)
   ! Create image lists for the small and the large icons
    hSmall = ImageList_Create(16,16,ILC_COLOR,0,10)
    hLarge = ImageList_Create(32,32,ILC_COLOR,0,10)

   ! Load the icons and add them to the image lists
    Do index=REDMOND,SEATTLE
      hIcon = LoadIcon(ghInstance,MAKEINTRESOURCE(index))
      Do iSubItem=0,2
       ! Fortran 無 ImageList_AddIcon()函式
       iretSmall = ImageList_ReplaceIcon(hSmall, -1, hIcon)
       iretLarge = ImageList_ReplaceIcon(hLarge, -1, hIcon)
       If((iretSmall .EQ. -1) .OR. (iretLarge .EQ. -1)) then
        output = 0
        return
       End if
      End Do
    End Do
   ! Be sure that all small icons were added
    iret = ImageList_GetimageCount(hSmall)
    If( iret .LT. 3) then
     output = FALSE
     return
```

```
      End if
      ! Be sure that all large icons were added
      iret = ImageList_GetimageCount(hLarge)
      If(iret .LT. 3) then
        output   = FALSE
        return
      End if


      ! Associate the image lists with the list view control
      iret=SendMessage(hWndListView,LVM_SETIMAGELIST,&
          LVSIL_SMALL,hSmall)
      iret = SendMessage(hWndListView,LVM_SETIMAGELIST,&
          LVSIL_NORMAL,hLarge)

      ! 填入標題資訊並顯示
      ! initialize the LV_COLUMN structure.
      ! 由資源表中文字字串選入

      lvC%mask=IOR(LVCF_FMT,IOR(LVCF_WIDTH,IOR(LVCF_TEXT,&
               LVCF_SUBITEM)))
      lvC%fmt  = LVCFMT_LEFT
      lvC%cx   = (rcl%right - rcl%left)/5
      lvC%pszText = LOC(szText)


      ! Add the columns.
      Do index=0,NUM_COLUMNS-1
        lvC%iSubItem = index
        iret=LoadString(hInst,IDS_ADDRESS+&
            index,szText,sizeof(szText))
        iret=SendMessage(hWndListView,LVM_INSERTCOLUMN,&
            index,LOC(lvC))
        If(iret .EQ. -1) then
          output = 0
        return
        End if
      End Do
      Call DataFile(pHouse,n)
      Call AddDataToList(hWndListView, lvI, pHouse, n)
      MainWndProc = 0
      return
case(WM_SIZE)
   Call MoveWindow(hWndListView, 0, 0, LOWORD(lParam),&
                   HIWORD(lParam),TRUE)
   return
case (WM_NOTIFY)
```

```
if (wParam == ID_LISTVIEW) then
  plistview = lParam
  SELECT CASE (colclick%hdr%code)
    CASE (LVN_GETDISPINFO)
      SELECT CASE (pLvdi%item%iSubItem)
        CASE (0)
          pLvdi%item%pszText = LOC("Test1"C)
        CASE (1)
           pLvdi%item%pszText = LOC("Test2"C)
        CASE DEFAULT
       END SELECT

    CASE (LVN_BEGINLABELEDIT)
     hWndEdit = SendMessage(hWnd, LVM_GETEDITCONTROL&
                , 0, 0)
     CALL SendMessage(hWndEdit, EM_LIMITTEXT, 20,0)
    CASE (LVN_ENDLABELEDIT)
     IF((pLvdi%item%iItem /= -1) .AND.(pLvdi%item%pszText&
         /= NULL)) then
         lvI%pszText= LOC("changed"C)
      Endif
      CASE (LVN_COLUMNCLICK)
       n = SendMessage(hWndListView,LVM_GETITEMCOUNT,0,0)
       if ( n == 0) then
         MainWndProc = 0
         return
       End if
       select case(colclick%iSubItem)
         case(0)
           Call SortOrder(pHouse,n,0)
         case(1)
           Call SortOrder(pHouse,n,1)
         case(2)
           Call SortOrder(pHouse,n,2)
         case(3)
           Call SortOrder(pHouse,n,3)
         case(4)
           Call SortOrder(pHouse,n,4)
        end select
        Call AddDataToList(hWndListView, lvI, pHouse, n)
           MainWndProc = 0
           return
       END SELECT
       End if
```

```
            MainWndProc = 0
            return
      case (WM_COMMAND)
        select case ( INT4(LOWORD(wParam ) ))
          case (IDM_LARGEICON)
           dwStyle = GetWindowLong(hWndListView, GWL_STYLE)
           IF ((dwStyle .AND. LVS_TYPEMASK) /= LVS_ICON) THEN
             CALL SetWindowLong(hWndListView, GWL_STYLE, IOR&
                (IAND(dwStyle ,NOT(LVS_TYPEMASK)),LVS_ICON))
           ENDIF
          case (IDM_SMALLICON)
            dwStyle = GetWindowLong(hWndListView, GWL_STYLE)
            IF ((dwStyle .AND. LVS_TYPEMASK) /= LVS_SMALLICON)
                THEN
            CALL SetWindowLong(hWndListView, GWL_STYLE, IOR&
                (IAND(dwStyle ,NOT(LVS_TYPEMASK)),
                LVS_SMALLICON))
               ENDIF
          case (IDM_LISTVIEW)
            dwStyle = GetWindowLong(hWndListView, GWL_STYLE)
            IF ((dwStyle .AND. LVS_TYPEMASK) /= LVS_LIST) THEN
              CALL SetWindowLong(hWndListView, GWL_STYLE, IOR&
                (IAND(dwStyle ,NOT(LVS_TYPEMASK)),LVS_LIST))
                 ENDIF
          case (IDM_REPORTVIEW)
            dwStyle = GetWindowLong(hWndListView, GWL_STYLE)
            IF ((dwStyle .AND. LVS_TYPEMASK) /= LVS_REPORT)
                THEN
             CALL SetWindowLong(hWndListView, GWL_STYLE, IOR
                (IAND(dwStyle ,NOT(LVS_TYPEMASK)),
                LVS_REPORT))
               ENDIF
  . . .
!/************************************************************
!
!       subroutine DataFile(pHouse,n)
!
!       PURPOSE: 建立資料.
!
!
!************************************************************
subroutine DataFile(pHouse,n)
use param_exchange
type (TAGHOUSEINFO) pHouse(9)
n = 9
```

```
pHouse(1)%szAddress = '100 Berry Lane'C
pHouse(2)%szAddress = '523 Apple Road'C
pHouse(3)%szAddress = '1212 Peach Street'C
pHouse(4)%szAddress = '22 Daffodil Lane'C
pHouse(5)%szAddress = '33542 Orchid Road'C
pHouse(6)%szAddress = '64134 Lily Street'C
pHouse(7)%szAddress = '33 Nicholas Lane'C
pHouse(8)%szAddress = '555 Tracy Road'C
pHouse(9)%szAddress = '446 Jean Street'C
pHouse(1)%szCity = 'Redmond'C
pHouse(2)%szCity = 'Redmond'C
pHouse(3)%szCity = 'Redmond'C
pHouse(4)%szCity = 'Bellevue'C
pHouse(5)%szCity = 'Bellevue'C
pHouse(6)%szCity = 'Bellevue'C
pHouse(7)%szCity = 'Seattle'C
pHouse(8)%szCity = 'Seattle'C
pHouse(9)%szCity = 'Seattle'C
pHouse(1)%Price = '$175000'C
pHouse(2)%Price = '$125000'C
pHouse(3)%Price = '$200000'C
pHouse(4)%Price = '$2500000'C
pHouse(5)%Price = '$180000'C
pHouse(6)%Price = '$250000'C
pHouse(7)%Price = '$350000'C
pHouse(8)%Price = '$140000'C
pHouse(9)%Price = '$225000'C
pHouse(1)%Beds = '3'C
pHouse(2)%Beds = '4'C
pHouse(3)%Beds = '4'C
pHouse(4)%Beds = '4'C
pHouse(5)%Beds = '3'C
pHouse(6)%Beds = '4'C
pHouse(7)%Beds = '3'C
pHouse(8)%Beds = '3'C
pHouse(9)%Beds = '4'C
pHouse(1)%Baths = '2'C
pHouse(2)%Baths = '8'C
pHouse(3)%Baths = '8'C
pHouse(4)%Baths = '4'C
pHouse(5)%Baths = '2'C
pHouse(6)%Baths = '3'C
pHouse(7)%Baths = '2'C
pHouse(8)%Baths = '2'C
```

```
pHouse(9)%Baths = '3'C
end subroutine DataFile
!/*************************************************************
!       subroutine AddDataToList(hWndList,item,pHouse,n)
!       PURPOSE: 填入欄資訊並顯示.
!*************************************************************
subroutine AddDataToList(hWndList,item,pHouse,n)
use param_exchange
use dfwin
implicit none
character (LEN=MAX_ADDRESS) szAddress
character (LEN=MAX_CITY) szCity
character(25) szValue
integer(4) hWndList
logical(4) bret
integer(4) iret
integer(4) i, n
type (T_LV_ITEM) item
type (TAGHOUSEINFO) pHouse(n)
!    填入欄資訊並顯示.
!    Fill out the LV_ITEM structure for each of the items to add
to the list.
!    The mask specifies the the pszText, iImage, lParam and state
!    members of the LV_ITEM structure are valid.
    item%mask =IOR(LVIF_TEXT, IOR(LVIF_IMAGE, IOR( LVIF_PARAM ,
             LVIF_STATE)))
    item%state = 0
    item%stateMask = 0
    iret = SendMessage (hWndList, LVM_DELETEALLITEMS , 0,0)
    do i = 1,n
      if (n ==3) then
        n=4
      endif
      item%iImage = i - 1
      item%iItem  = i - 1
      item%iSubItem = 0
      szAddress = pHouse(i)%szAddress
      item%pszText =  loc(szAddress)
      item%cchTextMax = sizeof(szAddress)
      iret = SendMessage (hWndList, LVM_INSERTITEM , 0, loc(item))

      item%iSubItem = 1
      szCity = pHouse(i)%szCity
      item%pszText =  loc(szCity)
```

```fortran
        item%cchTextMax = sizeof(szCity)
        bret = SendMessage (hWndList, LVM_SETITEMTEXT, i-1,
                 loc(item))
!       bret = SendMessage (hWndList, LVM_SETITEM, 1, loc(item))
        item%iSubItem = 2
        szValue =  pHouse(i)%Price
        item%pszText = loc(szValue)
        item%cchTextMax = sizeof(szValue)
        bret = SendMessage (hWndList, LVM_SETITEMTEXT, i-1,
                   loc(item))
        item%iSubItem = 3
        szValue =  pHouse(i)%Beds
        item%pszText = loc(szValue)
        item%cchTextMax = sizeof(szValue)
        bret = SendMessage (hWndList, LVM_SETITEMTEXT, i-1,
                   loc(item))
        item%iSubItem = 4
        szValue = pHouse(i)%Baths
        item%pszText = loc(szValue)
        item%cchTextMax = sizeof(szValue)
        bret = SendMessage (hWndList, LVM_SETITEMTEXT, i-1,
                   loc(item))
     end do
end subroutine AddDataToList
!/************************************************************
!       subroutine SortOrder(pHouse,n,iSort)
!       PURPOSE:  欄資訊排序.
!************************************************************
subroutine SortOrder(pHouse,n,iSort)
use param_exchange
use dfwin
implicit none
logical(4) bret
integer(4) i,j
integer(4) pmin
integer(4) n, iSort
type (TAGHOUSEINFO) pHouse(n)
type (TAGHOUSEINFO) Temp
   do i = 1,n-1
     pmin = i
     do j = i+1, n
       Select Case(iSort)
         Case(0)
           bret = LLT( pHouse(j)%szAddress,&
                     pHouse(pmin)%szAddress)
```

```
      Case(1)
        bret = LLT( pHouse(j)%szCity, pHouse(pmin)%szCity)
      Case(2)
        bret = LLT( pHouse(j)%Price , pHouse(pmin)%Price )
      Case(3)
        bret = LLT( pHouse(j)%Beds  , pHouse(pmin)%Beds  )
      Case(4)
        bret = LLT (pHouse(j)%Baths , pHouse(pmin)%Baths )
      end select
        if( bret == .true.) then
          pmin = j
      end if
    end do
    if( i /= pmin) then
      Temp = pHouse(i)
          pHouse(i) = pHouse(pmin)
          pHouse(pmin) = Temp
    end if
  end do
end subroutine SortOrder
```

程式碼 4-30

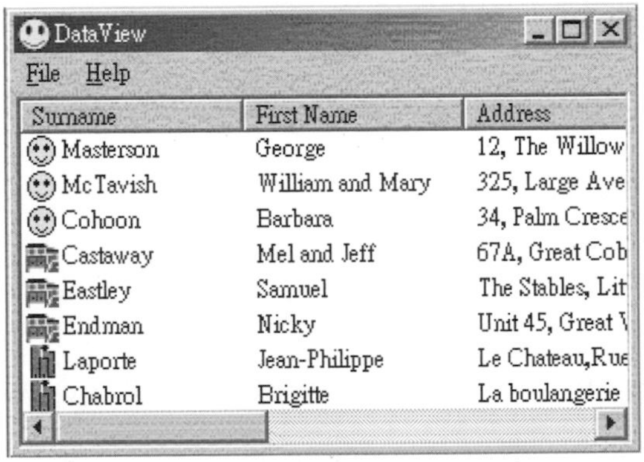

圖 4-16

4.2.7 Drag List 控制元件

所謂 Drag List 控制元件可以讓使用者將其中的項目拖拉至他處並任意改變其位置，由於 comctl32.f90 中有關 LBItemFromPt 之定義與 comctl32.lib 之內容不同，需加以修正：

integer(4) function LBItemFromPt(hLB,x,y,bAutoScroll)

ATTRIBUTES STDCALL,ALIAS:'_LBItemFromPt@16' :: LBItemFromPt

去掉 type(T_POINT) pt，加入 integer x，y 並將修正過後之 comctl32.f90 重新編譯。

範例：

```
use        comctl32
use        dfwina
integer    hWnd, mesg, wParam, lParam
type       (T_INITCOMMONCONTROLSEX) wcl
type       (T_DRAGLISTINFO) dlb
character*20    draggedline
integer*4       nDragItem
 nDragItem = -1
 select  case(mesg)
  case(WM_CREATE)
    wcl%dwSize = 8
    wcl%dwICC  = ICC_WIN95_CLASSES
    call  InitCommonControlsEx(wcl)
    ! Create standard List  Box
    listbox_handle= CreateWindowEx(0,"listbox"C ,""C, &
                    IOR(LBS_HASSTRINGS,IOR(WS_CHILD,IOR&
                    (WS_VSCROLL,WS_VISIBLE))), &
                    25 ,5 ,160 ,150 ,hWnd ,1 ,hInst ,NULL )
    iret = MakeDragList(listbox_handle)
    idrag = 0
    DragListBoxMessage=RegisterWindowMessage&
                    (DRAGLISTMSGSTRING)
    ! Fill created List  Box now
    iret = SendMessage(listbox_handle,WM_SETREDRAW,0,0)
    do j=1,10
      iret=SendMessage(listbox_handle,LB_ADDSTRING,0&
                    ,LOC(ListBoxItems(j)))
    end do
    iret = SendMessage(listbox_handle,WM_SETREDRAW,1,0)
    iret = InvalidateRect(listbox_handle,NULL_RECT,.TRUE.)
    ! Set current selection  in List Box
    iret = SendMessage(listbox_handle,LB_SETCURSEL,0,0)
    MainWndProc = 0
    return
  case(WM_DESTROY)
    call  PostQuitMessage( 0 )
```

```
      MainWndProc = 0
      return
  case default
    if( mesg.eq.DragListBoxMessage) then
      call CopyMemory(LOC(dlb),lparam,16)
      select case(dlb%uNotification)
        case(DL_BEGINDRAG)
          nDragItem=LBItemFromPt(dlb%hWnd,dlb%ptCursor%x,&
                    dlb%ptCursor%y,.TRUE.)
          MainWndProc = 1
          return
        case(DL_DRAGGING)
          iret=LBItemFromPt(dlb%hWnd,dlb%ptCursor%x,&
                dlb%ptCursor%y,.TRUE.)
          call DrawInsert(hwnd,listbox_handle,iret)
          MainWndProc = DL_STOPCURSOR
          return
        case(DL_CANCELDRAG)
          nDragItem = -1
          MainWndProc = 1
          return
        case(DL_DROPPED)
          itarget=LBItemFromPt(listbox_handle,dlb%ptCursor%x&
                  , dlb%ptCursor%y,.TRUE.)
          if(itarget .NE. -1) then
            iret= SendMessage(listbox_handle,LB_GETTEXT,&
                    dragitem,LOC(draggedline))
            iret= SendMessage(listbox_handle,LB_DELETESTRING,&
                    dragitem,0)
            iret = SendMessage(listbox_handle,LB_INSERTSTRING,&
                    itarget,LOC(draggedline))
            iret = SendMessage(listbox_handle,LB_SETCURSEL,&
                    itarget,0)
          end if
          call DrawInsert(hwnd,listbox_handle,-1)
      end select
    endif
```

程式碼 4-31

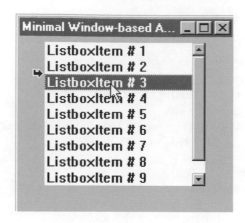

圖 4-17

4.2.8 工具列控制元件

所謂工具列有時候也叫 Speedbar，上頭包含有各式各樣的控制元件，使用者只要按一下其中的按鈕就行了，不必記住功能表中難以記住的名稱，可當作選單便捷按鈕。如下圖：

程式設計者會為應用程式設計不同的控制元件，並為其加入貼心的小提示(當滑鼠貼近它時，會出現文字說明)

產製控制元件：

通常我們會用 CreateToolbarEx 函式來建立此元件，並在啟始之初加入一組工具於其上，或用 CreateWindowEx 函式，令其類別為 TOOLBARCLASSNAME 來建立此元件，惟一差別在啟始之初工具列上並無內容。要為工具列加入內容物時，可用 TB_ADDBUTTONS 或 TB_INSERTBUTTON 訊息來載入工具。

若要知道工具列尺寸大小，可以在載入工具完畢後，用 TB_AUTOSIZE 訊息取得。工具列建立時一定要指定父視窗，一旦建立完畢後可以使用 TB_SETPARENT 訊息來更改其父視窗。

產生工具列要經過兩個步驟：第一步先安置 TBBUTTON 陣列並填寫按鈕資料，之後呼叫 CreateWindowEx 函式。舉例說明如下:

```
Type(T_TBBUTTON) array(3)
  Do i=0,3
    array(i)%iBitmap=i;
    array(i)%idCommand=ID_START+i;
    array(i)%fsState=TBSTATE_ENABLED;
    array(i)%fsStyle= TBSTYLE_BUTTON;
    array(i)%dwData=0L;
    array(i)%iString=0;
  Enddo
 tb_handle=CreateWindowEx(hwnd,IOR(WS_CHILD,IOR(WS_VISIBLE,&
        IOR(WS_BORDER, ID_TOOLBAR))), numbits, hinst, BMPID,
          array, numbuttons, btwidth, btheight, bmpwidth, &
          bmpheight, sizeof(TBBUTTON))
```

程式碼 4-32

此處要抓住的重點是如何設定 bitmap 圖片，你產製一張含有數個小圖片的大圖，上面的例子假設有三張 16 pixels 寬的小圖，你將產製的圖片為 16x3 pixels 寬，把三張個別的小圖放入工具列中:

```
type (T_TBADDBITMAP) tb
!取得內定的小型圖案共 3 個
tb%hInst = HINST_COMMCTRL
!把圖案填入先前已建好的空白按鈕上
iret= SendMessage(tb_handle,TB_ADDBITMAP,3,LOC(tb))
```

程式碼 4-33

範例:

```
use        comctl32
integer    hWnd, mesg, wParam, lParam
character*10  outbuf
type       (T_INITCOMMONCONTROLSEX) wcl
type       (T_TBBUTTON) buttons(15)
type       (T_TBADDBITMAP) tb !工具列使用
select  case(mesg)
  case(WM_CREATE)
```

```
wcl%dwSize = 8
wcl%dwICC  = ICC_WIN95_CLASSES
Call InitCommonControlsEx(wcl)
!建立 15 個空白圖案鈕供 ToolBar 顯示之用
do j=1,15
  buttons(j)%iBitmap    = j-1
  buttons(j)%idCommand = j+10
  buttons(j)%fsState    = TBSTATE_ENABLED
  buttons(j)%fsStyle    = TBSTYLE_BUTTON
  buttons(j)%bReserved(1) = 0
  buttons(j)%bReserved(2) = 0
  buttons(j)%dwData       = 0
  buttons(j)%iString      = 0
enddo
tb_handle = CreateToolbarEx(hwnd,        &
  IOR(WS_CHILD,IOR(TBSTYLE_WRAPABLE,WS_VISIBLE)),&
  10, 15, NULL, hbmp, buttons, 15, 16, 16, 16,&
  16, 20)
!取得內定的小型圖案共 15 個
tb%hInst = HINST_COMMCTRL
!把圖案填入先前已建好的空白按鈕上
iret=SendMessage(tb_handle,TB_ADDBITMAP,
      15,LOC(tb))
MainWndProc = 0
return
case(WM_SIZE)
  iret = SendMessage(tb_handle,WM_SIZE,0,0)
  MainWndProc = DefWindowProc( hWnd, mesg, wParam,&
                lParam )
  return
case(WM_COMMAND)
  icode = LoWord(wParam)
  write(outbuf,"(i2,a4,a1)") (icode-10),"鈕",char(0)
  iret = MessageBox(hwnd,"按下了第 "//outbuf,&
                "按鈕已被按下"C,MB_OK)
  MainWndProc = 0
  return
case(WM_DESTROY)
  iret = DeleteObject(hbmp)
  call PostQuitMessage( 0 )
  MainWndProc = 0
  return
```

程式碼 4-34

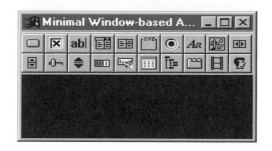

圖 4-18

4.2.9 提示控制元件

所謂提示是，當你把滑鼠停在工具列上的按鈕幾秒之後，就出現用來說明按鈕功能的簡單文字小方塊。 若想加入提示時，在 CreateWindowEx 函式第二個參數插入 TBSTYLE_TOOLTIPS。

工具列能啟動提示：

所有傳到按鈕的訊息，其 id 為 wParam，lParam 值均為 0，除非想隱藏檢查訊息時才設為非 0。提供提示文字給 WM_NOTIFY 訊息。若選單的 id 為 ID_RED 並設定給工具列按鈕。舉例說明提示文字如下：

```
. . .
tb_tt_handle = SendMessage(tb_handle,TB_GETTOOLTIPS,0,0)
. . .

case (WM_NOTIFY)
  Call CopyMemory(LOC(ncmd),lparam,12)
  Select case (ncmd%code)
    case (TTN_NEEDTEXT)
      call CopyMemory(LOC(ttinfo),lparam,108)
      If(ttinfo%hdr%hwndFrom.eq.tc_tt_handle)then
        Select case(ttinfo%hdr%idFrom)
        case (ID_RED)
        ttinfo%lpszText =LOC("Red"C)
        break;
        . . .
```

程式碼 4-35

至於提示文字，可以用三種方式取得：

上面的例子，僅僅簡單的設定文字。另一個方式是使用 buffer：

write(ttinfo% lpszText,"('tab #',i2,a1)") iret,char(0)

最後一個方式是利用資源表文字：

ttinfo%lpszText = MAKEINTRESOURCE(ID_REDSTRING);

ttinfo%hinst = ghinst;

ghinst 是資源表文字的 hinstance。

另外視窗訊息 WM_SIZE 需處理，以確保視窗改變大小時，工具列也會跟隨調整，只需要把 WM_SIZE 訊息傳給工具列即可：

```
Case(WM_SIZE)
    SendMessage(hToolbar,WM_SIZE,wparam,lparam)
```

範例：

```
use          comctl32
integer      hWnd, mesg, wParam, lParam
character*10  outbuf
type         (T_INITCOMMONCONTROLSEX) wcl
type         (T_TBBUTTON) buttons(15)
type         (T_TBADDBITMAP) tb !工具列使用
select  case(mesg)
  case(WM_CREATE)
    wcl%dwSize = 8
    wcl%dwICC  = ICC_WIN95_CLASSES
    Call InitCommonControlsEx(wcl)
    !建立 15 個空白圖案鈕供 ToolBar 顯示之用
    do j=1,15
      buttons(j)%iBitmap    = j-1
      buttons(j)%idCommand  = j+10
      buttons(j)%fsState    = TBSTATE_ENABLED
      buttons(j)%fsStyle    = TBSTYLE_BUTTON
      buttons(j)%bReserved(1) = 0
      buttons(j)%bReserved(2) = 0
      buttons(j)%dwData       = 0
```

```
       buttons(j)%iString       = 0
     enddo
     tb_handle = CreateToolbarEx(hwnd,         &
        IOR(WS_CHILD,IOR(TBSTYLE_WRAPABLE,WS_VISIBLE)),&
        10, 15, NULL, hbmp, buttons, 15, 16, 16, 16,&
        16, 20)
     !取得內定的小型圖案共 15 個
     tb%hInst = HINST_COMMCTRL
     !把圖案填入先前已建好的空白按鈕上
     iret=SendMessage(tb_handle,TB_ADDBITMAP, 15,LOC(tb))
     MainWndProc = 0
     return
  case(WM_SIZE)
     iret = SendMessage(tb_handle,WM_SIZE,0,0)
     MainWndProc = DefWindowProc( hWnd, mesg, wParam, lParam )
     return
  case(WM_NOTIFY)
       Call CopyMemory(LOC(ncmd),lparam,12)
      if(ncmd%code.eq.TTN_NEEDTEXT) then
       call  CopyMemory(LOC(ttinfo),lparam,108)
        if(ttinfo%hdr%hwndFrom.eq.tb_tt_handle) then
           write(outbuf,"(''按鈕編號為',a1)")&
                    ttinfo%hdr%idFrom-10,char(0)
            ttinfo%lpszText = LOC(outbuf)
        endif
        call  CopyMemory(lparam,LOC(ttinfo), 108)
      endif
     MainWndProc = 0
     return
  case(WM_COMMAND)
     icode = LoWord(wParam)
     write(outbuf,"(i2,a4,a1)") (icode-10),"鈕",char(0)
     iret = MessageBox(hwnd,"按下了第 "//outbuf,&
                    "按鈕已被按下"C,MB_OK)
     MainWndProc = 0
     return
  case(WM_DESTROY)
     iret = DeleteObject(hbmp)
     call PostQuitMessage( 0 )
     MainWndProc = 0
    return
```

程式碼 4-36

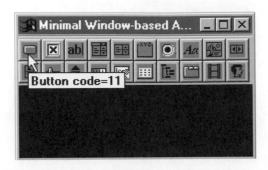

圖 4-19

4.2.10 **Progress Bar 控制元件**

本控制元件通常用於某一程序目前進展的進度,特別是在程式執行的時間要許久時,它告訴使用者目前進展到什麼地步,例如:程式安裝時,顯示內部運作進度到達什麼程度。

產製控制元件:

```
ihwndPB=CreateWindow(PB_CLASS_NAME,"",IOR(WS_VISIBLE,&
       WS_CHILD), 10,4 0,280,30, hwnd,NULL, hinst,NULL)
```

元件建立後,設定進度範圍:

```
    Call SendMessage(ihwndPB,PBM_SETRANGE,0, MAKELONG(0,MAXPOS))
```

MAXPOS 為進度最大範圍值。

設定每次展進尺寸:

```
    Call SendMessage(ihwndPB,PBM_SETSTEP,0,20)
```

STEPSIZE 為每次展進尺寸值。

啟動:

```
    Call SendMessage(ihwndPB,PBM_STEPOS,0,0)
```

更新展進程度:

```
    Call SendMessage(ihwndPB,PBM_STEPIT, 0,0)
```

範例:

```
select case(mesg)
  case (WM_CREATE)
    wcl%dwSize = 8
```

```
      wcl%dwICC  =ICC_WIN95_CLASSES
      call InitCommonControlsEx(wcl)
      ihwndPB=CreateWindowEx(  0, PB_CLASS_NAME,"",&
              IOR(WS_CHILD,WS_VISIBLE), 10, 40, 280, 30, &
              hWnd, NULL, hInst, NULL)
      iret=SendMessage(ihwndPB, PBM_SETRANGE, 0,MAKELONG(0,200))
      iret=SendMessage(ihwndPB,PBM_SETSTEP,20,0)
      iret=SendMessage(ihwndPB, PBM_SETPOS, 0,0)
      start_handle=CreateWindowEx(0,"button"C,"Start"C,&
              IOR(BS_PUSHBUTTON,IOR(WS_CHILD,WS_VISIBLE)),   &
              80 ,90 ,120 ,25 ,hWnd ,start_code ,hInst ,NULL )
    MainWndProc = 0
    return
  case (WM_COMMAND)
    select case(LoWord(wParam))
      case(start_code)
        Do i=1,7
         iret = SendMessage(ihwndPB, PBM_STEPIT, 0, 0)
         call  Sleep(100)
        enddo
      end select
    MainWndProc = 0
    return
```

程式碼 4-37

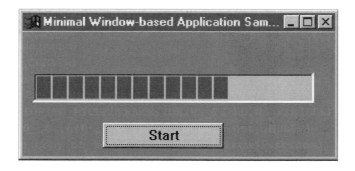

圖 4-20

4.2.11 Hot Key 控制元件

所謂 Hot Key 控制元件是由一組按鍵組合而成，讓使用者當作快速啟動程式的視窗，例如，Hot Key 將視窗以某種次序放到螢幕頂端。

Hot Key 控制元件顯示使用者所選擇的按鍵並確保所按的鍵正確。同時按下 Shift 鍵及 Z 鍵，就顯示 Shift+Z。

產製控制元件：

```
hk _ handle =CreateWindowEx(0,HOTKEY_CLASS,"",IOR(WS_VISIBLE,&
          WS_CHILD),10,40,280,30,hwnd,NULL, hinst,NULL)
```

用 HKM_SETRULES 指定無效鍵並用某鍵取代他。

wParam 值：

HKCOMB_A	ALT
HKCOMB_C	CTRL
HKCOMB_CA	CTRL+ALT
HKCOMB_NONE	unmodified keys only
HKCOMB_S	SHIFT
HKCOMB_SA	SHIFT+ALT
HKCOMB_SC	SHIFT+CTRL
HKCOMB_SCA	SHIFT+CTRL+ALT

lParam 值：

HOTKEYF_ALT	ALT key
HOTKEYF_CONTROL	CTRL key
HOTKEYF_EXT	Extended key
HOTKEYF_SHIFT	SHIFT key

用 HKM_GETHOTKEY 及 HKM_SETHOTKEY 傳送或取得熱鍵值.

SendMessage 函式使用所有 HKM_ 開頭的訊息

當使用者按下 Hot Key 的組合鍵時，鍵名稱會出現在 Hot Key 控制元件中，Hot Key 的組合鍵可以包含以(Ctrl、Alt 或 Shift)起頭的特殊鍵加上 (文字鍵、方向鍵、功能鍵等)後接鍵。使用者挑選完 Hot Key 的組合鍵，應用系統會自 Hot Key 控制元件中取得該組合並使用它，所取的資訊包括特殊鍵旗標及後接鍵之虛擬鍵碼 .

應用程式可以使用 Hot Key 控制元件資訊以建立全域 Hot Key 或特別緒頭 Hot Key，全域 Hot Key 是與某一視窗搭配。它允許使用者自系統的任何一處啓動視窗...。

使用 CreateWindowEx 函式，令其類別爲 HOTKEY_CLASS 來建立此元件。當函式傳回 Hot Key 控制元件代碼，應用程式會爲非法的 Hot Key 組合鍵設定一些規定，若應用程式未設定該規定時，使用者就可以選擇任何鍵或任何組合鍵當作 Hot Key，不過，大部分的應用程式都不允許使用者用通用的鍵當作 Hot Key (例如， 字母 A)。

範例：

```
! Create HotKey Control
hk_handle=CreateWindowEx(0,HOTKEY_CLASS,""C, &
                IOR(WS_CHILD,IOR(WS_BORDER,WS_VISIBLE)),
                40, 40, 100, 25, hWnd, NULL, hInst, NULL)
iret = SetFocus(hk_handle)
iret=SendMessage(hk_handle,HKM_SETRULES,IOR(HKCOMB_NONE, &
                HKCOMB_S), MAKELPARAM(HOTKEYF_ALT,0))
iret=SendMessage(hk_handle,HKM_SETHOTKEY,
                MAKEWORD(int1(ichar('A')),&
                IOR(HOTKEYF_CONTROL,HOTKEYF_ALT)),0)
! Create button now
button_handle=CreateWindowEx(0,"button"C ,"Set Hot Key now!&
        "C,IOR(BS_PUSHBUTTON,IOR(WS_CHILD,WS_VISIBLE)),&
        10 ,75 ,160 ,30 ,hWnd ,button_code ,hInst ,NULL )
MainWndProc = 0
return
case(WM_COMMAND)
  select case(LoWord(wparam))
    case(button_code)
! delete welcome static control
     iret = DestroyWindow(static_handle)
! create new static control
     static_handle = CreateWindowEx(IOR(WS_EX_CLIENTEDGE, &
                WS_EX_DLGMODALFRAME), "static"C ,  &
                IOR(SS_LEFT,IOR(WS_CHILD,WS_VISIBLE)), &
                10,120,160,85,hWnd,NULL,hInst,NULL)
! Retrieve the Hot Key .
```

```
    iwHotkey = SendMessage(hk_handle, HKM_GETHOTKEY, 0, 0)
! Use the result for WM_SETHOTKEY.
    iSetResult = SendMessage(hwnd, WM_SETHOTKEY, iwHotkey, 0)
! make hotkey window read-only
    iret = EnableWindow(hk_handle,.FALSE.)
! delete button
    iret = DestroyWindow(button_handle)
  end select
```

程式碼 4-38

圖 4-21

4.2.12　狀態欄

所謂狀態欄是視窗內的顯示資訊的一個特殊區域，通常位於視窗底部，它反映視窗動作的狀況、相關資訊，或對視窗操作的指示，狀態欄的樣式如下圖：

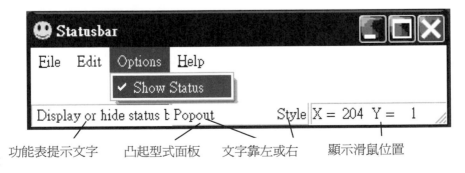

圖 4-22

產製控制元件：

一般可以用 CreateWindowEx() 函式產製本元件，其類別名稱為 msctl_statusbar32"C，但是我們通常會直接用：

```
ihstatus=CreateStatusWindow(INT4(IOR(WS_CHILD,WS_VISIBLE)),&
                "StatusWindow", parenthwnd, ID_STATUSBAR)
```

第二個參數可自由設定，若有設定時，則其值會顯示在第一個欄位上，最後一個參數可自由設定，可以是 0。

接下來設定狀態欄內要有幾個欄位，假定我們要兩個欄，第一個欄寬 120，剩下的全部給第二個欄位，若想使用右側之後的全部位置，就設為 -1。作法如下：

integer*4   SBpart(2)

SBParts(1) = 120 ; SBParts(2) = -1

iret=SendMessage(ihwndSB,SB_SETPARTS,2,LOC(SBParts))

設定狀態欄型態及把文字放在第一欄

```
Call SendMessage(hstatus,SB_TEXT, 1,TextVar1[文字])
```

這裏有一點需要注意的，狀態欄不會隨視窗伸縮而跟著調整大小，所以需在 WM_SIZE 訊息中作一些修正：

```
CxClient=loword(lParam)
cyClient=howord(lParam)
iret=GetWindowRect(ihWndStatus,RectStatus)
iSBheight =Abs(RectStatus%bottom- RectStatus%top)
iret=GetClientRect(Hwnd,rcClient)
. . .
Iret=MoveWindow(ihstatus,0,cyClient-iSBheight,cxClient,&
    cyClient,redraw)
```

範例：

```
ihwndSB=CreateStatusWindow(INT4(IOR(WS_CHILD,WS_VISIBLE)),""C,
        hWnd,10)
SBParts(1) = 100 ; SBParts(2) = 50;SBParts(3)=-1
iret=SendMessage(ihwndSB,SB_SETPARTS,3,LOC(SBParts))
iret=SendMessage(ihwndSB,SB_SETTEXT,0,LOC("StatusBarDemo"C))
iret=SendMessage(ihwndSB,SB_SETTEXT,IOR(1,SBT_POPOUT),&
    LOC("StatusBarDemo"C))!讓面版浮凸
```

程式碼 4-39

4.2.13　**MenuHelp 介面**

MenuHelp 介面是給視窗程式發展者一個極佳的點子。它讓你在狀態欄內給功能表作一些提示，因此功能表項目名稱就可以短些，而由狀態欄再給詳盡一點的說明。它是怎麼辦到的呢？主要的觀念是利用 WM_MENUSELECT 訊息之 LoWord(wpaprm)取得 mouse 訊息(即滑鼠跑到功能表時，通知狀態欄把詳盡的說明顯示出來)，作法如下：

```
case(WM_MENUSELECT)
  select case(LoWord(wparam))
    case(1002)
      iret= SendMessage(ihwndSB，SB_SETTEXT，0，LOC("edit item &
                         selected"C))
```

4.2.14　**Rebar 控制元件**

Rebar 控制元件與工具列控制元件很類似，作法也大同小異，它可以當做子視窗容器，應用程式常把子視窗(其他的控制元件)放在此元件上，Rebar 控制元件含有一至數個帶，每個帶可以是圖形，文字等元件組合而成，然而帶中無法含入二個以上的子視窗，且 Rebar 控制元件以指定的背景圖展示子視窗，當動態重新定位此元件時，它會重新安排放入帶中元件的大小及位置。

產製控制元件：

```
Rb_handle=CreateWindowEx(WS_EX_TOOLWINDOW,REBARCLASSNAME,&
           ""C,IOR(WS_CHILD,IOR(WS_VISIBLE，IOR(WS_CLIP,&
           IOR(RBS_VARHEIGHT，CCS_NODIVIDER)),0,0,0,0, &
           hWnd,NULL, hInst,NULL)
```

範例：

下面的範例展示含兩個帶的 rebar 控制元件，其中一個帶含有 Combox 控制元件，另一個帶含有工具列控制元件。

```
! 產製元件
Rb _handle=CreateWindowEx(WS_EX_TOOLWINDOW, REBARCLASSNAME &
           ""C,IOR(WS_CHILD,IOR(WS_VISIBLE,IOR(WS_CLIP,&
```

```
             IOR（RBS_VARHEIGHT,CCS_NODIVIDER）),0,0,0,0, &
             hWnd,NULL, hInst,NULL)
rbi%cbSize = 12  ! Required when using this struct.
rbi%fMask  = 0;   rbi%himl   = 0
ret = SendMessage(rb_handle, RB_SETBARINFO, 0, LOC(rbi))
```
！ 元件初始化
```
rbBand%cbSize = 80  ! Required
rbBand%fMask  = IOR(RBBIM_COLORS,IOR(RBBIM_TEXT,IOR&
                (RBBIM_BACKGROUND,IOR(RBBIM_STYLE , &
                IOR(RBBIM_CHILD,IOR(RBBIM_CHILDSIZE,
                RBBIM_SIZE))))))
rbBand%fStyle = IOR(RBBS_CHILDEDGE,RBBS_FIXEDBMP)

rbBand&clrBack=GetSysColor(COLOR_BTNFACE)
rbBand%hbmBack= LoadBitmap(hInst,LOC("IDB_BITMAP1"))
```
！建立 15 個空白圖案鈕供工具列顯示之用
```
 do j=1,15
    buttons(j)%iBitmap     = j-1
    buttons(j)%idCommand  = j+10
    buttons(j)%fsState    = TBSTATE_ENABLED
    buttons(j)%fsStyle    = TBSTYLE_BUTTON
    buttons(j)%bReserved(1) =  0
    buttons(j)%bReserved(2) =  0
    buttons(j)%dwData       = 0
    buttons(j)%iString      = 0
 enddo
tb_handle = CreateToolbarEx(hwnd,        &
            IOR(WS_CHILD,IOR(TBSTYLE_WRAPABLE,WS_VISIBLE)),&
            10, 15, NULL, hbmp, buttons, 15, 16, 16, 16,&
            16, 20)
```
！ 取得工具列高度.
```
idwBtnSize = SendMessage(tb_handle, TB_GETBUTTONSIZE, 0,0)
! Set values unique to the band with the toolbar.
rbBand%lpText     = LOC("ToolBar"C)
rbBand%hwndChild  = tb_handle
rbBand%cxMinChild = 0
rbBand%cyMinChild = 30
rbBand%cx           = 300   ! Add the band that has the toolbar.
iret = SendMessage(rb_handle, RB_INSERTBAND, -1, LOC(rbBand))
! Create standard Combo Box
ComboBox_handle = CreateWindowEx(0,"ComboBox"C ,""C, &
                  IOR(CBS_DROPDOWN,IOR(WS_VSCROLL,&
                  IOR(WS_CHILD,WS_VISIBLE))),0,0,140,150, &
```

```
                        rb_handle ,100 ,hInst ,NULL )
! Fill created Combo Box now
iret = SendMessage(ComboBox_handle,WM_SETREDRAW,0,0)
do j=1,10
  iret = SendMessage(ComboBox_handle,CB_ADDSTRING,0,&
                     LOC(ComboBoxItems(j)))
end do
iret = SendMessage(ComboBox_handle,WM_SETREDRAW,1,0)
iret = InvalidateRect(ComboBox_handle,NULL_RECT,.TRUE.)
! Set current selection in Combo Box
iret = SendMessage(ComboBox_handle,CB_SETCURSEL,0,0)
iret = GetWindowRect(ComboBox_handle,rc)
rbBand%lpText    = LOC("Combo Box"C)
rbBand%hwndChild = ComboBox_handle
rbBand%cxMinChild = 0
rbBand%cyMinChild = rc%bottom - rc%top
rbBand%cx        = 200
iret = SendMessage(rb_handle, RB_INSERTBAND, -1, LOC(rbBand))
MainWndProc = 0
return
case(WM_COMMAND)
  icode = LoWord(wParam)
  if ( icode.eq.100 ) then
    if ( HiWord(wparam).eq.CBN_SELCHANGE) then
    iret = SendMessage(ComboBox_handle,CB_GETCURSEL,0,0) + 1
      write(outbuf,"('ComboBoxelection:',i2,a1)")iret,&
            char(0)
      iret = MessageBox(hwnd,outbuf,"Combo Box operation"C,
            MB_OK)
    endif
    else
      write(outbuf,"(i2,a1)") (icode-10),char(0)
      iret = MessageBox(hwnd,"The button number="&
            //outbuf,"Button was pressed"C,MB_OK)
  endif
 MainWndProc = 0
 return
```

程式碼 4-40

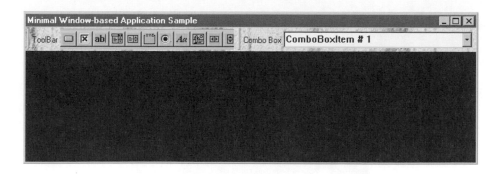

圖 4-23

4.2.15 **Trackbar 控制元件**

Trackbar 控制元件讓使用者以直覺方式改變光線、顏色、聲音等強度(如亮度或體積大小)。 它看起來就像一個體積控制閥,由一副尺及滑標組成,使用者透過滑標指定任一尺度。如下圖:

Slider

圖 4-24

產製控制元件:

使用 CreateWindowEx 函式,令其類別為 TB_CLASS_NAME 來建立此元件。

建立好此元件後,就可以利用 Trackbar 訊息來設定或取得其功能,包括設定滑標顯示範圍大小、標格、框標範圍、定位滑標點位置等。

```
tr_handle=CreateWindowEx(0,TB_CLASS_NAME,""C,IOR (WS_CHILD,&
          IOR (WS_VISIBLE,IOR (TBS_AUTOTICKS, IOR (TBS_TOP, &
          TBS_ENABLESELRANGE)))) ,10,10,200,50,hWnd,&
          10, hInst,NULL)
```
元件建立後,設定進度範圍:
```
call SendMessage(tr_handle,TBM_SETRANGE,.TRUE.MAKELONG(1,10))
```

設定一頁大小：
```
  call SendMessage(tr_handle,TBM_STEPAGESIZE, 0, 4)
```
設定挑選區域：
```
  call SendMessage(tr_handle,TBM_STESEL,.FALSE.,MAKELONG(2,9))
```
啓動：
```
  call SendMessage(tr_handle,TBM_STEPOS,.TRUE., 2)
  iret = SetFocus(tr_handle)
```

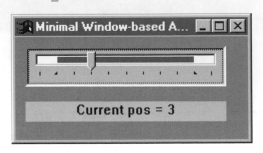

圖 4-25

4.2.16   下拉式控制元件

新的下拉式控制元件在緊鄰的視窗邊提供了一對遞增與遞減的按鈕，方便使用者以
手動方式調整選項值，該值不一定是數字，也可以是月份。下拉式控制元件通常跟
編輯視窗組合在一起，如下圖：

圖 4-26

你可以使用 CreateUpDownControl 函式產生下拉式控制元件。

產製控制元件：

```
  ud_handle = CreateUpDownControl( IOR(WS_CHILD,  &
           IOR(UDS_ALIGNRIGHT,IOR(WS_BORDER,WS_VISIBLE)))), &
           CW_USEDEFAULT,CW_USEDEFAULT,   &
           CW_USEDEFAULT,CW_USEDEFAULT,   &
```

```
                    hWnd,10,hInst,edit_handle,10,1,value)
```

範例：

```
edit_handle   = CreateWindowEx(0,"edit"C ,""C, &
                IOR(WS_CHILD,WS_VISIBLE), &
                20 ,20 ,100 ,20 ,hWnd ,3 ,hInst ,NULL )
value = 3
ud_handle = CreateUpDownControl( IOR(WS_CHILD,  &
            IOR(UDS_ALIGNRIGHT,IOR(WS_BORDER,WS_VISIBLE))), &
            CW_USEDEFAULT,CW_USEDEFAULT,   &
            CW_USEDEFAULT,CW_USEDEFAULT,   &
            hWnd,10,hInst,edit_handle,10,1,value)
iret = SetDlgItemInt(hwnd,3,value,.TRUE.)
control_handle1 = CreateWindowEx(0,"static"C ,&
                  "Notification    control:"C, &
                  IOR(SS_CENTER,IOR(WS_CHILD,WS_VISIBLE)), &
                   20 ,50 ,150 ,20 ,hWnd ,NULL ,hInst ,NULL )
control_handle2 = CreateWindowEx(0,"static"C ,""C, &
                  IOR(SS_CENTER,IOR(WS_CHILD,WS_VISIBLE)), &
                  20 ,80 ,150 ,20 ,hWnd ,NULL ,hInst ,NULL )
control_handle3 = CreateWindowEx(0,"static"C ,""C, &
                  IOR(SS_CENTER,IOR(WS_CHILD,WS_VISIBLE)), &
                  20 ,110 ,150 ,20 ,hWnd ,NULL ,hInst ,NULL )
MainWndProc = 0
return
case (WM_NOTIFY)
  call CopyMemory(LOC(ncmd),lparam,12)
  if(ncmd%code.eq.UDN_DELTAPOS) then
   call CopyMemory(LOC(udinfo),lparam,20)
   write (outbuf(1),"('ipos=',i2,a1)") udinfo%ipos,char(0)
   write (outbuf(2),"('idelta=',i2,a1)") udinfo%idelta,char(0)
   iret = SetWindowText(control_handle2,outbuf(1))
   iret = SetWindowText(control_handle3,outbuf(2))
   value = udinfo%ipos
   iret = SetDlgItemInt(hwnd,3,value,.TRUE.)!把ipos值放入edit中
  endif
MainWndProc = 0
return
```

程式碼 4-41

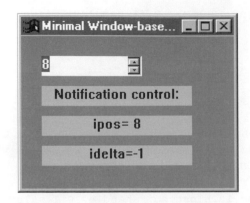

圖 4-27

4.2.17　**Flat Scrollbar 控制元件**

微軟 IE4.0 瀏覽器引介了新的視覺技術稱為 Flat Scroll Bars。它的功能像 Scroll Bars(捲動軸)，只是外表沒有 3D 顯示。注意，此功能只在 Comctl32.dll 4.71 版之後才提供

產製控制元件：

由於 COMCTL32.F90 內未定義本元件而在 COMCTL32.DLL(LIB)中有，使用時需要作如下的宣告：

```
!DEC$IF DEFINED(_X86_)
!DEC$ ATTRIBUTES STDCALL,ALIAS : '_MainWndProc@16' :: MainWndProc
!DEC$ ELSE
!DEC$ ATTRIBUTES STDCALL,ALIAS : 'WinMndProc@16' :: WinMndProc
!DEC$ ENDIF
!DEC$ ATTRIBUTES STDCALL, ALIAS : '_InitializeFlatSB@4' :: InitializeFlatSB
!DEC$ELSE
!DEC$ ATTRIBUTES STDCALL,ALIAS : 'InitializeFlatSB' :: InitializeFlatSB
!DEC$ENDIF
!DEC$IF DEFINED(_X86_)
!DEC$ATTRIBUTES STDCALL,ALIAS:'_FlatSB_ShowScrollBar@12'&
::FlatSB_ShowScrollBar
!DEC$ELSE
!DEC$ ATTRIBUTES STDCALL,ALIAS : 'FlatSB_ShowScrollBar'&
:: FlatSB_ShowScrollBar
!DEC$ENDIF
!DEC$IF DEFINED(_X86_)
!DEC$ ATTRIBUTES STDCALL, ALIAS : '_FlatSB_EnableScrollBar@12'&
```

```
:: FlatSB_EnableScrollBar
!DEC$ELSE
!DEC$ ATTRIBUTES STDCALL,ALIAS : 'FlatSB_EnableScrollBar' &
:: FlatSB_EnableScrollBar
!DEC$ENDIF
```

程式碼 4-42

範例：

```
iret = InitializeFlatSB(hWnd)
iret = FlatSB_ShowScrollBar(hWnd,SB_BOTH,.TRUE.)
iret = FlatSB_EnableScrollBar(hWnd,SB_BOTH,ESB_ENABLE_BOTH)
```

程式碼 4-43

4.2.18　ComboBoxEx 控制元件

所謂 ComboBoxEx 控制元件是下拉式清單方塊的改良版，它可以在下拉式清單方塊中加上圖案，方便辨識，使用此元件讓設計者不必以手動方式在清單方塊中繪圖。

用 CreateWindowEx 函式，令其類別爲 WC_COMBOBOXEX 來建立此元件。建立了 ComboBoxEx 控制元件之後，指派不同的訊息就可掌控其行爲，比起使用標準的下拉式清單方塊要容易多了，只是在剛開始塡入清單資料時較繁雜些。

產製控制元件：

```
Cb_handle=CreateWindowEx(0, WC_COMBOBOXEX，""C,IOR(WS_CHILD,&
        IOR(WS_BORDER, IOR(WS_VISIBLE, IOR(WS_CHILD, &
        CBS_DROPDOWN)))),10,10,120,150,hWnd,combo_code,&
        hInst,NULL,combo_handle)
```

範例：

```
! 產製本元件
iret = CreateWindowEx(0, WC_COMBOBOXEX, & !ComboBoxEx32
      ""C,INT4(IOR(WS_BORDER,IOR(WS_VISIBLE,IOR(WS_CHILD, &
      CBS_DROPDOWN)))), 10, 10, 120, 150, hWnd, &
      combo_code, &! handle to menu, or child-window identifier
      hInst, &   ! handle to application instance
      NULL, &    ! pointer to window-creation data
      comboex_handle)       ! ComboBoxEx handle
! 產製 8 張圖片
 ihml = ImageList_Create(32,32,ILC_COLOR16,8,1)
```

```
! 把圖片加入儲存中並把資源器清空
do j=1,8
  iret = ImageList_Add(ihml,imgs(j),NULL)
  iret = DeleteObject(imgs(j))
enddo
! 把圖片加入本元件當中
iret = SendMessage(comboex_handle,CBEM_SETIMAGELIST,0,ihml)
cbi%mask =  IOR(CBEIF_TEXT,IOR(CBEIF_INDENT,IOR(CBEIF_IMAGE,&
            CBEIF_SELECTEDIMAGE)))
cbi%mask =  IOR(CBEIF_TEXT,IOR(CBEIF_IMAGE,&
            CBEIF_SELECTEDIMAGE))
do j=1,4
  cbi%iItem = j - 1
  write(TextString,"('Item #',i1,a1)") j,char(0)
  cbi%pszText = LOC(TextString)
  cbi%cchTextMax = 7
  cbi%iImage      = j - 1
  cbi%iSelectedImage = j - 1 + 4
  cbi%iOverlay    = 0
  cbi%iIndent     = 0
  cbi%lParam      = 0
  iret = SendMessage(comboex_handle,CBEM_INSERTITEM,
        0,LOC(cbi))
enddo
iret = SendMessage(comboex_handle,CB_SETCURSEL,2,0)
! Create static controls for selections dispaying
static_handle = CreateWindowEx(WS_EX_DLGMODALFRAME,&
                "static"C ,""C, IOR(SS_CENTER,&
                IOR(WS_CHILD,WS_VISIBLE)), &
                10 ,170 ,120 ,20 ,hWnd ,NULL ,hInst ,NULL )
MainWndProc = 0
return
case (WM_COMMAND)
  select case(LoWord(wparam))
    case(combo_code)
     if ( HiWord(wparam).eq.CBN_SELCHANGE) then
      iret = SendMessage(comboex_handle,CB_GETCURSEL,0,0) + 1
      write(TextString,"('Selection:',i2)") iret
      iret = SetWindowText(static_handle,TextString//char(0))
     endif
  end select
  MainWndProc = 0
  return
```

```
case (WM_DESTROY)
iret = ImageList_Destroy(ihml)
call PostQuitMessage( 0 )
MainWndProc     = 0
return
```

程式碼 4-44

圖 4-28

4.2.19　Month Calendar 控制元件

所謂 Month Calendar 控制元件是一月曆狀介面，它讓使用者可以直接圈選日期。

產製控制元件：

```
Cb_handle=CreateWindowEx(INT4(IOR(WS_EX_DLGMODALFRAME,IOR(&
         WS_EX_CLIENTDGE，WS_EX_STATICEDGE))),MONTHCAL_CLASS,&
         ""C, IOR (WS_CHILD,IOR (WS_BORDER,IOR (WS_VISIBLE,&
         IOR(WCS_WEEKNUMBER,IOR(MCS_NOTODAY,WS_VISIBLE))))),&
         25,30,390,170,hWnd,NULL,hInst,NULL)
```

範例：

```
! Create static control
iret = CreateWindowEx(0， "button"C， &
      " Month Calendar Control Sample: "C， &
      IOR(BS_GROUPBOX，IOR(WS_CHILD，WS_VISIBLE))， &
      5 ，5 ，430 ，200 ，hWnd ，100 ，hInst ，NULL )
! Create Month Calendar Control
mc_handle = CreateWindowEx(INT4(IOR(WS_EX_DLGMODALFRAME,  &
```

```
                    IOR(WS_EX_CLIENTEDGE, WS_EX_STATICEDGE))),    &
                    MONTHCAL_CLASS, & !SysMonthCal32
                    ""C, &
                    IOR(WS_CHILD,IOR(WS_BORDER,IOR(MCS_DAYSTATE,&
                    IOR(MCS_WEEKNUMBERS,IOR(MCS_NOTODAY,  &
                    WS_VISIBLE))))), &   !   window style
                    25, &   ! horizontal   position of window
                    30, &   ! vertical    position of window
                    390, &   ! window width
                    170, &    ! window height
                    hWnd, &   ! handle to parent or owner window
                    NULL, &! handle to  menu, or child-window identifier
                    hInst, &   ! handle to application instance
                    NULL )
iret = SendMessage(mc_handle, MCM_SETCOLOR, MCSC_BACKGROUND,&
        RGB(175,175,175))
iret = SendMessage(mc_handle, MCM_SETCOLOR, MCSC_MONTHBK,&
        RGB(175,175,175))
! Allocate space for control block
iret = CreateWindowEx(0,"button"C,"Notification control: "C, &
        IOR(BS_GROUPBOX,IOR(WS_CHILD,WS_VISIBLE)), &
        5 ,210 ,230 ,120 ,hWnd ,100 ,hInst ,NULL )
static_handle1 = CreateWindowEx(WS_EX_DLGMODALFRAME,"static"C ,
            ""C,IOR(SS_CENTER,IOR(WS_CHILD,WS_VISIBLE)),  &
            10 ,235 ,220 ,25 ,hWnd ,NULL ,hInst ,NULL )
static_handle2 = CreateWindowEx(WS_EX_DLGMODALFRAME,"static"C&
            ,""C,IOR(SS_CENTER,IOR(WS_CHILD,WS_VISIBLE)), &
            10 ,265 ,220 ,25 ,hWnd ,NULL ,hInst ,NULL )
static_handle3=CreateWindowEx(WS_EX_DLGMODALFRAME,"static"C&
            ,""C, IOR(SS_CENTER,IOR(WS_CHILD,WS_VISIBLE)), &
            10 ,295 ,220 ,25 ,hWnd ,NULL ,hInst ,NULL )
MainWndProc = 0
return
case (WM_NOTIFY)
   call CopyMemory(LOC(ncmd),lparam,12)
   if (ncmd%code.eq.MCN_SELECT) then
     call CopyMemory(LOC(mci),lparam,44)
     write(outbuf1,"(i4,'年',a1)") &
         mci%stSelStart%wYear - 1911,char(0)
     write(outbuf2,"(i2,'月',a1)")&
          mci%stSelStart%wMonth,char(0)
     write(outbuf3,"(i2,'日',a1)") mci%stSelStart%wDay,char(0)
     iret = SetWindowText(static_handle1,outbuf1)
```

```
    iret = SetWindowText(static_handle2,outbuf2)
    iret = SetWindowText(static_handle3,outbuf3)
endif
MainWndProc = 0
return
```

程式碼 4-45

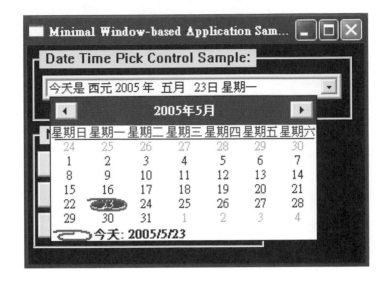

圖 4-29

4.2.20 Date and Time Picker 控制元件

Date and Time Picker (DTP) 控制元件提供一個簡單的介面供使用者改變日期與時間。

產製控制元件:

```
Cb_handle=CreateWindowEx(INT4(IOR(WS_EX_DLGMODALFRAME,IOR(&
        WS_EX_CLIENTDGE,WS_EX_STATICEDGE))),&
        DATETIMEPICK_CLASS, ""C,IOR(WS_CHILD,&
        IOR(WS_BORDER, IOR(WS_VISIBLE,&
        IOR(WCS_WEEKNUMBER,IOR(MCS_NOTODAY,WS_VISIBLE)))))),&
        15,30,300,250,hWnd,NULL,hInst,NULL)
```

範例：

```
! Create static control
iret = CreateWindowEx(0, "button"C, &
      " Month Calendar Control Sample: "C, &
      IOR(BS_GROUPBOX,IOR(WS_CHILD,WS_VISIBLE)), &
      5 ,5 ,430 ,200 ,hWnd ,100 ,hInst ,NULL )
! Create Date and Time Control
mc_handle  = CreateWindowEx(INT4(IOR(WS_EX_DLGMODALFRAME,  &
             IOR(WS_EX_CLIENTEDGE, WS_EX_STATICEDGE))),      &
             DATETIMEPICK_CLASS, & !SysDATETIMEPICK32
             ""C, &
             IOR(WS_CHILD,IOR(WS_BORDER,IOR(MCS_DAYSTATE,&
             IOR(MCS_WEEKNUMBERS,IOR(MCS_NOTODAY,  &
             WS_VISIBLE))))), &    !    window style
             15, &   ! horizontal   position of window
             30, &   ! vertical    position of window
             300, &   ! window width
             25, &    ! window height
             hWnd, &   ! handle to parent or owner window
             NULL, &! handle to  menu, or child-window identifier
             hInst, &   ! handle to application instance
             NULL  )
FormatString = "'今天是 '西元 yyy 年 MMMM dd 日 dddd '"C
iret=SendMessage(dtp_handle,DTM_SETFORMAT,0,LOC(FormatString))
! Allocate space for control block
iret = CreateWindowEx(0,"button"C," Notification control: "C, &
        IOR(BS_GROUPBOX,IOR(WS_CHILD,WS_VISIBLE)), &
        5 ,80 ,230 ,120 ,hWnd ,100 ,hInst ,NULL )
static_handle1 = CreateWindowEx(WS_EX_DLGMODALFRAME,  &
      "static"C,""C,IOR(SS_CENTER,IOR(WS_CHILD,WS_VISIBLE)),&
        10 ,105 ,220 ,25 ,hWnd ,NULL ,hInst ,NULL )
static_handle2 = CreateWindowEx(WS_EX_DLGMODALFRAME,  &
      "static"C,""C,IOR(SS_CENTER,IOR(WS_CHILD,WS_VISIBLE)), &
         10 ,135 ,220 ,25 ,hWnd ,NULL ,hInst ,NULL )
static_handle3 = CreateWindowEx(WS_EX_DLGMODALFRAME,  &
      "static"C,""C,IOR(SS_CENTER,IOR(WS_CHILD,WS_VISIBLE)), &
         10 ,165 ,220 ,25 ,hWnd ,NULL ,hInst ,NULL )
MainWndProc = 0
return
case (WM_NOTIFY)
   call CopyMemory(LOC(ncmd),lparam,12)
   if (ncmd%code.eq.DTN_DATETIMECHANGE) then
```

```
call CopyMemory(LOC(dtpi),lparam,32)
write(outbuf1,"(i4,'年',a1)") &
     dtpi%st%wYear - 1911,char(0)
write(outbuf2,"(i2,'月',a1)")&
      dtpi%st%wMonth,char(0)
write(outbuf3,"(i2,'日',a1)") dtpi%st%wDay,char(0)
iret = SetWindowText(static_handle1,outbuf1)
iret = SetWindowText(static_handle2,outbuf2)
iret = SetWindowText(static_handle3,outbuf3)
endif
MainWndProc = 0
return
```

程式碼 4-46

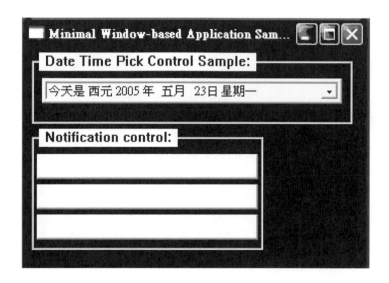

圖 4-30

4.2.21   Pager 控制元件

微軟的 Internet Explorer 第四版引進 Pager 控制元件。在父視窗大小不足以全部顯示子視窗的狀況下,它就變得很好用,像是工具列的長度無法完全把全部的工具顯示出來時,就可以把工具列設定給 Pager 控制元件,好讓使用者藉著左或右移動的按鈕將未顯示出來的工具讓其出現以供挑選,你也可以建立垂直式的 Pager 控制元件。

由於 COMCTL32.F90 內未定義本元件而在 COMCTL32.DLL(LIB)中有，使用時需
要作如下的宣告：

```
!Pager control messages
integer(4),parameter :: PGM_FIRST = Z'1400'
!Common control shared messages
integer(4),parameter :: CCM_FIRST = Z'2000'
integer(4),parameter :: PGN_FIRST = (0-900) !Pager Control
integer(4),parameter :: CCM_GETDROPTARGET = (CCM_FIRST + 4)
!page scroller
integer(4),parameter :: ICC_PAGESCROLLER_CLASS = Z'00001000'
!lParam == LPSIZE
integer(4),parameter :: TB_GETMAXSIZE = (WM_USER + 83)
!------------------------------------------------------------
!------------------------------------------------------------
! ==================== Pager Control ====================
!------------------------------------------------------------!

!Pager Class Name
character*(*),parameter :: WC_PAGESCROLLER = "SysPager"C
!------------------------------------------------------------
! Pager Control Styles
!------------------------------------------------------------
integer(4),parameter :: PGS_VERT = Z'00000000'
integer(4),parameter :: PGS_HORZ = Z'00000001'
integer(4),parameter :: PGS_AUTOSCROLL = Z'00000002'
integer(4),parameter :: PGS_DRAGNDROP = Z'00000004'


! ------------------------------------------------------------
! Pager Button State
! ------------------------------------------------------------
!The scroll can be in one of the following control State
! Scroll button is not visible
integer(4),parameter :: PGF_INVISIBLE = 0
! Scroll button is in normal state
integer(4),parameter :: PGF_NORMAL = 1
! Scroll button is in grayed state
integer(4),parameter :: PGF_GRAYED = 2
integer(4),parameter :: PGF_DEPRESSED = 4 ! Scroll button is in
depressed state
integer(4),parameter :: PGF_HOT = 8 ! Scroll button is in hot state

! The following identifiers specifies the button control
```

```
integer(4),parameter :: PGB_TOPORLEFT = 0
integer(4),parameter :: PGB_BOTTOMORRIGHT = 1


!------------------------------------------------------------
! Pager Control Messages
!------------------------------------------------------------
! lParam == hwnd
integer(4),parameter :: PGM_SETCHILD = (PGM_FIRST + 1)
!#define Pager_SetChild(hwnd, hwndChild) \
! (void)SNDMSG((hwnd), PGM_SETCHILD, 0, (LPARAM)(hwndChild))

integer(4),parameter :: PGM_RECALCSIZE = (PGM_FIRST + 2)
!#define Pager_RecalcSize(hwnd) \
! (void)SNDMSG((hwnd), PGM_RECALCSIZE, 0, 0)

integer(4),parameter :: PGM_FORWARDMOUSE = (PGM_FIRST + 3)
!#define Pager_ForwardMouse(hwnd, bForward) \
! (void)SNDMSG((hwnd), PGM_FORWARDMOUSE, (WPARAM)(bForward), 0)

integer(4),parameter :: PGM_SETBKCOLOR = (PGM_FIRST + 4)
!#define Pager_SetBkColor(hwnd, clr) \
! (COLORREF)SNDMSG((hwnd), PGM_SETBKCOLOR, 0, (LPARAM)clr)

integer(4),parameter :: PGM_GETBKCOLOR = (PGM_FIRST + 5)
!#define Pager_GetBkColor(hwnd) \
! (COLORREF)SNDMSG((hwnd), PGM_GETBKCOLOR, 0, 0)

integer(4),parameter :: PGM_SETBORDER = (PGM_FIRST + 6)
!#define Pager_SetBorder(hwnd, iBorder) \
! (int)SNDMSG((hwnd), PGM_SETBORDER, 0, (LPARAM)iBorder)

integer(4),parameter :: PGM_GETBORDER = (PGM_FIRST + 7)
!#define Pager_GetBorder(hwnd) \
! (int)SNDMSG((hwnd), PGM_GETBORDER, 0, 0)

integer(4),parameter :: PGM_SETPOS = (PGM_FIRST + 8)
!#define Pager_SetPos(hwnd, iPos) \
! (int)SNDMSG((hwnd), PGM_SETPOS, 0, (LPARAM)iPos)

integer(4),parameter :: PGM_GETPOS = (PGM_FIRST + 9)
!#define Pager_GetPos(hwnd) \
! (int)SNDMSG((hwnd), PGM_GETPOS, 0, 0)

integer(4),parameter :: PGM_SETBUTTONSIZE = (PGM_FIRST + 10)
```

```fortran
!#define Pager_SetButtonSize(hwnd, iSize) \
! (int)SNDMSG((hwnd), PGM_SETBUTTONSIZE, 0, (LPARAM)iSize)

integer(4),parameter :: PGM_GETBUTTONSIZE = (PGM_FIRST + 11)
!#define Pager_GetButtonSize(hwnd) \
! (int)SNDMSG((hwnd), PGM_GETBUTTONSIZE, 0,0)

integer(4),parameter :: PGM_GETBUTTONSTATE= (PGM_FIRST + 12)
!#define Pager_GetButtonState(hwnd, iButton) \
! (DWORD)SNDMSG((hwnd), PGM_GETBUTTONSTATE, 0, (LPARAM)iButton)

integer(4),parameter:: PGM_GETDROPTARGET = CCM_GETDROPTARGET
!#define Pager_GetDropTarget(hwnd, ppdt) \
! (void)SNDMSG((hwnd), PGM_GETDROPTARGET, 0, (LPARAM)ppdt)


!-----------------------------------------------------------
! ager Control Notification Messages
!-----------------------------------------------------------
!PGN_SCROLL Notification Message

integer(4),parameter :: PGN_SCROLL = (PGN_FIRST-1)
integer(4),parameter :: PGF_SCROLLUP = 1
integer(4),parameter :: PGF_SCROLLDOWN = 2
integer(4),parameter :: PGF_SCROLLLEFT = 4
integer(4),parameter :: PGF_SCROLLRIGHT = 8

!Keys down
integer(4),parameter :: PGK_SHIFT = 1
integer(4),parameter :: PGK_CONTROL = 2
integer(4),parameter :: PGK_MENU = 4

! This structure is sent along with PGN_SCROLL notifications
type T_NMPGSCROLL
  type (T_NMHDR) hdr
! Specifies which keys are down when this notification is send
integer fwKeys
  type (T_RECT) rcParent ! Contains Parent Window Rect
  integer iDir ! Scrolling Direction
  integer iXpos ! Horizontal scroll position
  integer iYpos ! Vertical scroll position
  integer iScroll ! [in/out] Amount to scroll
end type T_NMPGSCROLL


! PGN_CALCSIZE Notification Message
```

```
integer(4),parameter :: PGN_CALCSIZE = (PGN_FIRST-2)
integer(4),parameter :: PGF_CALCWIDTH = 1
integer(4),parameter :: PGF_CALCHEIGHT = 2
type T_NMPGCALCSIZE
   type (T_NMHDR) hdr
   integer dwFlag
   integer iWidth
   integer iHeight
end type T_NMPGCALCSIZE


!===============      End Pager Control ======================
```

程式碼 4-47

產製控制元件：

```
  pg_handle=CreateWindowEx(0,WC_PAGESCROLLER,""C, IOR(WS_CHILD,&
          IOR (WS_BORDER, IOR (WS_VISIBLE,PGS_HORZ))) ,&
          20,30,200,30,hWnd,NULL,hInst,NULL)
```

範例：

```
type (T_INITCOMMONCONTROLSEX) wcl
type (T_NMHDR) ncmd
type (T_NMPGCALCSIZE) pgi
type (T_TBBUTTON) buttons(15)
type (T_TBADDBITMAP) tb
type (T_SIZE) size
character*5 outbuf
 select case(mesg)
  case (WM_CREATE)
   wcl%dwSize = 8
   wcl%dwICC = IOR(ICC_WIN95_CLASSES,ICC_PAGESCROLLER_CLASS)
   call InitCommonControlsEx(wcl)
   ! Create static control
   iret = CreateWindowEx(0, &
         "button"C ," Pager Control Sample: "C, &
         IOR(BS_GROUPBOX,IOR(WS_CHILD,WS_VISIBLE)), &
         5 ,5 ,230 ,70 ,hWnd ,NULL ,hInst ,NULL )
   ! Create Pager Control
   pg_handle = CreateWindowEx( 0, & ! extended window style
           WC_PAGESCROLLER,""C,IOR(WS_CHILD,IOR(WS_BORDER,&
           IOR(PGS_HORZ,WS_VISIBLE))), & ! window style
           20, & ! horizontal position of window
           30, & ! vertical position of window
           200, & ! window width
```

```
        30, & ! window height
        hWnd, & ! handle to parent or owner window
        NULL, & ! handle to menu, or child-window identifier
        hInst, & ! handle to application instance
        NULL ) ! pointer to window-creation data
iret=SendMessage(pg_handle,PGM_SETBKCOLOR, 0,&
     GetSysColor(COLOR_BTNFACE))
iret = SendMessage(pg_handle,PGM_SETBORDER, 0, 1)
! Create contained window - toolbar
do j=1,15
  buttons(j)%iBitmap = j-1
  buttons(j)%idCommand = j+10
  buttons(j)%fsState = TBSTATE_ENABLED
  buttons(j)%fsStyle = TBSTYLE_BUTTON
  buttons(j)%bReserved(1) = 0
  buttons(j)%bReserved(2) = 0
  buttons(j)%dwData = 0
  buttons(j)%iString = 0
enddo
tb_handle = CreateToolbarEx(pg_handle, &
            IOR(WS_CHILD,IOR(CCS_NORESIZE,WS_VISIBLE)), &
            10, &
            15, &
            NULL, &
            ! hbmp, &
            NULL, &
            buttons, &
            15, &
            16, &
            16, &
            16, &
            16, &
            20 &
            )
tb%hInst = HINST_COMMCTRL
iret = SendMessage(tb_handle,TB_ADDBITMAP,15,LOC(tb))
iret = SendMessage(pg_handle,PGM_SETCHILD, 0,tb_handle)
MainWndProc = 0
return
case (WM_NOTIFY)
call CopyMemory(LOC(ncmd),lparam,12)
if (ncmd%code.eq.PGN_CALCSIZE) then
  call CopyMemory(LOC(pgi),lparam,24)
  if (pgi%dwFlag.eq.PGF_CALCWIDTH) then
```

```
    iret = SendMessage(tb_handle, TB_GETMAXSIZE, 0, LOC(size))
    pgi%iWidth = size%cx
  endif
  call CopyMemory(lparam,LOC(pgi),24)
endif
MainWndProc = 0
return
case (WM_COMMAND)
  icode = LoWord(wParam)
  write(outbuf,"(i2,a1)") (icode-10),char(0)
  iret = MessageBox(hwnd,"The button number="//outbuf, &
        "Button was pressed"C,MB_OK)
  MainWndProc = 0
  return
case (WM_DESTROY)
  iret = DeleteObject(hbmp)
  call PostQuitMessage( 0 )
  MainWndProc = 0
  return
```

程式碼 4-48

圖 4-31

4.2.22　**Property Sheet 控制元件**

Property Sheet 是一個允許使用者在不同資訊頁間切換的視窗，例如控制台顯示內容選單等，其每一頁就像一個對話窗。

產製控制元件：

使用前，應先定義一個陣列，陣列的每一個元素是一個 PROPSHEETPAGE 結構，分別代表一個頁，接下來，填好一個 PROPSHEETHEADER 結構，作完上述兩個結構後，呼叫 PropertySheeet 函式即可。

範例：

```
! Variables
type (T_PROPSHEETPAGE) , DIMENSION(2) :: psp
type (T_PROPSHEETHEADER) psh
!
psp(1)%dwSize = 48
psp(1)%dwFlags = PSP_USETITLE
psp(1)%hInstance = ghInstance
psp(1)%pszTemplate = INT(MAKEINTRESOURCE(INT2(IDD_PAGE1)))
psp(1)%pszIcon = NULL;
!psp1.pfnDlgProc = Range
psp(1)%pszTitle = LOC("第一頁"C)
psp(1)%lParam = 0
psp(2)%dwSize = 48
psp(2)%dwFlags = PSP_USETITLE
psp(2)%hInstance = ghInstance
psp(2)%pszTemplate = INT(MAKEINTRESOURCE(INT2(IDD_PAGE2)))
psp(2)%pszIcon = NULL
! psp2.pfnDlgProc = PageSize
psp(2)%pszTitle =LOC("第二頁"C)
psp(2)%lParam = 0
psh%dwSize = 52
psh%dwFlags = PSH_PROPSHEETPAGE
psh%hwndParent = hWnd
psh%hInstance = ghInstance
psh%pszIcon = NULL
psh%pszCaption = LOC("測試"C)
psh%nPages = 2
psh%ppsp = LOC(psp)
call PropertySheet(psh)
```

程式碼 4-49

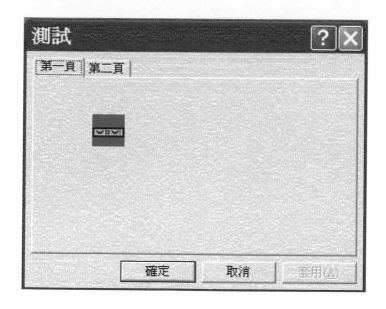

圖 4-32

第 5 章

功能表進階

5.1　產生功能表的方法

產生功能表的方法如下：

1.自資源模版載入；

2.於執行時自功能表模版建立；

3.於執行時利用功能表函數建立。

以第一種方式建立功能表是最簡單的，但需於資源編輯器中能靈活運用滑鼠。

以第二種方式建立功能表，需要點膽量也要有喜歡向嚴竣工作挑戰的興趣。

以第三種方式建立功能表，比以第一種方式建立功能表方式複雜，但我們認為可讓設計者建立較為美觀的功能表。

5.2　資源編輯器產生功能表

用資源編輯器設計功能表，可以預先見到功能表完稿後的模樣，設計完之後記得將功能表命名，如 Mymenu，並在建立視窗類別：

lpszMenuName="Mymenu"C

wc%lpszMenuName=LOC(lpszMenuName)

並將視窗註冊

5.3　簡單型下拉式功能表

下拉式功能表的演算法看起來很簡單，它包含下列幾個步驟：

1.為功能表名字產生指向視窗內部資源的指標；

2.要求視窗使用功能表；

3.加入功能表選項；

4.繪出功能表列。

範例：

```
case (WM_CREATE)
!  1.為功能表名字產生指向視窗內部資源的指標
   menu_handle = CreateMenu()
!  2.要求視窗使用功能表
   iret = SetMenu(hwnd,menu_handle)
!  3.加入功能表選項.
   iret = AppendMenu(menu_handle,IOR(MF_ENABLED,MF_STRING), &
          1001,LOC("File"C))
   iret = AppendMenu(menu_handle,IOR(MF_ENABLED,MF_STRING), &
          1002,LOC("Edit"C))
!  4.繪出功能表列
   iret = DrawMenuBar(hwnd)
```

程式碼 5-1

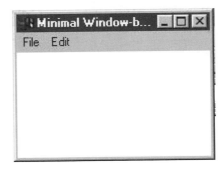

圖 5-1

5.4　加入子功能表

要加入子功能表，得把上一節演算法修正一下：

1.為所有功能表名字產生指向視窗內部資源的指標；

2.要求視窗使用功能表；

3.加入功能表選項；

4.繪出功能表列。

範例：

```
case (WM_CREATE)
!　1.為所有功能表名字產生指向視窗內部資源的指標
  menu_handle = CreateMenu()
  menu_file_handle = CreatePopupMenu()
!　2.要求視窗使用功能表
  iret = SetMenu(hwnd,menu_handle)
!　3..加入功能表選項
  iret = AppendMenu(menu_handle,IOR(MF_ENABLED,MF_POPUP),  &
         menu_file_handle,LOC("File"C))
  iret = AppendMenu(menu_handle,IOR(MF_ENABLED,MF_STRING),  &
         1002,LOC("Edit"C))
  iret=AppendMenu(menu_file_handle,IOR(MF_ENABLED,MF_STRING),&
         1003,LOC("File submenu item1"C))
  iret=AppendMenu(menu_file_handle,IOR(MF_ENABLED,MF_STRING),&
         1004,LOC("File submenu item2"C))
  iret=AppendMenu(menu_file_handle,IOR(MF_ENABLED,MF_STRING),&
         1005,LOC("File submenu item3"C))
!　繪出功能表列
  iret = DrawMenuBar(hwnd)
```

程式碼 5-2

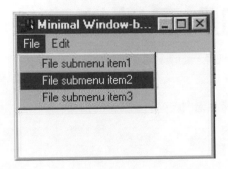

圖 5-2

5.5   功能表如何啟動

你可把功能表當作一組按鈕，它是應要求而出現在螢幕上，這樣子較能瞭解功能表
工作原理，故啓動功能表：

```
case (WM_COMMAND)
   select case(LoWord(wParam))
      case(code)
         call ActionWhenMenuItemWasSelected(......)
         MainWndProc = 0
         return
   end select
```

將下列程式碼加到上面的程式碼當中：

```
case (WM_COMMAND)
 select case(LoWord(wparam))
   case(1002)
     iret=MessageBox(hwnd,"Edit Selected"C,"Menu Item"C,MB_OK)
   case(1005)
     iret=MessageBox(hwnd,"File submenu item3"C,"MenuItem"C,
         MB_OK)
 end select
 MainWndProc = 0
 Return
```

5.6 應用程式裏處理功能表

第一個範例為子選項打勾，第二個範例為子選項變灰色讓使用者無法挑選。

```fortran
case (WM_COMMAND)
  select case(LoWord(wparam))
    case(1005)
      item_checked = 1 - item_checked
      if ( item_checked.ne.0 ) then
        iret=MessageBox(hwnd，"Some option is ON"C，    &
             "Menu Item Check"C，MB_OK)
      else
        iret=MessageBox(hwnd，"Some option is OFF"C，   &
             "Menu Item Uncheck"C，MB_OK)
      endif
      icommand=(1-item_checked)*MF_UNCHECKED+&
               item_checked*MF_CHECKED
      iret=CheckMenuItem (menu_file_handle ，1005 ，   &
           IOR(MF_BYCOMMAND，icommand) )
  end select
```

程式碼 5-3

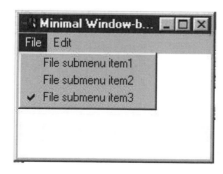

圖 5-3

```fortran
case (WM_COMMAND)
  select case(LoWord(wparam))
    case(1002)

      iret=MessageBox(hwnd,"All items are unlocked"C, &
           "Menu Item Unlock"C,MB_OK)
      iret = EnableMenuItem (menu_file_handle ,1003 , &
```

```
          IOR(MF_BYCOMMAND,MF_ENABLED))
  iret = EnableMenuItem (menu_file_handle ,1004 ,  &
          IOR(MF_BYCOMMAND,MF_ENABLED))
case(1003)
  iret=MessageBox(hwnd,   &
      "Next attempt to call submenu item1 is locked now"C,&
      "Menu Item Disable"C,MB_OK)
  iret = EnableMenuItem (menu_file_handle ,1003 ,  &
          IOR(MF_BYCOMMAND,MF_DISABLED))
case(1004)
  iret=MessageBox(hwnd,   &
      "Next attempt to call submenu item2 is locked now"C,&
      "Menu Item Grayed"C,MB_OK)
  iret = EnableMenuItem (menu_file_handle ,1004 ,  &
          IOR(MF_BYCOMMAND,MF_GRAYED))
case(1005)
  item_checked = 1 - item_checked
  if ( item_checked.ne.0 ) then
    iret=MessageBox(hwnd,"Some option is ON"C,  &
          "Menu Item Check"C,MB_OK)
  else
    iret=MessageBox(hwnd,"Some option is OFF"C,  &
          "Menu Item Uncheck"C,MB_OK)
  endif
    icommand= (1-item_checked)*MF_UNCHECKED+&
              item_checked*MF_CHECKED
    iret=CheckMenuItem (menu_file_handle ,1005 ,  &
          IOR(MF_BYCOMMAND,icommand) )
end select
```

程式碼 5-4

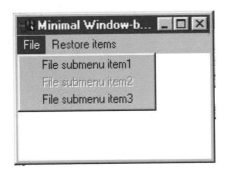

圖 5-4

5.7 使用 CustomCheckmarks

由於功能表文字轉換關係，建議圖片採用單色系列，以免產生不可預知之後果。

```
subroutine PrepareCustomCheckMarks(hwnd,hbmp,i)
use msfwina
use param_exchange
integer hWnd,hbmp
type (T_BITMAP) drawing_bitmap
   if ( i.eq.0 ) then
       ihbmp_check=LoadBitmap(hInst,LOC("BMPUNCHECK"C))
   else
       ihbmp_check = LoadBitmap(hInst,LOC("BMPCHECK"C))
   endif
! prepare system menu background color
   icrBackground = GetSysColor(COLOR_MENU)
   ihbrBackground = CreateSolidBrush(icrBackground)
   ihdcSource = CreateCompatibleDC(GetDC(hwnd))
   ihdcTarget = CreateCompatibleDC(ihdcSource)
! get system metrics
   iret = GetMenuCheckMarkDimensions()
   iwBitmapX = LoWord(iret)
   iwBitmapY = HiWord(iret)
   ihbmpCheck=CreateCompatibleBitmap(ihdcSource,iwBitmapX,iwBitmapY)
   ihbrTargetOld = SelectObject(ihdcTarget, ihbrBackground)
   ihbmpTargetOld = SelectObject(ihdcTarget, ihbmpCheck)
   iret = PatBlt(ihdcTarget, 0, 0, iwBitmapX, iwBitmapY,PATCOPY)
   ihbmpSourceOld = SelectObject(ihdcSource, ihbmp_check)
   iret = GetObject(ihbmp_check, 24,LOC(drawing_bitmap))
   iret = StretchBlt(ihdcTarget, 0, 0, iwBitmapX, iwBitmapY, &
          ihdcSource, 0, 0, drawing_bitmap%bmWidth,  &
          drawing_bitmap%bmHeight, SRCCOPY)
   iret = SelectObject(ihdcSource, ihbmpSourceOld)
   iret = SelectObject(ihdcTarget, ihbrTargetOld)
   hbmp = SelectObject(ihdcTarget, ihbmpTargetOld)
   iret = DeleteObject(ihbrBackground)
   iret = DeleteObject(ihdcSource)
   iret = DeleteObject(ihdcTarget)
return
end
```

程式碼 5-5

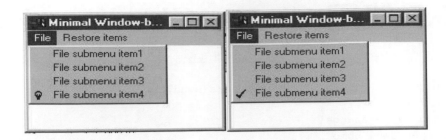

圖 5-5

5.8   自定功能表式樣

自定功能表可以透過 MF_OWNERDRAW 旗標，並透過 WM_DRAWITEM 訊息呼叫而產生， 你也可以用更複雜的繪文字方式來製作功能表。

```
use dfwina
integer hWnd, mesg, wParam, lParam
type (T_MEASUREITEMSTRUCT) workpar
 select case(mesg)
  case (WM_CREATE)
   menu_handle = CreateMenu()
   iret = SetMenu(hwnd,menu_handle)
   menu_file_handle = CreatePopupMenu()
   iret = AppendMenu(menu_handle,IOR(MF_ENABLED,MF_POPUP),  &
                     menu_file_handle,LOC("File"C))
   iret= AppendMenu(menu_handle,IOR(MF_ENABLED,MF_STRING),  &
         1002,LOC("Restore items"C))
   iret=AppendMenu(menu_file_handle,IOR(MF_ENABLED,MF_STRING)&
         ,1003,LOC("File submenu item1"C))
   iret=AppendMenu(menu_file_handle,IOR(MF_ENABLED,MF_STRING)
         ,1004,LOC("File submenu item2"C))
! Create Owner-Drawn item
   iret=AppendMenu(menu_file_handle,IOR(MF_ENABLED,&
        MF_OWNERDRAW) ,1005,bitmap_handle(1))
   iret = DrawMenuBar(hwnd)
   MainWndProc = 0
   return
  case (WM_MEASUREITEM)
   call CopyMemory(LOC(workpar),lparam,24)
   workpar%itemHeight = 48
   workpar%itemWidth  = 120
```

```
 call CopyMemory(lparam,LOC(workpar),24)
 MainWndProc = 0
 return
case (WM_DRAWITEM)
 call DrawMenuItemLine(lparam)
 MainWndProc = 0
 return
case (WM_COMMAND)
 select case(LoWord(wparam))
   case(1005)
    iret=MessageBox(hwnd,"Owner-Drawn Item was selected"C,  &
         "Menu Item"C,MB_OK)
 end select
 MainWndProc = 0
 return
```

程式碼 5-6

圖 5-6

另外也可以透過 MF_BITMAP 旗標， 圖左邊還留有空間供打勾用。

```
use dfwina
integer hWnd, mesg, wParam, lParam
 select case(mesg)
  case (WM_CREATE)
   menu_handle = CreateMenu()
   iret = SetMenu(hwnd,menu_handle)
   menu_file_handle = CreatePopupMenu()
   iret = AppendMenu(menu_handle,IOR(MF_ENABLED,MF_POPUP),  &
                     menu_file_handle,LOC("File"C))
   iret= AppendMenu(menu_handle,IOR(MF_ENABLED,MF_STRING),  &
        1002,LOC("Restore items"C))
   iret=AppendMenu(menu_file_handle,IOR(MF_ENABLED,MF_STRING)&
```

```
        ,1003,LOC("File submenu item1"C))
   iret=AppendMenu(menu_file_handle,IOR(MF_ENABLED,MF_STRING)
        ,1004,LOC("File submenu item2"C))
! Create Owner-Drawn item
   iret=AppendMenu(menu_file_handle,IOR(MF_ENABLED,&
        MF_OWNERDRAW) ,1005,bitmap_handle(1))
   iret = DrawMenuBar(hwnd)
   MainWndProc = 0
   return
 case (WM_COMMAND)
   select case(LoWord(wparam))
     case(1005)
       iret=MessageBox(hwnd,"Owner-Drawn Item was selected"C,  &
            "Menu Item"C,MB_OK)
   end select
   MainWndProc = 0
   return
```

程式碼 5-7

圖 5-7

5.9　系統功能表

要與系統功能表結合在一起，僅需要取得它的代碼之後就可以使用標準函數來處理功能表。本程式碼直接寫在 WinMain()函式內即可。

```
!Get system menu handle
system_menu_handle = GetSystemMenu(hwnd,.FALSE.)
! Add separator and two my lines
iret = AppendMenu(system_menu_handle,MF_SEPARATOR,0,0)
iret=AppendMenu(system_menu_handle,IOR(MF_ENABLED,  &
```

```
        ,MF_STRING)1001,LOC("My string 1"C))
iret=AppendMenu(system_menu_handle,IOR(MF_ENABLED  &
        ,MF_STRING),1002,LOC("My string 2"C))
iret = ShowWindow( hWnd, SW_SHOWNORMAL)
iret = UpdateWindow(hwnd)
```

程式碼 5-8

圖 5-8

5.10　浮動式功能表

視窗提供了浮動式功能表，此種功能表並附著在功能表列上，它可以出現在視窗範圍內任何一處，在使用者按下滑鼠右鍵即彈跳而出。

製作浮動式功能表的步驟：

1.選擇視窗訊息處理功能表項；

2.將 client 範圍坐標轉換成螢幕坐標；

3.呼叫 CreatePopupMenu() 函式產生功能表名稱；

4.填註功能表文字；

5.呼叫 TrackPopupMenu(‧‧‧) 函式啓動功能表；

6.刪除功能表。

```
use dfwina
use param_exchange
integer hWnd, mesg, wParam, lParam
type (T_POINT) mouse
type (T_MEASUREITEMSTRUCT) workpar
select case(mesg)
  case (WM_CREATE)
   call PrepareCustomCheckMarks(hwnd,hbmp_check,1)
   call PrepareCustomCheckMarks(hwnd,hbmp_uncheck,0)
   item_checked = 0
   item_checked1 = 0
   MainWndProc = 0
   return
  case(WM_RBUTTONDOWN)
   mouse%x = LoWord(lparam)
   mouse%y = HiWord(lparam)
   iret = ClientToScreen(hwnd,mouse)
   float_menu_handle = CreatePopupMenu()
   float_submenu_handle = CreatePopupMenu()
! -------------------------------------------------------
! Fill main menu now
   iret= AppendMenu(float_menu_handle,IOR(MF_ENABLED&
        ,MF_STRING), 1001,LOC("Float menu string 1"C))
   iret = AppendMenu(float_menu_handle,MF_SEPARATOR,0,0)
   iret=AppendMenu(float_menu_handle,IOR(MF_ENABLED,MF_POPUP),&
   float_submenu_handle,LOC("Float menu string 2"C))
   iret = AppendMenu(float_menu_handle,MF_SEPARATOR,0,0)
   iret=AppendMenu(float_menu_handle,IOR(MF_ENABLED, &
        MF_STRING), 1002,LOC("Float menu string 3"C))
! -------------------------------------------------------
! Fill submenu now
! Create Owner-Drawn item
   iret=AppendMenu(float_submenu_handle,IOR(MF_ENABLED&,
        MF_BITMAP),1003,bitmap_handle)
   iret = AppendMenu(float_submenu_handle,MF_SEPARATOR,0,0)
! Create Item with custom checkmark
   iret=AppendMenu(float_submenu_handle,IOR(MF_ENABLED, &
        MF_STRING),1004,LOC("Submenu item with custom &
        checkmark"C))
   iret= SetMenuItemBitmaps(float_submenu_handle,1004,&
        MF_BYCOMMAND, hbmp_uncheck,hbmp_check)

   icommand = (1-item_checked)*MF_UNCHECKED+&
               item_checked*MF_CHECKED
```

```
    iret=CheckMenuItem (float_submenu_handle ,1004 ,  &
                    IOR(MF_BYCOMMAND,icommand))
    iret = AppendMenu(float_submenu_handle,MF_SEPARATOR,0,0)
! Create item with standard checkmark
    iret= AppendMenu(float_submenu_handle,IOR(MF_ENABLED, &
    MF_STRING),1005,LOC("Submenu item with standard heckmark"C))
    icommand = (1-item_checked1)*MF_UNCHECKED+&
               item_checked1*MF_CHECKED
    iret=CheckMenuItem (float_submenu_handle ,1005 ,IOR&
         (MF_BYCOMMAND,icommand) )
    iret = AppendMenu(float_submenu_handle,MF_SEPARATOR,0,0)
! Create Owner-Drawn item
    iret = AppendMenu(float_submenu_handle,IOR(MF_ENABLED, &
         MF_OWNERDRAW), 1006,bitmap_handle_od(1))
    iret = TrackPopupMenu(float_menu_handle,   &
           IOR(TPM_CENTERALIGN,TPM_LEFTBUTTON), &
           mouse%x,mouse%y,0,hwnd,NULL_RECT)
    iret = DestroyMenu(float_menu_handle)
    MainWndProc = 0
    return
  case (WM_MEASUREITEM)
    call CopyMemory(LOC(workpar),lparam,24)
    workpar%itemHeight = 30
    workpar%itemWidth  = 120
    call CopyMemory(lparam,LOC(workpar),24)
    MainWndProc = 0
    return
  case (WM_DRAWITEM)
    call DrawMenuItemLine(lparam)
    MainWndProc = 0
    return
  case (WM_COMMAND)
    select case(LoWord(wparam))
      case(1004)
        item_checked = 1 - item_checked
        if ( item_checked.ne.0 ) then
           iret=MessageBox(hwnd,"Some option is ON"C,  &
                "Menu Item Check"C,MB_OK)
        else
           iret=MessageBox(hwnd,"Some option is OFF"C,  &
                "Menu Item Uncheck"C,MB_OK)
        endif
      case(1005)
        item_checked1 = 1 - item_checked1
```

```
      if ( item_checked1.ne.0 ) then
         iret=MessageBox(hwnd,"Some option is ON"C,  &
              "Menu Item Check"C,MB_OK)
      else
         iret=MessageBox(hwnd,"Some option is OFF"C,  &
              "Menu Item Uncheck"C,MB_OK)
      endif
   end select
   MainWndProc = 0
   return
 case (WM_DESTROY)
   call PostQuitMessage( 0 )
   MainWndProc = 0
   return
 case default
   MainWndProc = DefWindowProc( hWnd, mesg, wParam, lParam )
end select
return
end


subroutine PrepareCustomCheckMarks(hwnd,hbmp,i)
use msfwina
use param_exchange
integer hWnd,hbmp
type (T_BITMAP) drawing_bitmap
   if ( i.eq.0 ) then
       ihbmp_check=LoadBitmap(hInst,LOC("BMPUNCHECK"C))
   else
       ihbmp_check = LoadBitmap(hInst,LOC("BMPCHECK"C))
   endif
! prepare system menu background color
   icrBackground = GetSysColor(COLOR_MENU)
   ihbrBackground = CreateSolidBrush(icrBackground)
   ihdcSource = CreateCompatibleDC(GetDC(hwnd))
   ihdcTarget = CreateCompatibleDC(ihdcSource)
! get system metrics
   iret = GetMenuCheckMarkDimensions()
   iwBitmapX = LoWord(iret)
   iwBitmapY = HiWord(iret)
   ihbmpCheck=CreateCompatibleBitmap(ihdcSource,&
              iwBitmapX,iwBitmapY)
   ihbrTargetOld = SelectObject(ihdcTarget, ihbrBackground)
   ihbmpTargetOld = SelectObject(ihdcTarget, ihbmpCheck)
```

```
      iret = PatBlt(ihdcTarget, 0, 0, iwBitmapX, iwBitmapY,&
            PATCOPY)
      ihbmpSourceOld = SelectObject(ihdcSource, ihbmp_check)
      iret = GetObject(ihbmp_check, 24,LOC(drawing_bitmap))
      iret= StretchBlt(ihdcTarget, 0, 0, iwBitmapX, iwBitmapY, &
            ihdcSource, 0, 0, drawing_bitmap%bmWidth,        &
            drawing_bitmap%bmHeight, SRCCOPY)
      iret = SelectObject(ihdcSource, ihbmpSourceOld)
      iret = SelectObject(ihdcTarget, ihbrTargetOld)
      hbmp = SelectObject(ihdcTarget, ihbmpTargetOld)
      iret = DeleteObject(ihbrBackground)
      iret = DeleteObject(ihdcSource)
      iret = DeleteObject(ihdcTarget)
return
end

subroutine DrawMenuItemLine(lparam)
use dfwina
use param_exchange
integer*4 lparam
type (T_DRAWITEMSTRUCT) here
type (T_BITMAP) drawing_bitmap
integer*4 struct_length,drawing_bitmap_handle,hMemDC

struct_length = 48 ; bmp_struct_length = 24
call CopyMemory(LOC(here),lparam,struct_length)
! Check the type of ownerdrawed control. Is it a Menu?
if ( here%CtlType.ne.ODT_MENU ) return
! Detect the item to be redrawed.
   select case(here%ItemID)
       case(1006)
         drawing_bitmap_handle = bitmap_handle_od(1)
         ! is item selected?
          if (IAND(here%ItemState,ODS_SELECTED).ne.0) &
            drawing_bitmap_handle = bitmap_handle_od(2)
       case default
          return
   end select
! is it necessary to redraw the item ?
if ((IAND(here%itemAction,ODA_DRAWENTIRE)&
    .eq.ODA_DRAWENTIRE).or. &
   (IAND(here%itemAction,ODA_SELECT).eq.ODA_SELECT) ) then
       hMemDC = CreateCompatibleDC(here%hdc)
   iret = SelectObject(hMemDC,drawing_bitmap_handle)
```

```
    iret = GetObject(drawing_bitmap_handle,bmp_struct_length,&
        LOC(drawing_bitmap))
    iret= StretchBlt(here%hdc,here%rcItem%left,&
        here%rcItem%top,here%rcItem%right-here%rcItem%left,  &
        here%rcItem%bottom-here%rcItem%top,hMemDC,0,0,  &
        drawing_bitmap%bmWidth,drawing_bitmap%bmHeight,  &
        SRCCOPY)
    iret = DeleteDC(hMemDC)
endif
return
end
```

程式碼 5-9

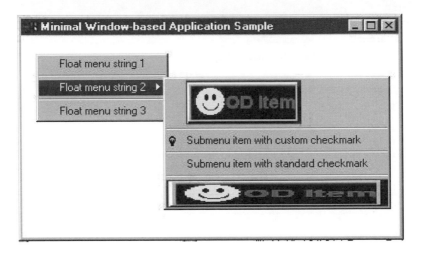

圖 5-9

第 6 章

對話窗

對話窗分成兩類：

1.在未回答對話窗所提問題前不可跳回視窗型(Modal Dialog) 。

2.可跳回視窗型(Modaless Dialog) 。

製作對話窗的步驟：

1.要製作對話窗時，可以點選 Resource View 中的 Dialog 新增一個對話窗；

2.為此對話窗的內容設定 ID；

3.撰寫 Function；

4.在迴圈訊息內，加上判斷訊息是否來自對話窗(Modaless 型的對話窗需要作此判斷)；

5.程式中如何呼叫，Modal 型的對話窗，需要用 DialogBoxParam()函式呼叫；Modaless 型的對話窗，需要 CreateDialogParam()函式呼叫；

6.1　Modol 對話窗

有關 Function：

```
integer*4 function CalculateDlgProc( hDlg, message, uParam, lParam )
!DEC$ IF DEFINED(_X86_)
!DEC$ ATTRIBUTES STDCALL, ALIAS : '_CalculateDlgProc@16' :: CalculateDlgProc
!DEC$ ELSE
!DEC$ ATTRIBUTES STDCALL, ALIAS : 'CalculateDlgProc' :: CalculateDlgProc
!DEC$ ENDIF
```

```
  select case (message)
    case (WM_INITDIALOG)
      內容...
      CalculateDlgProc = 1
      return
    case (WM_COMMAND)
      select case( LoWord(uParam))
        case ( IDC_RADIO1)
            內容...
        case ( IDOK )
            內容...
      return
    end select
  end select
  CalculateDlgProc = 0
return
end
```

程式碼 6-1

不必在迴圈訊息內，加上判斷訊息是否來自對話窗。

程式中如何呼叫用 DialogBoxParam()函式：

```
case (WM_COMMAND)
 temp1 = INT4(LOWORD(wParam))
   select case ( INT4(LOWORD(wParam ) ))
     case (IDM_CALCULATE)
       lpszDlgName = "Calculate"C
       ret = DialogBoxParam(ghInstance,LOC(lpszDlgName),hWnd,&
            LOC(CalculateDlgProc), 0)
```

程式碼 6-2

6.2　Modaless 對話窗

有關 Function：

```
integer*4 function CalculateDlgProc( hDlg，message，uParam，lParam )
!DEC$ IF DEFINED(_X86_)
!DEC$ ATTRIBUTES STDCALL，ALIAS : '_CalculateDlgProc@16' :: CalculateDlgProc
!DEC$ ELSE
!DEC$ ATTRIBUTES STDCALL，ALIAS : 'CalculateDlgProc' :: CalculateDlgProc
!DEC$ ENDIF
  select case (message)
    case (WM_INITDIALOG)
```

```
    內容...
    CalculateDlgProc = 1
    return
  case (WM_COMMAND)
    select case( LoWord(uParam))
      case ( IDC_RADIO1)
          內容...
      case ( IDOK )
          內容...
          iret = DestroyWindow(hDlg)
          ghDlgModeless = 0
          CalculateDlgProc = 1
        return
        ...
    end select
  end select
  CalculateDlgProc = 0
return
end
```

程式碼 6-3

在迴圈訊息內，加上判斷訊息是否來自對話窗：

```
do while( GetMessage (mesg, NULL, 0, 0))
if (ghDlgModeless == 0 .or. IsDialogMessage(ghDlgModeless,mesg) ==0) then
        bret = TranslateMessage( mesg )
        iret = DispatchMessage( mesg )
endif
end do
```

程式碼 6-4

程式中如何呼叫用 CreateDialogParam()函式：

程式碼 6-5

```
case (WM_COMMAND)
    temp1 = INT4(LOWORD(wParam))
  select case ( INT4(LOWORD(wParam ) ))
    case (IDM_CALCULATE)
      lpszDlgName = "Calculate"C
      ghDlgModeless =CreateDialogParam(ghInstance,&
                    LOC(lpszDlgName),hWnd,&
                    LOC(CalculateDlgProc), 0)
      !如果對話窗的式樣中沒加上 WS_VISIBLE 的話要加此段程式碼
      i = ShowWindow(ghDlgModeless,SW_SHOW)
```

6.3 特有的對話窗

這一組對話窗常見於各種應用程式中，如打開檔案、列印文件、挑選字型、挑選顏色等時，徵詢使用者意見時用。他們都有一個共同的介面，使用者不必再學習新的使用技術來用他。

6.3.1 開啟檔案對話窗

使用者可以從本對話窗所顯示的磁碟機、檔案目錄區、檔案群中挑選出所要的檔案。

使用方法：

要使用系統內建的對話盒，即使用 comdlg32.lib 或 comdlg32.dll 的內建 GetOpenFileName 函式，只要在呼叫之前先填註好 OPENFILENAME 結構內容即可。若要了解詳細內容可參閱 dfwinty.f90。

```
TYPE T_OPENFILENAME
SEQUENCE
Integer (DWORD) lStructSize ! knowns DWORD
integer (HANDLE) hwndOwner ! handles HWND
integer (HANDLE) hInstance ! handles HINSTANCE
integer (LPCSTR) lpstrFilter ! knowns LPCSTR
integer (LPSTR) lpstrCustomFilter ! knowns LPSTR
integer (DWORD) nMaxCustFilter ! knowns DWORD
integer (DWORD) nFilterIndex ! knowns DWORD
integer (LPSTR) lpstrFile ! knowns LPSTR
integer (DWORD) nMaxFile ! knowns DWORD
integer (LPSTR) lpstrFileTitle ! knowns LPSTR
integer (DWORD) nMaxFileTitle ! knowns DWORD
integer (LPCSTR) lpstrInitialDir ! knowns LPCSTR
integer (LPCSTR) lpstrTitle ! knowns LPCSTR
integer (DWORD) Flags ! knowns DWORD
integer (WORD) nFileOffset ! knowns WORD
integer (WORD) nFileExtension ! knowns WORD
integer (LPCSTR) lpstrDefExt ! knowns LPCSTR
integer (fLPARAM) lCustData ! typedefs LPARAM
integer (LPVOID) lpfnHook ! pointers LPOFNHOOKPROC
integer (LPCSTR) lpTemplateName ! knowns LPCSTR
!DEC$ IF DEFINED( _M_IA64)
INTEGER(LPVOID) pvReserved;
INTEGER (DWORD) dwReserved;
INTEGER (DWORD) FlagsEx;
!DEC$ ENDIF END TYPE
```

程式碼 6-6

範例：

```fortran
subroutine VFC_GetFileName(hInst,hWnd,filter_spec,name,ires)
use dfwin
implicit none
type(T_OPENFILENAME) ofn
character*(*) filter_spec,name
character*512 :: file_spec = ""C
integer ires,ilen
integer hWnd,hInst
ofn%lStructSize = SIZEOF(ofn)
ofn%hwndOwner = hWnd  ! For non-console applications,
                  ! set this to the Hwnd of the
                  ! Owner window.  For QuickWin
                  ! and Standard Graphics projects,
                  ! use GETHWNDQQ(QWIN$FRAMEWINDOW)
                  !
ofn%hInstance = hInst ! For Win32 applications, you
                  ! can set this to the appropriate
                  ! hInstance
                  !
ofn%lpstrFilter = loc(filter_spec)
ofn%lpstrCustomFilter = NULL
ofn%nMaxCustFilter = 0
ofn%nFilterIndex = 1 ! Specifies initial filter value
ofn%lpstrFile = loc(file_spec)
ofn%nMaxFile = sizeof(file_spec)
ofn%nMaxFileTitle = 0
ofn%lpstrInitialDir = NULL  ! Use Windows default directory
ofn%lpstrTitle = loc(""C)
ofn%Flags = OFN_PATHMUSTEXIST
ofn%lpstrDefExt = loc("txt"C)
ofn%lpfnHook = NULL
ofn%lpTemplateName = NULL

! Call GetOpenFileName and check status
!
ires = GetOpenFileName(ofn)
if (ires .eq. 0) then
  name = 'No file name specified'
else
  ! Get length of file_spec by looking for trailing NUL
  ilen = INDEX(file_spec,CHAR(0))
  name=file_spec(1:ilen-1)
```

```
! Example of how to see if user said "Read Only"
!
if (IAND(ofn%flags,OFN_READONLY) /= 0) &
  name = 'Readonly was requested'
end if
end subroutine VFC_GetFileName
```

程式碼 6-7

上面程式的使用方法, call VFC_GetFileName(hInst,hWnd, 　　&
"All Files(*.*)"C//"*.*"C//"Text &
Files(*.txt)"C//"*.txt"C//"Fortran&
Files(*.for;*.f90;*.f)"C//"*.for;*.f90;*.f"C//""C, &
name,ires)
主要目的是取得檔案名字:name,之後就可以作後續動作。如:
OPEN(unit=1,file=TRIM(name))
read(1,*) a,b
. . .
CLOSE(1)

圖 6-1

6.3.2 "另存新檔" 對話窗

其實本對話窗使用方法同 6.3.1,當你填好 OPENFILENAME 結構內容後,
call VFC_GetFileName(hInst,hWnd, 　　&
"All Files(*.*)"C//"*.*"C//"Text &
Files(*.txt)"C//"*.txt"C//"Fortran&
Files(*.for;*.f90;*.f)"C//"*.for;*.f90;*.f"C//""C, &
name,ires)
主要目的是取得檔案名字:name,之後就可以作後續動作。如:
OPEN(unit=1,file=TRIM(name))

```
write(1,*) a,b
...
CLOSE(1)
```

6.3.3 "字型選擇" 對話窗

使用者可以從本對話窗所顯示的字型、尺寸大小及其他字型屬性,性挑選出所要的字型。

使用方法:

要使用系統內建的對話盒,即使用 comdlg32.lib 或 comdlg32.dll 的內建 ChooseFont 函式,只要在呼叫之前先填註好 CHOOSEFONT 結構 即可。

若要了解詳細內容可參閱 dfwinty.f90。

```
TYPE T_CHOOSEFONT
SEQUENCE
  Integer (DWORD) lStructSize ! knowns DWORD
  integer (HANDLE) hwndOwner ! handles HWND
  integer (HANDLE) hDC ! handles HDC
  integer (LPVOID) lpLogFont ! pointers LPOGFONTA
  integer (SINT) iPointSize ! knowns INT
  integer (DWORD) Flags ! knowns DWORD
  integer (ULONG) rgbColors ! typedefs  COLORREF
  !DEC$ IF DEFINED( _M_IA64)
  INTEGER(fLPARAM) lCustData ! typedefs   LPARAM
  !DEC$ ENDIF
  !DEC$ IF DEFINED( _M_IX86)
    integer(fLPARAM) lCustData ! typedefs  LPARAM
  !DEC$ ENDIF
  integer(LPVOID) lpfnHook ! pointers LPCFHOOKPROC
  integer(LPCSTR) lpTemplateName ! knowns  LPCSTR
  integer(HANDLE) hInstance ! handles  HINSTANCE
  integer(LPSTR) lpszStyle ! knowns  LPSTR
  integer(WORD) nFontType ! knowns  WORD
  integer(WORD) f___MISSING_ALIGNMENT__ ! knowns  WORD
  integer(SINT) nSizeMin ! knowns  INT
  integer(SINT) nSizeMax ! knowns  INT
  END TYPE
```

程式碼 6-8

範例:

```
use dfwina
```

```
use comdlg32
use param_exchange
integer hWnd, mesg, wParam, lParam
type (T_CHOOSEFONT) chf
type (T_LOGFONT)    lf
integer*4 hdc
select case(mesg)
 case (WM_CREATE)
 !填註字型屬性
  hdc = GetDC( hWnd )
  chf%hDC = CreateCompatibleDC( hDC )
  i = ReleaseDC( hWnd, hDC )
  chf%lStructSize = 60 !sizeof(CHOOSEFONT)
  chf%hwndOwner = hWnd
  chf%lpLogFont = LOC(lf)
  chf%Flags = IOR(CF_SCREENFONTS , CF_EFFECTS)
  chf%rgbColors = RGB(INT1(0), INT1(-1), INT1(-1))
  chf%lCustData = 0
  chf%hInstance = hInst
  chf%lpszStyle = NULL
  chf%nFontType = SCREEN_FONTTYPE
  chf%nSizeMin = 0
  chf%nSizeMax = 0
 !Create main menu now
 menu_handle = CreateMenu()
 menu_file_handle = CreatePopupMenu()
  iret = SetMenu(hwnd,menu_handle)
  iret = AppendMenu(menu_handle,IOR(MF_ENABLED, &
         MF_POPUP), menu_file_handle,LOC("Font"C))
  iret = AppendMenu(menu_file_handle,IOR(MF_ENABLED, &
         MF_STRING), 1003,LOC("Choose Font"C))
  iret = DrawMenuBar(hwnd)
 !Create static control
  control_handle=CreateWindowEx(0,"static"C , &
               "There is no font selected"C, &
             IOR(SS_CENTER,IOR(WS_CHILD,WS_VISIBLE)), &
             5 ,225 ,480 ,20 ,hWnd ,NULL ,hInst ,NULL )
 MainWndProc = 0
 return
case(WM_COMMAND)
 select case(LoWord(wparam))
  case(1003)
    !啟動字型對話窗並自動傳回所挑選的字型屬性
```

```
 ires = choosefont(chf)
  if (ires.eq.0) then
  ! Clear screen
    iret = InvalidateRect(hWnd,NULL_RECT,.TRUE.)
    iret = SetWindowText(control_handle,&
          "There is no font selected"C)

  else
  ! 因為要變換字型顏色...
    hdc = GetDC(hWnd)
    iret = CreateFontIndirect(lf)
    ihfont = SelectObject(hdc, iret)
    icolor = SetTextColor(hdc, chf%rgbColors)
   iret = TextOut(hdc,5,5,"Font Sample"C,11)
    iret = SetWindowText(control_handle,  &
               "This type of font was selected"C)
    iret = DeleteObject(ihfont)
    iret = ReleaseDC(hWnd,hdc)
   endif
end select
MainWndProc = 0
return
```

程式碼 6-9

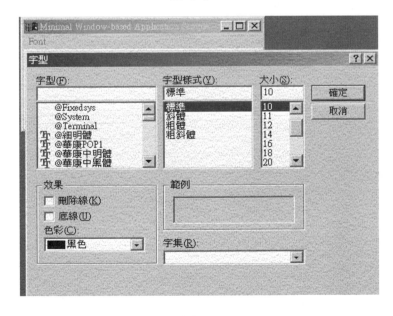

圖 6-2

6.3.4 "顏色選擇" 對話窗

使用者可以從本對話窗所顯示的顏色屬性，性挑選出所要的顏色。

使用方法：

要使用系統內建的對話盒，即使用 comdlg32.lib 或 comdlg32.dll 的內建 ChooseFont 函式，只要在呼叫之前先填註好 CHOOSECOLOR 結構，即可。

若要了解詳細內容可參閱 dfwinty.f90。

```
TYPE T_CHOOSECOLOR
SEQUENCE
  integer (DWORD) lStructSize ! knowns DWORD
  integer (HANDLE) hwndOwner ! handles HWND
  integer (HANDLE) hInstance ! handles HWND
  integer (ULONG) rgbColors ! typedefs  COLORREF
  integer (ULONG) lpCustColors ! typedefs  COLORREF *  *
  integer (DWORD) Flags ! knowns DWORD
  !DEC$ IF DEFINED( _M_IA64)
  INTEGER(fLPARAM) lCustData  ! typedefs   LPARAM
  !DEC$ ENDIF
  !DEC$ IF DEFINED( _M_IX86)
    integer(fLPARAM) lCustData ! typedefs  LPARAM
  !DEC$ ENDIF
  integer(LPVOID) lpfnHook ! pointers  LPCFHOOKPROC
  integer(LPCSTR) lpTemplateName ! knowns  LPCSTR
END TYPE
```

程式碼 6-10

範例：

```
use dfwina
use comdlg32
use  param_exchange
integer   hWnd, mesg, wParam, lParam
type  (T_RECT) rect
integer*4  hdc
type (T_CHOOSECOLOR) chsclr
integer*4 hdc
integer dwColor
integer dwCustClrs(16)
integer fSetColor
integer i,iretColor
```

```
fSetColor =FALSE
select  case(mesg)
 case (WM_CREATE)
   rect%left = 5 ; rect%right  = 280
   rect%top   = 5 ; rect%bottom = 80
   !填註顏色表...
   do i = 1, 16
    dwCustClrs(i) = RGB( INT1(-1), INT1(-1), INT1(-1))
   end do
   dwColor = RGB( INT1(0), INT1(0), INT1(0) )
   chsclr%lStructSize = 36
   chsclr%hwndOwner = hWnd
   chsclr%hInstance = hInst
   chsclr%rgbResult = dwColor
   chsclr%lpCustColors = LOC(dwCustClrs)
   chsclr%lCustData = 0
   chsclr%Flags = CC_ANYCOLOR
   chsclr%lpfnHook = NULL
   chsclr%lpTemplateName = NULL
   ! Create main menu now
   menu_handle = CreateMenu()
   menu_file_handle = CreatePopupMenu()
   iret = SetMenu(hwnd,menu_handle)
   iret = AppendMenu(menu_handle, IOR(MF_ENABLED, &
          MF_POPUP),menu_file_handle,LOC("Color"C))
   iret = AppendMenu(menu_file_handle,IOR(MF_ENABLED, &
          MF_STRING),1003,LOC("Choose Color"C))
   iret = DrawMenuBar(hwnd)
   ! Create static control
   control_handle = CreateWindowEx(0,"static"C ,  &
                  "There is no color selected"C, &
            IOR(SS_CENTER,IOR(WS_CHILD,WS_VISIBLE)),&
            5 ,85 ,280 ,20 ,hWnd ,NULL ,hInst ,NULL )
   MainWndProc = 0
   return
 case(WM_COMMAND)
  select case(LoWord(wparam))
    case(1003)
     iretColor = ChooseColor(chsclr )
      if(iretColor.eq.0) then
       iret = SetWindowText(control_handle,  &
           "There is no another color selected"C)
      else
```

```
      hdc  = GetDC(hWnd)
! Fill Rectangle
      ihbr = CreateSolidBrush(iretColor)
      iret = FillRect (hdc ,rect ,ihbr )
      iret = DeleteObject(ihbr)
      iret = ReleaseDC(hWnd,hdc)
      iret = SetWindowText(control_handle,"New color
             was selected"C)
    endif
  end select
  MainWndProc = 0
  return
```

程式碼 6-11

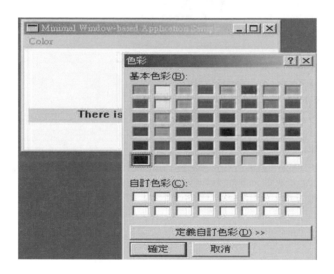

圖 6-3

6.3.5 "列印" 對話窗

使用者可以從本對話窗所顯示的列表機狀態屬性挑選出所要的列印的型式、頁數、份數等。

使用方法：

要使用系統內建的對話盒，即使用 comdlg32.lib 或 comdlg32.dll 的內建

ChooseFont 函式，只要在呼叫之前先填註好 PRINTDLG 結構 即可。

若要了解詳細內容可參閱 dfwinty.f90。

```
TYPE T_PRINTDLG
SEQUENCE
  integer (DWORD) lStructSize ! knowns DWORD
  integer (HANDLE) hwndOwner ! handles HWND
  integer (HANDLE) hDevMode ! typedefs HGLOBAL
  integer (HANDLE) hDevNames ! typedefs HGLOBALD
  integer (HANDLE) hDC ! handles HDC
  integer (DWORD) Flags ! Knows DWORD
  integer (DWORD) nFromPage ! Knows DWORD
  integer (DWORD) nToPage ! Knows DWORD
  integer (DWORD) nMinPage ! Knows DWORD
  integer (DWORD) nMaxPage ! Knows DWORD
  integer (DWORD) nCopies ! knowns DWORD
  integer (HANDLE) hInstance ! handles  HINSTANCE
  !DEC$ IF DEFINED( _M_IA64)
  INTEGER(fLPARAM) lCustData ! typedefs  LPARAM
  !DEC$ ENDIF
  !DEC$ IF DEFINED( _M_IX86)
    integer(fLPARAM) lCustData ! typedefs  LPARAM
  !DEC$ ENDIF
  integer(LPVOID) lpfnPrintHook ! pointers  LPCFHOOKPROC
  integer(LPVOID) lpfnSetupHook ! pointers  LPSETUPHOOKPROC
  integer(LPCSTR) lpPrintTemplateName ! knowns  LPCSTR
  integer(LPCSTR) lpSetupTemplateName ! knowns  LPCSTR
  integer(HANDLE) hPrintTemplate ! typedefs  HGLOBAL
  integer(HANDLE) hSetupTemplate ! typedefs  HGLOBAL
END TYPE
```

程式碼 6-12

範例：

```
use dfwina
use comdlg32
use param_exchange
integer hWnd, mesg, wParam, lParam
type (T_DOCINFO) di
type (T_PRINTDLG) pd
charactr * FileBuf
 select case(mesg)
  case (WM_CREATE)
   !初始化 PRINTDLG 結構
     pd%lStructSize = 66!sizeof(PRINTDLG)
     pd%hwndOwner = hWnd
```

```
    pd%hDevMode = NULL
    pd%hDevNames = NULL
    pd%nFromPage = 0
    pd%nToPage = 0
    pd%nMinPage = 0
    pd%nMaxPage = 0
    pd%nCopies = 0
    pd%hInstance = hInst
    pd%Flags = IOR(PD_RETURNDC , IOR(PD_NOPAGENUMS , &
             IOR(PD_NOSELECTION , PD_PRINTSETUP)))
    pd%lpfnSetupHook = NULL
    pd%lpSetupTemplateName = NULL
    pd%lpfnPrintHook = NULL
    pd%lpPrintTemplateName = NULL
  !產製功能表
    menu_handle = CreateMenu()
    menu_file_handle = CreatePopupMenu()
    iret = SetMenu(hwnd,menu_handle)
    iret = AppendMenu(menu_handle,IOR(MF_ENABLED, &
          MF_POPUP),menu_file_handle,LOC("File"C))
    iret = AppendMenu(menu_file_handle,IOR(MF_ENABLED, &
          MF_STRING),1003,LOC("Print"C))
    iret = DrawMenuBar(hwnd)
    MainWndProc = 0
    return
 case(WM_COMMAND)
  select case(LoWord(wparam))
   case(1003)
    ! 從列印對話窗取得 DC
     iprhdc = PrintDlg(pd)
    ! 印測試頁
     di.cbSize = 12
     di.lpszDocName = loc("Test-Doc"C)
     di.lpszOutput = 0
     i = StartDoc(pd%hDC, di)
     i = StartPage(pd%hDC)
     i = TextOut(pd%hDC, 5, 5, FileBuf, lstrlen(FileBuf))
     i = EndPage(pd%hDC)
     i = EndDoc(pd%hDC)
     if (pd%hDevMode .ne. 0) then
       i = GlobalFree(pd%hDevMode)
     end if
```

```
  if (pd%hDevNames .ne. 0) then
    i = GlobalFree(pd%hDevNames)
  end if
  if ( iprhdc.ne.0 ) iret = DeleteDC(iprhdc)
 end select
 MainWndProc = 0
 return
case (WM_DESTROY)
 i = DeleteDC(pd%hDC)
 call PostQuitMessage( 0 )
 MainWndProc = 0
 return
```

程式碼 6-13

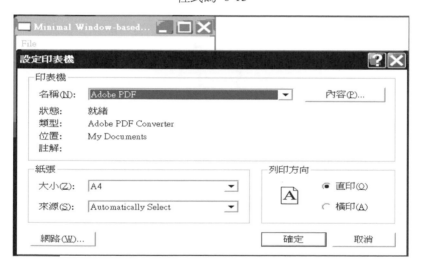

圖 6-4

第 7 章

輸出／輸入

一般談到輸出/輸入，馬上想到的就是對檔案的存取，事實上視窗把對列印、滑鼠、螢幕顯示等均視作檔案處理，所謂檔案，即一個讓電腦能區分彼此的基本儲存資訊，本章探討 win32 之檔案輸出與輸入及系統操作函式檔案存放到媒體之上，例如磁碟或磁帶之上，並將之組合到目錄內，檔案輸出及輸入函式讓應用程式去新增、開啓、修改及刪除檔案，也讓應用程式取得系統資訊，如：目前使用的磁碟機代號等。

微軟的 Win32 API 提供了操作檔案的函式，它可以根據需要來搜尋、新增、移動、刪除檔案或工作目錄。這對以 Fortran 語法發展 GUI 程式是相當有幫助的。說實在地對一個初學者及簡單的程式設計，你可以使用標準的 Fortran I/O 系統，不過建議您，花一些時間來熟悉與瞭解 Win32 檔案的函式會更有益處.(KERNEL32.F90)。

7.1 文字輸出

文字輸出是一種繪圖型式，常見於應用程式的工作區，有多種使用方式，例如文書及桌上出版軟體，用格式化字體產生文件；試算表用文字、數字、公式符號、欄位標題、一連串數值產生試算表；資料庫軟體，用文字產生記錄，搜尋查詢；電腦輔助設計軟體用文字標示物體和顯示尺寸等。

Win32 API 於工作區提供完整的文字格式，文字繪製及文字列印等函式，這些函式分成兩大類：

1.文字格式：包括對齊、行距、間隔、文字設色、調整大小等；

2.文字繪製：包括單個字或一串字的描繪。

範例 1：

```
use dfwina
use param_exchange
integer hwnd, mesg, wParam, lParam
integer hdc
type (T_PAINTSTRUCT) ps
character*40 Text_line(6)
select case(mesg)
   case (WM_CREATE)
       Text_line(1) = "Sample ANSI_FIXED_FONT text."
       Text_line(2) = "Sample ANSI_VAR_FONT text."
       Text_line(3) = "Sample DEVICE_DEFAULT_FONT text."
       Text_line(4) = "Sample OEM_FIXED_FONT text."
       Text_line(5) = "Sample SYSTEM_FONT text."
       Text_line(6) = "Sample SYSTEM_FIXED_FONT text."
       MainWndProc = 0
     return
   case (WM_PAINT)
     hdc  = BeginPaint(hwnd,ps)
      ihfont   = GetStockObject(ANSI_FIXED_FONT)
      ihfntOld = SelectObject(hdc,ihfont)
      iret     = SetTextColor(hdc,RGB(0,0,255))
      iret     = SetBkMode(hdc,TRANSPARENT)
      iret     = TextOut(hdc, 10, 10,Text_line(1)  ,&
                 LEN_TRIM(Text_line(1)))

      ihfont1 = GetStockObject(ANSI_VAR_FONT)
      iret    = SelectObject(hdc,ihfont1)
      iret    = SetTextColor(hdc,RGB(0,255,0))
      iret    = TextOut(hdc, 10, 30, Text_line(2),&
                LEN_TRIM(Text_line(2)))

      ihfont1 = GetStockObject(DEVICE_DEFAULT_FONT)
      iret    = SelectObject(hdc,ihfont1)
      iret    = SetTextColor(hdc,RGB(255,0,0))
      iret    = TextOut(hdc, 10, 50, Text_line(3),&
                 LEN_TRIM(Text_line(3)))
      ihfont1 = GetStockObject(OEM_FIXED_FONT)
      iret    = SelectObject(hdc,ihfont1)
      iret    = SetTextColor(hdc,RGB(255,0,255))
      iret    = TextOut(hdc, 10, 70, Text_line(4),&
                 LEN_TRIM(Text_line(4)))
      ihfont1 = GetStockObject(SYSTEM_FONT)
      iret    = SelectObject(hdc,ihfont1)
      iret    = SetTextColor(hdc,RGB(128,128,128))
      iret    = TextOut(hdc, 10, 90, Text_line(5),&
```

```
                          LEN_TRIM(Text_line(5)))
      ihfont1 = GetStockObject(SYSTEM_FIXED_FONT)
      iret    = SelectObject(hdc,ihfont1)
      iret    = SetTextColor(hdc,RGB(128,128,255))
      iret    = TextOut(hdc, 10, 110,Text_line(6),&
                          LEN_TRIM(Text_line(6)))
      ihfont = SelectObject(hdc,ihfntOld)
      iret   = EndPaint(hwnd,ps)
      MainWndProc = 0
   return
```

程式碼 7-1

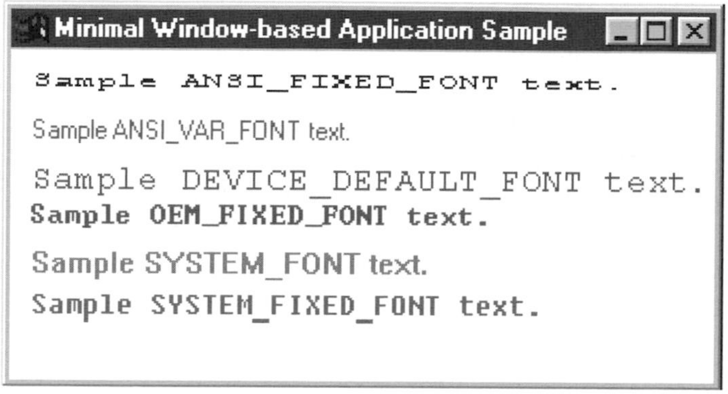

圖 7-1

範例 2：

```
use dfwina
use param_exchange
integer hwnd, mesg, wParam, lParam
integer hdc
type (T_PAINTSTRUCT) ps
character*40 Text_line(5)

select case(mesg)
  case (WM_CREATE)
   Text_line(1) = "Standard-oriented text sample"
   Text_line(2) = "Text sample with 45 degrees orientation"
   Text_line(3) = "Text sample with 90 degrees"
   Text_line(4) = "Text sample with 180 degrees"
   Text_line(5) = "Text sample with 270 degrees"
   ihfont = CreateFont(20, &   ! logical height of font
```

```
                 0,    &   ! logical average character width
                 0,  &   ! angle of escapement
                 0,  &   ! base-line orientation angle
                 FW_BOLD, &   ! font weight
                 0,    &   ! italic attribute flag
                 0,    &   ! underline attribute flag
                 0,    &   ! strikeout attribute flag
                 0,    &   ! character set identifier
                 0,    &   ! output precision
                 0,    &   ! clipping precision
                 0,    &   ! output quality
                 FIXED_PITCH,  &   ! pitch and family
                 "Times"C) ! address of typeface name string
      ihfont1 = CreateFont(20,     &   ! logical height of font
                 0,    &   ! logical average character width
                 450, &   ! angle of escapement
                 450, &   ! base-line orientation angle
                 FW_BOLD, &   ! font weight
                 0,    &   ! italic attribute flag
                 0,    &   ! underline attribute flag
                 0,    &   ! strikeout attribute flag
                 0,    &   ! character set identifier
                 0,    &   ! output precision
                 0,    &   ! clipping precision
                 0,    &   ! output quality
                 FIXED_PITCH,  &   ! pitch and family
                 "Arial"C)         ! address of typeface name string
      ihfont2 = CreateFont(20,     &   ! logical height of font
                 0,    &   ! logical average character width
                 900, &   ! angle of escapement
                 900,&   ! base-line orientation angle
                 FW_BOLD, &   ! font weight
                 0,    &   ! italic attribute flag
                 0,    &   ! underline attribute flag
                 0,    &   ! strikeout attribute flag
                 0,    &   ! character set identifier
                 0,    &   ! output precision
                 0,    &   ! clipping precision
                 0,    &   ! output quality
                 FIXED_PITCH,  &   ! pitch and family
                 "MS Serif"C)! address of typeface name string
      ihfont3 = CreateFont(20,     &   ! logical height of font
                 0,    &   ! logical average character width
                 1800, &   ! angle of escapement
```

```
          1800,    &  ! base-line orientation angle
          FW_BOLD, &  ! font weight
          0,   &  ! italic attribute flag
          0,   &  ! underline attribute flag
          0,   &  ! strikeout attribute flag
          0,   &  ! character set identifier
          0,   &  ! output precision
          0,   &  ! clipping precision
          0,   &  ! output quality
          FIXED_PITCH,  &  ! pitch and family
          "MS Sans Serif"C)! address of typeface name string
   ihfont4 = CreateFont(20,    &  ! logical height of font
          0,   &  ! logical average character width
          2700, &  ! angle of escapement
          2700,    &  ! base-line orientation angle
          FW_BOLD, &  ! font weight
          0,   &  ! italic attribute flag
          0,   &  ! underline attribute flag
          0,   &  ! strikeout attribute flag
          0,   &  ! character set identifier
          0,   &  ! output precision
          0,   &  ! clipping precision
          0,   &  ! output quality
          FIXED_PITCH,  &  ! pitch and family
          "Courier"C)! address of typeface name string
   MainWndProc = 0
   return
case (WM_PAINT)
   hdc  = BeginPaint(hwnd,ps)
    ihfntOld = SelectObject(hdc,ihfont)
    iret    = SetTextColor(hdc,RGB(0,0,255))
    iret    = SetBkMode(hdc,TRANSPARENT)
    iret    = TextOut(hdc, 40, 10,Text_line(1) ,&
             LEN_TRIM(Text_line(1)))
    iret    = SelectObject(hdc,ihfont1)
    iret    = SetTextColor(hdc,RGB(0,255,0))
    iret    = SetBkMode(hdc,TRANSPARENT)
    iret    = TextOut(hdc, 30, 300,Text_line(2) , &
             LEN_TRIM(Text_line(2)))
    iret    = SelectObject(hdc,ihfont2)
    iret    = SetTextColor(hdc,RGB(255,0,0))
    iret    = SetBkMode(hdc,TRANSPARENT)
    iret    = TextOut(hdc, 10, 350,Text_line(3) ,&
             LEN_TRIM(Text_line(3)))
```

```
 iret    = SelectObject(hdc,ihfont3)
 iret    = SetTextColor(hdc,RGB(255,0,255))
 iret    = SetBkMode(hdc,TRANSPARENT)
 Iret    = TextOut(hdc, 360, 350,Text_line(4) ,&
           LEN_TRIM(Text_line(4)))
 iret    = SelectObject(hdc,ihfont4)
 iret    = SetTextColor(hdc,RGB(0,255,255))
 iret    = SetBkMode(hdc,TRANSPARENT)
 iret    = TextOut(hdc, 360, 20,Text_line(5) ,&
            LEN_TRIM(Text_line(5)))
 ihfont  = SelectObject(hdc,ihfntOld)
 Iret    = EndPaint(hwnd,ps)
 MainWndProc = 0
  return
case (WM_DESTROY)
  iret = DeleteObject(ihfont)
  iret = DeleteObject(ihfont1)
  iret = DeleteObject(ihfont2)
  iret = DeleteObject(ihfont3)
  iret = DeleteObject(ihfont4)
  call PostQuitMessage( 0 )
  MainWndProc = 0
  return
```

程式碼 7-2

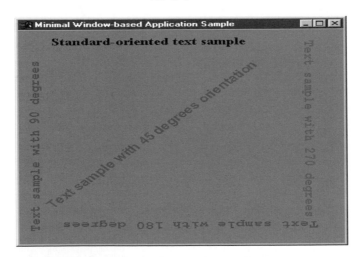

圖 7-2

範例 3 ：

```
use dfwina
use param_exchange
integer hwnd, mesg, wParam, lParam
integer hdc
type (T_PAINTSTRUCT) ps
type (T_RECT) dr_rect
character*80 Text_line(5)
character*300 Very_long_string
select case(mesg)
 case (WM_CREATE)
  Text_line(1) = "Mode (DT_LEFT,DT_VCENTER,DT_SINGLELINE)"
  Text_line(2) = "Mode (DT_RIGHT,DT_VCENTER,DT_SINGLELINE)"
  Text_line(3) = "Mode (DT_LEFT,DT_BOTTOM,DT_SINGLELINE)"
  Text_line(4) = "Mode (DT_RIGHT,DT_TOP,DT_SINGLELINE)"
  Text_line(5) = "Mode (DT_CENTER,DT_VCENTER,DT_SINGLELINE)"
  Very_long_string = "DT_WORDBREAK Breaks words. Lines are &
   automatically "// &
    "broken between words if a word would extend past the"// &
    " edge of the rectangle specified by the lpRect parameter."
  ihfont = CreateFont(16, &   ! logical height of font
            0, &   ! logical average character width
            0, &   ! angle of escapement
            0, &   ! base-line orientation angle
            FW_BOLD, &   ! font weight
            0, &   ! italic attribute flag
            0, &   ! underline attribute flag
            0, &   ! strikeout attribute flag
            0, &   ! character set identifier
            0, &   ! output precision
            0, &   ! clipping precision
            0, &   ! output quality
            FIXED_PITCH, &   ! pitch and family
            "Times"C)        ! address of typeface name string
  ihbrf=GetStockObject(WHITE_BRUSH)!Select white brush for frame
  MainWndProc = 0
  return
case(WM_PAINT)
  hdc = BeginPaint(hwnd,ps)
  ihfntOld = SelectObject(hdc,ihfont)
```

```
 iret    = SetTextColor(hdc,RGB(0,0,255))
 iret    = SetBkMode(hdc,TRANSPARENT)
 dr_rect%top   = 10 ; dr_rect%left = 10
 dr_rect%bottom = 50 ; dr_rect%right = 380
! Display bounding rectangle now
 iret  = FrameRect (hdc ,dr_rect ,ihbrf )
 iret = DrawText(hDC,Text_line(1),LEN_TRIM(Text_line(1)),  &
 dr_rect,INT4(IOR(DT_LEFT,IOR(DT_SINGLELINE,DT_VCENTER))))
 dr_rect%top   = 55 ; dr_rect%left  = 10
 dr_rect%bottom = 95 ; dr_rect%right = 380
! Display bounding rectangle now
 iret  = FrameRect (hdc ,dr_rect ,ihbrf )
 iret = DrawText(hDC,Text_line(2),LEN_TRIM(Text_line(2)),  &
 dr_rect,INT4(IOR(DT_RIGHT,IOR(DT_SINGLELINE,DT_VCENTER))))
 dr_rect%top   = 100 ; dr_rect%left = 10
 dr_rect%bottom = 140 ; dr_rect%right = 380
! Display bounding rectangle now
 iret  = FrameRect (hdc ,dr_rect ,ihbrf )
 iret = DrawText(hDC,Text_line(3),LEN_TRIM(Text_line(3)),  &
 dr_rect,INT4(IOR(DT_LEFT,IOR(DT_SINGLELINE,DT_BOTTOM))))
 dr_rect%top   = 145 ; dr_rect%left = 10
 dr_rect%bottom = 185 ; dr_rect%right = 380
! Display bounding rectangle now
 iret  = FrameRect (hdc ,dr_rect ,ihbrf )
 iret = DrawText(hDC,Text_line(4),LEN_TRIM(Text_line(4)),  &
 dr_rect,INT4(IOR(DT_RIGHT,IOR(DT_SINGLELINE,DT_TOP))))
 dr_rect%top   = 190 ; dr_rect%left = 10
 dr_rect%bottom = 230 ; dr_rect%right = 380
! Display bounding rectangle now
 iret  = FrameRect (hdc ,dr_rect ,ihbrf )
 iret = DrawText(hDC,Text_line(5),LEN_TRIM(Text_line(5)),  &
 dr_rect,INT4(IOR(DT_CENTER,IOR(DT_SINGLELINE,DT_VCENTER))))
 dr_rect%top   = 235 ; dr_rect%left = 10
 dr_rect%bottom = 275 ; dr_rect%right = 380
! Display bounding rectangle now
 iret  = FrameRect (hdc ,dr_rect ,ihbrf )
        Iret  = DrawText(hDC,Very_long_string,&
        LEN_TRIM(Very_long_string),  &
 dr_rect,INT4(IOR(DT_TOP,DT_WORDBREAK)))
 ihfont = SelectObject(hdc,ihfntOld)
 iret = EndPaint(hwnd,ps)
```

```
  MainWndProc = 0
  return
case (WM_DESTROY)
  iret = DeleteObject(ihfont)
  call PostQuitMessage( 0 )
  MainWndProc = 0
return
```

程式碼 7-3

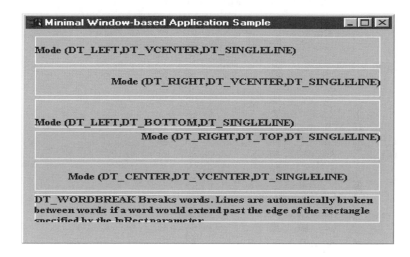

圖 7-3

7.2　滑鼠和鍵盤

對視窗應用程式而言，滑鼠是一個很重要但卻不是必備的輸入工具，它不是惟一的輸入工具，應用程式還提供鍵盤輸入，應用程式是以一種訊息型式接收或傳遞滑鼠輸入。

視窗使用多達二個不同的訊息來代表滑鼠的輸入事件，訊息約分為兩類：

1.表示事件發生在視窗工作區中的訊息；
2.事件發生在視窗非工作區中的訊息。

滑鼠事件有以下幾種：
1.滑鼠按鈕的按下與釋放；
2.雙按滑鼠按鈕；
3.滑鼠的移動。

!想確認滑鼠存在與否，可呼叫 GetSystemMetrics() 函式以下為滑鼠訊息
integer，parameter :: WM_MOUSEFIRST = #0200
integer，parameter :: WM_MOUSEMOVE = #0200
integer，parameter :: WM_LBUTTONDOWN = #0201
integer，parameter :: WM_LBUTTONUP = #0202
integer，parameter :: WM_LBUTTONDBLCLK = #0203
integer，parameter :: WM_RBUTTONDOWN = #0204
integer，parameter :: WM_RBUTTONUP = #0205
integer，parameter :: WM_RBUTTONDBLCLK = #0206
integer，parameter :: WM_MBUTTONDOWN = #0207
integer，parameter :: WM_MBUTTONUP = #0208
integer，parameter :: WM_MBUTTONDBLCLK = #0209
integer，parameter :: WM_MOUSEWHEEL = #020A
integer，parameter :: WM_MOUSELAST = #020A
!對所有這些訊息而言，其 lParam 值均含有滑鼠的位置，低字組為 x 坐標，
高字組為 y 坐標，這兩個坐要是相對於視窗顯示區域左上角的位置。
例：
type (T_POINT) mouse
case(WM_MOUSEMOVE)
mouse%x = LoWord(lparam)
mouse%y = HiWord(lparam)
!wParam 值含有滑鼠按鍵及 Shift 和 Ctrl 鍵的狀態，可以用位元遮罩來測試，例
如，如果收到了 WM_LBUTTONDOWN 訊息，而且
IAND(wParam，MK_CONTROL)是否為 TRUE，就知道當按下左鍵時也
按下 Cttl 鍵
integer，parameter :: MK_LBUTTON = #0001 !按下左鍵
integer，parameter :: MK_RBUTTON = #0002 !按下右鍵
integer，parameter :: MK_SHIFT = #0004 !按下 Shift 鍵
integer，parameter :: MK_CONTROL = #0008 !按下 Ctrl 鍵
integer，parameter :: MK_MBUTTON = #0010 !按下中鍵
!滑鼠在視窗非顯示區(如標題列、功能表和視窗捲動軸)移動，會發送"非顯示區域"
訊息，通常不需要處理這些訊息，應用程式會將這些訊息傳給 DefWindowProc，由
它來執行系統功能。
非顯示區域滑鼠訊息類似系統鍵盤訊息：WM_SYSKEYDOWN，WM_SYSKEYUP 和
WM_SYSCHAR
integer，parameter :: WM_NCHITTEST = #0084
integer，parameter :: WM_NCMOUSEMOVE = #00A0
integer，parameter :: WM_NCLBUTTONDOWN = #00A1
integer，parameter :: WM_NCLBUTTONUP = #00A2
integer，parameter :: WM_NCLBUTTONDBLCLK = #00A3
integer，parameter :: WM_NCRBUTTONDOWN = #00A4
integer，parameter :: WM_NCRBUTTONUP = #00A5
integer，parameter :: WM_NCRBUTTONDBLCLK = #00A6
integer，parameter :: WM_NCMBUTTONDOWN = #00A7
integer，parameter :: WM_NCMBUTTONUP = #00A8
integer，parameter :: WM_NCMBUTTONDBLCLK = #00A9

!對非顯示區域滑鼠訊息，wParam 參數：為移動或者按滑鼠按鍵的非顯示區域值：
integer，parameter :: HTERROR = (-2) !由 DefWindowProc 產生示警的
嗶聲
integer，parameter :: HTTRANSPARENT = (-1) !視窗被另一個視窗遮蓋
integer，parameter :: HTNOWHERE = 0 !不在視窗中
integer，parameter :: HTCLIENT = 1 !顯示區域
integer，parameter :: HTCAPTION = 2
integer，parameter :: HTSYSMENU = 3
integer，parameter :: HTGROWBOX = 4
integer，parameter :: HTMENU = 5
integer，parameter :: HTHSCROLL = 6
integer，parameter :: HTVSCROLL = 7
integer，parameter :: HTMINBUTTON = 8
integer，parameter :: HTMAXBUTTON = 9
integer，parameter :: HTLEFT = 10
integer，parameter :: HTRIGHT = 11
integer，parameter :: HTTOP = 12
integer，parameter :: HTTOPLEFT = 13
integer，parameter :: HTTOPRIGHT = 14
integer，parameter :: HTBOTTOM = 15
integer，parameter :: HTBOTTOMLEFT = 16
integer，parameter :: HTBOTTOMRIGHT = 17
integer，parameter :: HTBORDER = 18
integer，parameter :: HTOBJECT = 19
integer，parameter :: HTCLOSE = 20
integer，parameter :: HTHELP = 21
!lParam 參數：它的高低字組分別表示螢幕坐標，而不是顯示區域坐標，可以用：
ScreenToClient(hWnd，pt)! type (T_POINT) pt
ClientToScreen(hWnd，pt)
!將螢幕坐標與顯示區域坐標間作轉換
!例：
integer nHitTest
case(WM_NCHITEST)
  if(wparam.EQ.HTCLIENT)
    ...
!若想在視窗外接收滑鼠訊息，就要攔截滑鼠
    Call SetCapture(hWnd)
    Call ReleaseCapture()
!新的滑鼠在兩個鍵之間多了一個小滑輪，滾動它會產生 WM_MOUSEWHEEL 訊息。
!使用滑鼠輪的程式通過滾動或放大文件來回應此訊息。
!例：

case(WM_MOUSEWHEEL)
    Call SendMessage(hWnd，WM_VSCROLL，SB_LINEUP，0)
    ...

程式碼 7-4

範例 1：

```
use dfwina
use param_exchange
integer hWnd, mesg, wParam, lParam
integer hdc
type (T_PAINTSTRUCT) ps
type (T_POINT) Rgn1(3)
type (T_POINT) Rgn2(5)
type (T_POINT) Rgn3(4)
type (T_POINT) mouse
integer hRgn1,hRgn2,hRgn3
character*2 wbuf
character*4 dx,dy
 select case(mesg)
  case (WM_CREATE)
    iret= CreateWindowEx(0,"button"C ," Mouse and Regions: "C, &
         IOR(BS_GROUPBOX,IOR(WS_CHILD,WS_VISIBLE)), &
         1 ,5 ,329 ,150 ,hWnd ,NULL ,hInst ,NULL )
    static_handle = CreateWindowEx(0,"static"C ,""C, &
         IOR(SS_CENTER,IOR(WS_CHILD,WS_VISIBLE)), &
         5 ,165 ,210 ,20 ,hWnd ,NULL ,hInst ,NULL )
    static_handle2 = CreateWindowEx(0,"static"C ,""C, &
         IOR(SS_CENTER,IOR(WS_CHILD,WS_VISIBLE)), &
         220 ,165 ,100 ,20 ,hWnd ,NULL ,hInst ,NULL )
   MainWndProc = 0
   return
  case(WM_MOUSEMOVE)
   mouse%x = LoWord(lparam)
   mouse%y = HiWord(lparam)
   idomain = 0
  ! Check the mouse position on the screen
   if (PtInRegion(hRgn1,mouse%x,mouse%y)) idomain = 1
    if (PtInRegion(hRgn2,mouse%x,mouse%y)) idomain = 2
     if (PtInRegion(hRgn3,mouse%x,mouse%y)) idomain = 3
      if ( idomain.ne.0 ) then
        write(wbuf,"(i2)") idomain
        iret = SetWindowText(static_handle,"Now you are in
               region "//wbuf//char(0))
       else
        iret = SetWindowText(static_handle,"Now you are out
               of any domain"C)
    endif
   ! Output current mouse's coordinates
```

```
 write (dx,"(i4)") mouse%x
 write (dy,"(i4)") mouse%y
 iret = SetWindowText(static_handle2,   &
       TRIM(ADJUSTL(dx))//","//TRIM(ADJUSTL(dy))//char(0))
 MainWndProc = 0
 return
case (WM_PAINT)
 hdc  = BeginPaint(hwnd,ps)
 ! Create first region
 ! Get standard brush for first region
 ihbrf1=GetStockObject(GRAY_BRUSH)
 !Get standard brush for intersection
 ihbrframe  = GetStockObject(WHITE_BRUSH)
 Rgn1(1)%x = 30  ; Rgn1(1)%y = 50
 Rgn1(2)%x = 30  ; Rgn1(2)%y = 110
 Rgn1(3)%x = 110 ; Rgn1(3)%y = 110
 !Create first region
 hRgn1=CreatePolygonRgn (Rgn1(1),3,ALTERNATE)
 ! Fill first region
 iret= FillRgn (hdc,hRgn1,ihbrf1 )
 ! Frame resulting region
 iret = FrameRgn (hdc,hRgn1,ih brframe,1, 1)
 ihbrc14  = CreateSolidBrush(ColorTable(14))
 ! Create second region
 Rgn2(1)%x = 30  ; Rgn2(1)%y = 50
 Rgn2(2)%x = 110 ; Rgn2(2)%y = 110
 Rgn2(3)%x = 60  ; Rgn2(3)%y = 130
 Rgn2(4)%x = 160 ; Rgn2(4)%y = 110
 Rgn2(5)%x = 170 ; Rgn2(5)%y = 40
 !Create second region
 hRgn2=CreatePolygonRgn (Rgn2(1),5,ALTERNATE)
 ! Fill second region
 iret= FillRgn (hdc,hRgn2,ihbrc14 )
 ! Frame resulting region
 iret= FrameRgn (hdc,hRgn2,ihbrframe,1, 1)
 ihbrc11= CreateSolidBrush(ColorTable(11))
 ! Create third region
 Rgn3(1)%x = 60  ; Rgn3(1)%y = 130
 Rgn3(2)%x = 160 ; Rgn3(2)%y = 110
 Rgn3(3)%x = 170 ; Rgn3(3)%y = 40
 Rgn3(4)%x = 300 ; Rgn3(4)%y = 120
 !Create third region
 hRgn3= CreatePolygonRgn (Rgn3(1),4,ALTERNATE)
 ! Fill third region
```

```
 iret= FillRgn (hdc,hRgn3,ihbrc11 )
 ! Frame resulting region
 iret= FrameRgn (hdc,hRgn3,ihbrframe,1, 1)
 iret  = EndPaint(hwnd,ps)
 MainWndProc = 0
 return
case (WM_DESTROY)
 iret = DeleteObject(ihbrc11)
 iret = DeleteObject(ihbrc14)
 call PostQuitMessage( 0 )
 MainWndProc = 0
 return
```

程式碼 7-5

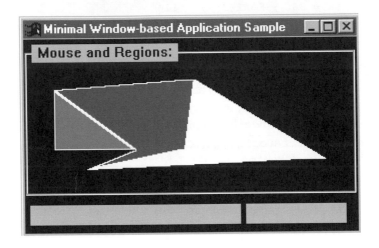

圖 7-4

範例 2：

```
use dfwina
use param_exchange
integer hwnd, mesg, wParam, lParam
integer hdc
type (T_PAINTSTRUCT) ps
type (T_POINT) mouse
type (T_RECT)  label1
type (T_RECT)  label2
  select case(mesg)
   case (WM_CREATE)
```

```
   iret = CreateWindowEx(0,"button"C ," <>: "C, &
           IOR(BS_GROUPBOX,IOR(WS_CHILD,WS_VISIBLE)), &
           1 ,5 ,279 ,150 ,hWnd ,NULL ,hInst ,NULL )
   ihfont = CreateFont(40,0,0,0,FW_BOLD,0,0,0,0,0,0,0,0,&
             FIXED_PITCH,"Times"C)
   label1%top    = 40 ; label1%left  = 30
   label1%bottom = 80 ; label1%right  = 120
   label2%top    = 100 ; label2%left  = 30
   label2%bottom = 140 ; label2%right  = 120
   MainWndProc = 0
   return
case(WM_LBUTTONDOWN)
 mouse%x = LoWord(lparam)
 mouse%y = HiWord(lparam)
 if ( PtInRect(label1,mouse) ) then
   iret = MessageBox(hwnd,"Something started..."C,   &
             "Program was called"C,MB_OK)
 endif
 if ( PtInRect(label2,mouse) ) then
   iret = DestroyWindow(hwnd)
 endif
  MainWndProc = 0
  return
case(WM_MOUSEMOVE)
  mouse%x = LoWord(lparam)
  mouse%y = HiWord(lparam)
  hdc = GetDC(hwnd)
  iret = SetBkMode(hdc,TRANSPARENT)
  ihfntOld = SelectObject(hdc,ihfont)
  if ( PtInRect(label1,mouse) ) then
    iret = SetTextColor(hdc,ColorTable(14))
    iret = DrawText(hdc,"Start"C,5,label1,   &
           INT4(IOR(DT_LEFT,DT_VCENTER)))
  else
    iret = SetTextColor(hdc,ColorTable(16))
    iret = DrawText(hdc,"Start"C,5,label1,&
           INT4(IOR(DT_LEFT,DT_VCENTER)))
  endif
  if ( PtInRect(label2,mouse) ) then
   iret = SetTextColor(hdc,ColorTable(14))
   iret = DrawText(hdc,"Exit"C,4,label2,&
           INT4(IOR(DT_LEFT,DT_VCENTER)))
  else
   iret = SetTextColor(hdc,ColorTable(16))
```

```
      iret = DrawText(hdc,"Exit"C,4,label2,&
             INT4(IOR(DT_LEFT,DT_VCENTER)))
   endif
   ihfont = SelectObject(hdc,ihfntOld)
   iret= ReleaseDC(hwnd,hdc)
   MainWndProc = 0
   return
case (WM_PAINT)
   hdc  = BeginPaint(hwnd,ps)
   ihfntOld = SelectObject(hdc,ihfont)
   iret = SetTextColor(hdc,ColorTable(16))
   iret = SetBkMode(hdc,TRANSPARENT)
   iret = SetBkColor(hdc,ColorTable(14))
   iret = DrawText(hdc,"Start"C,5,label1,&
          INT4(IOR(DT_LEFT,DT_VCENTER)))
   iret = DrawText(hdc,"Exit"C,4,label2,&
          INT4(IOR(DT_LEFT,DT_VCENTER)))
   ihfont = SelectObject(hdc,ihfntOld)
   iret = EndPaint(hwnd,ps)
   MainWndProc = 0
   return
 case (WM_DESTROY)
    iret = DeleteObject(ihfont)
    call PostQuitMessage( 0 )
    MainWndProc = 0
    return
```

程式碼 7-6

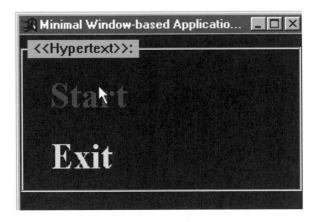

圖 7-5

範例 3：

```
use dfwina
use param_exchange
integer hWnd, mesg, wParam, lParam
integer hdc
type (T_PAINTSTRUCT) ps
type (T_POINT) Rgn1(3)
type (T_POINT) Rgn2(5)
type (T_POINT) Rgn3(4)
type (T_POINT) mouse
integer hRgn1,hRgn2,hRgn3
character*2 wbuf
character*4 dx,dy
 select case(mesg)
  case (WM_CREATE)
    iret = CreateWindowEx(0,"button"C ," >: "C, &
           IOR(BS_GROUPBOX,IOR(WS_CHILD,WS_VISIBLE)), &
           1 ,5 ,329 ,150 ,hWnd ,NULL ,hInst ,NULL )
    static_handle = CreateWindowEx(0,"static"C ,""C, &
           IOR(SS_CENTER,IOR(WS_CHILD,WS_VISIBLE)), &
           5 ,165 ,210 ,20 ,hWnd ,NULL,hInst ,NULL )
    static_handle2 = CreateWindowEx(0,"static"C ,""C, &
           IOR(SS_CENTER,IOR(WS_CHILD,WS_VISIBLE)), &
           220 ,165 ,100 ,20 ,hWnd ,NULL ,hInst ,NULL )
    ihbrc5  = CreateSolidBrush(ColorTable(5))
    previous = 0
    MainWndProc = 0
    return
  case(WM_MOUSEMOVE)
    mouse%x = LoWord(lparam)
    mouse%y = HiWord(lparam)
    idomain = 0
  ! Check the mouse position on the screen
    if (PtInRegion(hRgn1,mouse%x,mouse%y)) idomain = 1
    if (PtInRegion(hRgn2,mouse%x,mouse%y)) idomain = 2
    if (PtInRegion(hRgn3,mouse%x,mouse%y)) idomain = 3
    if ( idomain.ne.0 ) then
        write(wbuf,"(i2)") idomain
        iret = SetWindowText(static_handle, &
            "Now you are in region "//wbuf//char(0))
    else
        iret = SetWindowText(static_handle,  &
            "Now you are out of any domain"C)
```

```
      endif
  ! Show "active" domain
    hdc = GetDC(hwnd)
    select case(idomain)
     case(0)
       if (previous.ne.0) then
         ! Fill first region
          iret  = FillRgn (hdc,hRgn1,ihbrf1 )
         ! Fill second region
          iret   = FillRgn (hdc,hRgn2,ihbrc14 )
         ! Fill third region
          iret   = FillRgn (hdc,hRgn3,ihbrc11 )
         ! Frame resulting region
          iret  = FrameRgn (hdc,hRgn1,ihbrframe,1, 1)
         ! Frame resulting region
          iret  = FrameRgn (hdc,hRgn2,ihbrframe,1, 1)
         ! Frame resulting region
          iret  = FrameRgn (hdc,hRgn3,ihbrframe,1, 1)
          previous = 0
        endif
       case(1)
        if (previous.ne.1) then
          iret = FillRgn (hdc,hRgn1,ihbrc5 ) ! Fill first region
          iret = FillRgn (hdc,hRgn2,ihbrc14 ) ! Fill second region
          iret = FillRgn (hdc,hRgn3,ihbrc11 ) ! Fill third region
          iret = FrameRgn (hdc,hRgn1,ihbrframe,1, 1) ! Frame resulting region
          iret = FrameRgn (hdc,hRgn2,ihbrframe,1, 1) ! Frame resulting region
          iret = FrameRgn (hdc,hRgn3,ihbrframe,1, 1) ! Frame resulting region
          previous = 1
         endif
       case(2)
        if (previous.ne.2) then
          iret = FillRgn (hdc,hRgn2,ihbrc5 ) ! Fill second region
          iret = FillRgn (hdc,hRgn1,ihbrf1 ) ! Fill first region
          iret = FillRgn (hdc,hRgn3,ihbrc11 )      ! Fill third region
          iret = FrameRgn (hdc,hRgn1,ihbrframe,1, 1) ! Frame resulting region
          iret = FrameRgn (hdc,hRgn2,ihbrframe,1, 1) ! Frame resulting region
          iret = FrameRgn (hdc,hRgn3,ihbrframe,1, 1) ! Frame resulting region
           previous = 2
         endif
       case(3)
        if (previous.ne.3) then
          iret = FillRgn (hdc,hRgn3,ihbrc5 ) ! Fill third region
```

```fortran
        iret = FillRgn (hdc,hRgn1,ihbrf1 ) ! Fill first region
        iret = FillRgn (hdc,hRgn2,ihbrc14 )     ! Fill second region
        iret = FrameRgn (hdc,hRgn1,ihbrframe,1, 1) ! Frame resulting region
        iret = FrameRgn (hdc,hRgn2,ihbrframe,1, 1) ! Frame resulting region
        iret = FrameRgn (hdc,hRgn3,ihbrframe,1, 1) ! Frame resulting region
        previous = 3
      endif
    end select
    iret = ReleaseDC(hwnd,hdc)
    ! Output current mouse's coordinates
     write (dx,"(i4)") mouse%x
     write (dy,"(i4)") mouse%y
     iret = SetWindowText(static_handle2,    &
         TRIM(ADJUSTL(dx))//","//TRIM(ADJUSTL(dy))//char(0))
    MainWndProc = 0
    return
  case (WM_PAINT)
    hdc = BeginPaint(hwnd,ps)
   ! Create first region
ihbrf1 = GetStockObject(GRAY_BRUSH)! Get standard brush for first region
ihbrframe= GetStockObject(WHITE_BRUSH) ! Get standard brush for intersection
 Rgn1(1)%x = 30  ; Rgn1(1)%y = 50
  Rgn1(2)%x = 30  ; Rgn1(2)%y = 110
  Rgn1(3)%x = 110 ; Rgn1(3)%y = 110
  hRgn1 = CreatePolygonRgn (Rgn1(1),3,ALTERNATE)    !Create first region
  iret = FillRgn (hdc,hRgn1,ihbrf1 )    ! Fill first region
  iret = FrameRgn (hdc,hRgn1,ihbrframe,1, 1) ! Frame resulting region
ihbrc14 = CreateSolidBrush(ColorTable(14))
 ! Create second region
Rgn2(1)%x = 30  ; Rgn2(1)%y = 50
Rgn2(2)%x = 110 ; Rgn2(2)%y = 110
Rgn2(3)%x = 60  ; Rgn2(3)%y = 130
Rgn2(4)%x = 160 ; Rgn2(4)%y = 110
Rgn2(5)%x = 170 ; Rgn2(5)%y = 40
hRgn2 = CreatePolygonRgn (Rgn2(1),5,ALTERNATE)     !Create second region
iret = FillRgn (hdc,hRgn2,ihbrc14 )    ! Fill second region
iret = FrameRgn (hdc,hRgn2,ihbrframe,1, 1) ! Frame resulting region
ihbrc11 = CreateSolidBrush(ColorTable(11))
! Create third region
 Rgn3(1)%x = 60  ; Rgn3(1)%y = 130
 Rgn3(2)%x = 160 ; Rgn3(2)%y = 110
 Rgn3(3)%x = 170 ; Rgn3(3)%y = 40
 Rgn3(4)%x = 300 ; Rgn3(4)%y = 120
```

```
hRgn3 = CreatePolygonRgn (Rgn3(1),4,ALTERNATE)    !Create third region

iret = FillRgn (hdc,hRgn3,ihbrc11 )   ! Fill third region

iret = FrameRgn (hdc,hRgn3,ihbrframe,1,1) ! Frame resulting region

iret  = EndPaint(hwnd,ps)
MainWndProc = 0
return
case (WM_DESTROY)
 iret = DeleteObject(ihbrc11)
 iret = DeleteObject(ihbrc14)
 iret = DeleteObject(ihbrc5)
 call PostQuitMessage( 0 )
MainWndProc = 0
 return
```

程式碼 7-7

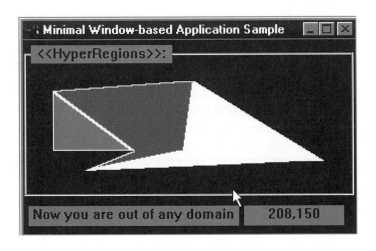

圖 7-6

第 8 章

繪圖

8.1　Device contexts 與繪圖模式

視窗 Win32 應用程式介面不受硬體設備限制是其主要重點之一，它可以在不同的硬體設備上繪圖或輸出列印。能作到這種地步，主要是靠兩支動態聯結函數庫來達成：第一支爲 GDI.DLL，繪圖介面 (GDI)；第二支爲設備驅動程式。

不同的設備有不同的驅動程式，例如在顯示器上輸出圖案，其驅動程式爲 VGA.DLL，用 Epson FX-80 列表機輸出，其驅動程式爲 EPSON9.DLL。應用程式一定得通知 GDI 載入適當的設備驅動程式，載入之後，就可以提供繪圖作業 (如選擇線段的顏色、粗細、繪圖筆顏色與式樣、字型式樣、截斷跑出繪圖區域之圖形等等)，這些工作都由驅動程式完成。

所謂 device context 是一組繪圖結構定義，屬性與輸出用之繪圖物件。繪圖物件包括繪線段的筆、畫刷、捲動或考備螢幕部分區域的 bitmap 圖、定義顏色的調色盤，可以作截斷或其他操作的區域，可以繪圖或進一步的操作的路徑。

應用程式不會像大部分的 Win32 結構直接去使用 device context，而是透過呼叫各式各樣的函式來處理。

視窗支援五種繪圖模式：分別用以調配顏色、輸出的外觀、輸出比例的大小等等，簡言之：

1. 視窗有其內部(與硬體無關)的繪圖用函式庫；

2. 要與內部函式庫溝通，一定要有內部結構的解譯者(代碼)，稱爲 "device

context"，因其為所有視窗繪圖函式的輸入參數；

3. 利用 GetDC(hwnd) 函式取得， 式中 hwnd - 表示各別視窗的名稱；

4. 一定記得把所取得的 device context 釋放掉：

```
integer*4 device_context_handle
  ....
  device_context_handle = GetDC(hwnd)
  ...drawing routines...
  iret = ReleaseDC(hwnd,device_context_handle)
  ...
```

5. "標準"(內定)的繪圖處理函式與 WM_PAINT 訊息一塊使用，視窗會記得在產生、重繪、更新、重新載入時送出該訊息，於是 WM_PAINT 事件訊息會正確的重新載入圖案。

6.處理 WM_PAINT 訊息：

```
  type (T_PAINTSTRUCT) ps
  integer*4 device_context_handle
  ...
  case(WM_PAINT)
    device_context_handle = BeginPaint(hwnd,ps)
    ... drawing routines...
    iret = EndPaint(hwnd,ps)
    MainWndProc = 0
    return
    ...
```

8.2　基本的繪圖工具

繪圖工具有兩大類：

1.畫刷：

所謂畫刷是用來塗抹多邊形、橢圓形及其內部的工具。繪圖應用程式用它來塗抹；文字處理程式用它來畫線；電腦輔助繪圖程式用它來繪橫交面內部；試算表應用程式用它來畫餅狀圖和條形圖。

2.筆：

所謂筆是用來畫線段和曲線的工具。繪圖應用程式用它來畫線；電腦輔助繪圖程式用它來畫線段、隱藏線、截面線、中心線等等；文字處理和排版程式用它來畫邊框及線段；　試算表應用程式用它來畫圖表內的折線和外框等。

使用畫刷時，把畫刷當成 8x8 pixels 式樣以供塗抹物件之用。視窗提供了某些「標準」畫刷供使用，也允許你自訂畫刷。本節我將用最基本的畫刷--固體式畫刷。若想自訂畫刷，請參閱微軟 Win32 SDK。　要使用不同種類的畫刷到也不難，初學視窗程式設計，不需要研究到那麼深。

有關於筆的部分你需要：

1.筆的型式：有兩種，即 cosmetic and geometric。所謂 cosmetic 式筆，其畫線的寬度是固定且可快速繪圖，例如：電腦輔助繪圖程式用它來畫線段、隱藏線、截面線、中心線等等，其線寬不管比例大小都介於 .015 與 在 0.022 英吋之間。geometric 式筆，其畫線的寬度隨需要而變化，一般都寬於 1 pixel。例如：試算表應用程式用它畫 bars 圖。

8.3　　線段、多邊形線、曲線

所謂線段，曲線是畫在 raster devices 上的圖形. ...線段是由一組含有起始與結束的高亮度 pixel 點組成。規則曲線是由一組符合圓錐截面線定義之高亮度 pixel 點組成. 不規則曲線是由一組不完全符合圓錐截面線定義之高亮度 pixel 點組成...。位於起始點的 pixel 通常是含入線段中，而位於結束點的 pixel 通常是不含入線段中 (這種線段稱爲 inclusive-exclusive)。

範例：

```
use dfwina
use param_exchange
integer hWnd, mesg, wParam, lParam
integer hdc
type (T_PAINTSTRUCT) ps
type (T_POINT) BezierPoints(4)
type (T_POINT) PolyLinePts(8)
integer pnum(3)
   interface
```

```
  subroutine LineDDAProc( X, Y,lpData)
    !DEC$IF DEFINED(_X86_)
    !DEC$ ATTRIBUTES STDCALL,ALIAS:'_LineDDAProc@12'::LineDDAProc
    !DEC$ELSE
    !DEC$ ATTRIBUTES STDCALL,ALIAS : 'LineDDAProc@12'::LineDDAProc
    !DEC$ENDIF
  integer X, Y,lpData
  end subroutine LineDDAProc
end interface


select case(mesg)
  case (WM_CREATE)
   iret = CreateWindowEx(0,"button"C ,"Arc"C, &
          IOR(BS_GROUPBOX,IOR(WS_CHILD,WS_VISIBLE)), &
          5 ,5 ,100 ,120 ,hWnd ,NULL ,hInst ,NULL )
   iret = CreateWindowEx(0,"button"C ,"LineDDA"C, &
          IOR(BS_GROUPBOX,IOR(WS_CHILD,WS_VISIBLE)), &
          106 ,5 ,100 ,120 ,hWnd ,NULL ,hInst ,NULL )
   iret = CreateWindowEx(0,"button"C ,"LineTo"C, &
          IOR(BS_GROUPBOX,IOR(WS_CHILD,WS_VISIBLE)), &
          207 ,5 ,100 ,120 ,hWnd ,NULL ,hInst ,NULL )
   iret = CreateWindowEx(0,"button"C ,"PolyBezier"C, &
          IOR(BS_GROUPBOX,IOR(WS_CHILD,WS_VISIBLE)), &
          5 ,135 ,100 ,120 ,hWnd ,NULL ,hInst ,NULL )
   iret = CreateWindowEx(0,"button"C ,"PolyLine"C, &
          IOR(BS_GROUPBOX,IOR(WS_CHILD,WS_VISIBLE)), &
          106 ,135 ,100 ,120 ,hWnd ,NULL ,hInst ,NULL )
   iret = CreateWindowEx(0,"button"C ,"PolyPolyLine"C, &
          IOR(BS_GROUPBOX,IOR(WS_CHILD,WS_VISIBLE)), &
          207 ,135 ,100 ,120 ,hWnd ,NULL ,hInst ,NULL )
  Pixel_count = -10
  MainWndProc = 0
  return
  case (WM_PAINT)
  hdc = BeginPaint(hwnd,ps)
  !  Draw Arc
   ihpen = CreatePen (PS_SOLID,2,ColorTable(14))
   ihpenold = SelectObject(hdc,ihpen)
```

```
iret = Arc (hdc,20,30,90,110,5,5,200,50 )
ihpen = SelectObject(hdc,ihpenold)
iret  = DeleteObject(ihpen)
! Using LineDDA
LineDDAhdc = hdc
iret = LineDDA (110,100,200,30,LOC(LineDDAProc),0 )
! LineTo
ihpen = CreatePen (PS_SOLID,3,ColorTable(16))
ihpenold = SelectObject(hdc,ihpen)
iret = MoveToEx(hdc,215,30, NULL_POINT)
iret = LineTo (hdc,290,110 )
ihpen = SelectObject(hdc,ihpenold)
iret  = DeleteObject(ihpen)
 ! PolyBezier
 ihpen = CreatePen (PS_SOLID,2,ColorTable(20))
 ihpenold = SelectObject(hdc,ihpen)
 BezierPoints(1)%x = 15 ; BezierPoints(1)%y = 180
 BezierPoints(2)%x = 30 ; BezierPoints(2)%y = 260
 BezierPoints(3)%x = 60 ; BezierPoints(3)%y = 170
 BezierPoints(4)%x = 90 ; BezierPoints(4)%y = 250
 iret = PolyBezier (hdc,BezierPoints(1),4 )
 ihpen = SelectObject(hdc,ihpenold)
 iret  = DeleteObject(ihpen)
! PolyLine
 ihpen = CreatePen (PS_SOLID,2,ColorTable(10))
 ihpenold = SelectObject(hdc,ihpen)
 PolyLinePts(1)%x = 120 ; PolyLinePts(1)%y = 180
 PolyLinePts(2)%x = 140 ; PolyLinePts(2)%y = 230
 PolyLinePts(3)%x = 180 ; PolyLinePts(3)%y = 170
 PolyLinePts(4)%x = 200 ; PolyLinePts(4)%y = 240
 iret = PolyLine(hdc,PolyLinePts(1),4 )
 ihpen = SelectObject(hdc,ihpenold)
 iret  = DeleteObject(ihpen)
! PolyPolyLine
 ihpen = CreatePen (PS_SOLID,2,ColorTable(10))
 ihpenold = SelectObject(hdc,ihpen)
 PolyLinePts(5)%x = 120 ; PolyLinePts(5)%y = 200
 PolyLinePts(6)%x = 130 ; PolyLinePts(6)%y = 230
```

```
    PolyLinePts(7)%x = 180 ; PolyLinePts(7)%y = 140
    PolyLinePts(8)%x = 200 ; PolyLinePts(8)%y = 220
    do j =1,8
      PolyLinePts(j)%x = PolyLinePts(j)%x + 100
    enddo
    pnum(1) = 4 ; pnum(2) = 2 ; pnum(3) = 2
    iret = PolyPolyline (hdc,PolyLinePts(1),Loc(pnum),3)
    ihpen = SelectObject(hdc,ihpenold)
    iret  = DeleteObject(ihpen)
    iret = EndPaint(hwnd,ps)
    MainWndProc = 0
    return
  case (WM_DESTROY)
   call PostQuitMessage( 0 )
   MainWndProc = 0
   return
  case default
   MainWndProc = DefWindowProc( hWnd, mesg, wParam, lParam )
end select
return
end

subroutine LineDDAProc( X, Y,lpData)
!DEC$IF DEFINED(_X86_)
!DEC$ ATTRIBUTES STDCALL,ALIAS:'_LineDDAProc@12'::LineDDAProc
!DEC$ELSE
!DEC$ ATTRIBUTES STDCALL,ALIAS : 'LineDDAProc@12'::LineDDAProc
!DEC$ENDIF
use dfwina
use param_exchange
integer X, Y,lpData
if ( (X - Pixel_count).lt.5 ) return
    iret = SetPixel(LineDDAhdc,X,Y,ColorTable(20))
    Pixel_count = X
return
end
```

程式碼 8-1

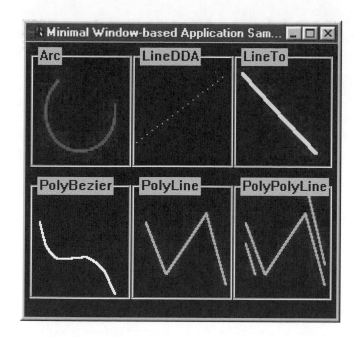

圖 8-1

8.4 繪形狀

以筆畫外框並用畫刷把框內填實之形狀，計有五種形狀：橢圓狀、弦狀、圓餅狀、多邊形狀、方形狀。

範例：

```
use dfwina
use param_exchange
integer hWnd, mesg, wParam, lParam
integer hdc
type (T_PAINTSTRUCT) ps
type (T_POINT) PolygonPoints(6)
type (T_POINT) PolyPolygonPoints(8)
type (T_RECT) rect
integer pnum(3)
 select case(mesg)
  case (WM_CREATE)
    iret = CreateWindowEx(0,"button"C ,"Ellipse"C, &
           IOR(BS_GROUPBOX,IOR(WS_CHILD,WS_VISIBLE)), &
```

```
              5 ,5 ,100 ,120 ,hWnd ,NULL ,hInst ,NULL )
    iret = CreateWindowEx(0,"button"C ,"Chord"C, &
           IOR(BS_GROUPBOX,IOR(WS_CHILD,WS_VISIBLE)), &
           106 ,5 ,100 ,120 ,hWnd ,NULL ,hInst ,NULL )
    iret = CreateWindowEx(0,"button"C ,"Pie"C, &
           IOR(BS_GROUPBOX,IOR(WS_CHILD,WS_VISIBLE)), &
           207 ,5 ,100 ,120 ,hWnd ,NULL ,hInst ,NULL )
    iret = CreateWindowEx(0,"button"C ,"RoundRect"C, &
           IOR(BS_GROUPBOX,IOR(WS_CHILD,WS_VISIBLE)), &
           308 ,5 ,100 ,120 ,hWnd ,NULL ,hInst ,NULL )
    iret = CreateWindowEx(0,"button"C ,"FrameRect"C, &
           IOR(BS_GROUPBOX,IOR(WS_CHILD,WS_VISIBLE)), &
           408 ,5 ,100 ,120 ,hWnd ,NULL ,hInst ,NULL )
    iret = CreateWindowEx(0,"button"C ,"DrawFocusRect"C, &
           IOR(BS_GROUPBOX,IOR(WS_CHILD,WS_VISIBLE)), &
           508 ,5 ,130 ,120 ,hWnd ,NULL ,hInst ,NULL )
    iret = CreateWindowEx(0,"button"C ,"Polygon"C, &
           IOR(BS_GROUPBOX,IOR(WS_CHILD,WS_VISIBLE)), &
           5 ,135 ,100 ,120 ,hWnd ,NULL ,hInst ,NULL )
    iret = CreateWindowEx(0,"button"C ,"PolyPolygon"C, &
           IOR(BS_GROUPBOX,IOR(WS_CHILD,WS_VISIBLE)), &
           106 ,135 ,100 ,120 ,hWnd ,NULL ,hInst ,NULL )
    iret = CreateWindowEx(0,"button"C ,"Rectangle"C, &
           IOR(BS_GROUPBOX,IOR(WS_CHILD,WS_VISIBLE)), &
           207 ,135 ,100 ,120 ,hWnd ,NULL ,hInst ,NULL )
    iret = CreateWindowEx(0,"button"C ,"FillRect"C, &
           IOR(BS_GROUPBOX,IOR(WS_CHILD,WS_VISIBLE)), &
           308 ,135 ,100 ,120 ,hWnd ,NULL ,hInst ,NULL )
    iret = CreateWindowEx(0,"button"C ,"InvertRect"C, &
           IOR(BS_GROUPBOX,IOR(WS_CHILD,WS_VISIBLE)), &
           408 ,135 ,100 ,120 ,hWnd ,NULL ,hInst ,NULL )
    iret = CreateWindowEx(0,"button"C ,"SetPolyFillMode"C, &
           IOR(BS_GROUPBOX,IOR(WS_CHILD,WS_VISIBLE)), &
           508 ,135 ,130 ,120 ,hWnd ,NULL ,hInst ,NULL )
    MainWndProc = 0
    return
  case (WM_PAINT)
    hdc = BeginPaint(hwnd,ps)
!Don't fill domain interior
    ihbrush = SelectObject(hdc,GetStockObject(NULL_BRUSH))

!Draw Ellipse,Select red pen of 2 pixels width
    ihpen = CreatePen (PS_SOLID,2,ColorTable(14))
```

```
  ihpenold = SelectObject(hdc,ihpen)
  iret = Ellipse (hdc,40,30,70,110)
  ihpen = SelectObject(hdc,ihpenold)
  iret = DeleteObject(ihpen)
!Draw Chord,Select pen of 2 pixels width
  ihpen = CreatePen(PS_SOLID,2,ColorTable(19))

  ihpenold = SelectObject(hdc,ihpen)
  iret = Chord (hdc,140,30,170,110,100,5,200,100)
  ihpen = SelectObject(hdc,ihpenold)
  iret = DeleteObject(ihpen)
 !Draw Pie,Select red pen of 2 pixels width
  ihpen = CreatePen (PS_SOLID,2,ColorTable(18))

  ihpenold = SelectObject(hdc,ihpen)
  iret = Pie (hdc,230,30,300,110,200,5,250,100)
  ihpen = SelectObject(hdc,ihpenold)
  iret = DeleteObject(ihpen)
 !Polygon
  ihpen = CreatePen (PS_SOLID,2,ColorTable(20))
  ihpenold = SelectObject(hdc,ihpen)
  PolygonPoints(1)%x = 15 ; PolygonPoints(1)%y = 180
  PolygonPoints(2)%x = 30 ; PolygonPoints(2)%y = 230
  PolygonPoints(3)%x = 60 ; PolygonPoints(3)%y = 170
  PolygonPoints(4)%x = 90 ; PolygonPoints(4)%y = 250
  PolygonPoints(5)%x = 40 ; PolygonPoints(5)%y = 200
  PolygonPoints(6)%x = 20 ; PolygonPoints(6)%y = 150
  iret = Polygon(hdc,PolygonPoints(1),6 )
  ihpen = SelectObject(hdc,ihpenold)
  iret = DeleteObject(ihpen)
 !PolyPolygon
  ihpen = CreatePen (PS_SOLID,2,ColorTable(10))
  ihpenold = SelectObject(hdc,ihpen)
  PolyPolygonPoints(1)%x = 120 ; PolyPolygonPoints(1)%y = 180
  PolyPolygonPoints(2)%x = 140 ; PolyPolygonPoints(2)%y = 230
  PolyPolygonPoints(3)%x = 140 ; PolyPolygonPoints(3)%y = 170
  PolyPolygonPoints(4)%x = 130 ; PolyPolygonPoints(4)%y = 155
  PolyPolygonPoints(5)%x = 150 ; PolyPolygonPoints(5)%y = 200
  PolyPolygonPoints(6)%x = 160 ; PolyPolygonPoints(6)%y = 230
  PolyPolygonPoints(7)%x = 180 ; PolyPolygonPoints(7)%y = 180
  PolyPolygonPoints(8)%x = 155 ; PolyPolygonPoints(8)%y = 160
  pnum(1) = 4 ; pnum(2) = 4
  iret = PolyPolygon (hdc,PolyPolygonPoints(1),Loc(pnum),2)
  ihpen = SelectObject(hdc,ihpenold)
```

```
iret = DeleteObject(ihpen)
!Draw Rectangle,Select pen of 2 pixels width
ihpen = CreatePen (PS_SOLID,2,ColorTable(12))

ihpenold = SelectObject(hdc,ihpen)
iret  = Rectangle (hdc,220,160,290,240)
ihpen = SelectObject(hdc,ihpenold)
iret  = DeleteObject(ihpen)
!Draw Rounded Rectangle,Select pen of 2 pixels width
ihpen = CreatePen (PS_SOLID,2,ColorTable(9))

ihpenold = SelectObject(hdc,ihpen)
iret  = RoundRect (hdc,330,30,390,110,20,20)
 ihpen = SelectObject(hdc,ihpenold)
 iret  = DeleteObject(ihpen)
!Fill Rectangle
 rect%left = 330 ; rect%right  = 390
 rect%top  = 160 ; rect%bottom = 240
 ihbr  = CreateSolidBrush(ColorTable(8))
 iret  = FillRect (hdc ,rect ,ihbr )
!Frame Rectangle
 rect%left = 430 ; rect%right  = 490
 rect%top  = 30  ; rect%bottom = 110
!Select white brush for frame
 ihbrf  = GetStockObject(WHITE_BRUSH)

 iret  = FrameRect (hdc ,rect ,ihbrf )
!Invert Rectangle
 rect%left = 430 ; rect%right  = 490
 rect%top  = 160 ; rect%bottom = 240
 iret  = FillRect (hdc ,rect ,ihbr )
 iret  = DeleteObject(ihbr)
 rect%left = 450 ; rect%right  = 470
 rect%top  = 180 ; rect%bottom = 220
 ihbr  = CreateSolidBrush(ColorTable(10))
 iret  = FillRect (hdc ,rect ,ihbr )
 iret  = InvertRect (hdc ,rect)
!Draw Focus Rectangle
 rect%left = 530 ; rect%right  = 620
 rect%top  = 30  ; rect%bottom = 110
 iret  = DrawFocusRect (hdc ,rect)
!Polygon
 ihpen = CreatePen (PS_SOLID,2,ColorTable(20))
 ihpenold = SelectObject(hdc,ihpen)
 ihbr  = CreateSolidBrush(ColorTable(14))
 iholdbr = SelectObject(hdc,ihbr)
```

```
iret = SetPolyFillMode (hdc ,WINDING)
PolygonPoints(1)%x = 535 ; PolygonPoints(1)%y = 180
PolygonPoints(2)%x = 550 ; PolygonPoints(2)%y = 230
PolygonPoints(3)%x = 580 ; PolygonPoints(3)%y = 170
PolygonPoints(4)%x = 610 ; PolygonPoints(4)%y = 250
PolygonPoints(5)%x = 560 ; PolygonPoints(5)%y = 200
PolygonPoints(6)%x = 540 ; PolygonPoints(6)%y = 150
iret =  Polygon(hdc,PolygonPoints(1),6 )
ihpen = SelectObject(hdc,ihpenold)
ihbr  = SelectObject(hdc,iholdbr)
iret  = DeleteObject(ihbr)
iret  = DeleteObject(ihpen)
iret  = EndPaint(hwnd,ps)
MainWndProc = 0
return
```

程式碼 8-2

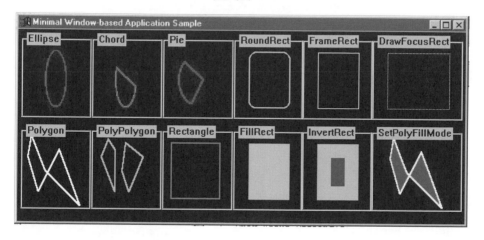

圖 8-2

8.5　區域

由方形線、多邊形線、橢圓線等圍成的範圍謂之區域，在其內可以上色、加外框、作反相運算著色、或偵測滑鼠動作等。

範例 1：

```
use dfwina
use param_exchange
```

```
integer hWnd, mesg, wParam, lParam
integer hdc
type (T_PAINTSTRUCT) ps
type (T_POINT) Rgn1(3)
type (T_POINT) Rgn2(5)
integer hRgn1,hRgn2,hRgnDest
 select case(mesg)
  case (WM_CREATE)
   iret = CreateWindowEx(0,"button"C ,"CombineRgn Regimes:"C, &
          IOR(BS_GROUPBOX,IOR(WS_CHILD,WS_VISIBLE)), &
          1 ,5 ,429 ,150 ,hWnd ,NULL ,hInst ,NULL )
   iret = CreateWindowEx(0,"button"C ,"AND"C, &
          IOR(BS_GROUPBOX,IOR(WS_CHILD,WS_VISIBLE)), &
          15 ,25 ,100 ,120 ,hWnd ,NULL ,hInst ,NULL )
   iret = CreateWindowEx(0,"button"C ,"DIFF"C, &
          IOR(BS_GROUPBOX,IOR(WS_CHILD,WS_VISIBLE)), &
           116 ,25 ,100 ,120 ,hWnd ,NULL ,hInst ,NULL )
   iret = CreateWindowEx(0,"button"C ,"OR"C, &
          IOR(BS_GROUPBOX,IOR(WS_CHILD,WS_VISIBLE)), &
          217 ,25 ,100 ,120 ,hWnd ,NULL ,hInst ,NULL )
   iret = CreateWindowEx(0,"button"C ,"XOR"C, &
          IOR(BS_GROUPBOX,IOR(WS_CHILD,WS_VISIBLE)), &
          318 ,25 ,100 ,120 ,hWnd ,NULL ,hInst ,NULL )
   MainWndProc = 0
   eturn
  case (WM_PAINT)
   hdc  = BeginPaint(hwnd,ps)
   ! First window "AND"
   ihbrf1 = GetStockObject(GRAY_BRUSH)!Get standard brush for first region
   Rgn1(1)%x = 30  ; Rgn1(1)%y = 50
   Rgn1(2)%x = 30  ; Rgn1(2)%y = 110
   Rgn1(3)%x = 110 ; Rgn1(3)%y = 110
   hRgn1 = CreatePolygonRgn (Rgn1(1),3,ALTERNATE)      !Create first region
   iret = FillRgn (hdc,hRgn1,ihbrf1 ) ! Fill first region
   ihbrf2 = GetStockObject(LTGRAY_BRUSH) ! Get standard brush for second region
   Rgn2(1)%x = 50  ; Rgn2(1)%y = 130
   Rgn2(2)%x = 50  ; Rgn2(2)%y = 50
   Rgn2(3)%x = 80  ; Rgn2(3)%y = 80
```

```
    Rgn2(4)%x = 100 ; Rgn2(4)%y = 135
    Rgn2(5)%x = 80  ; Rgn2(5)%y = 100
    hRgn2 = CreatePolygonRgn (Rgn2(1),5,ALTERNATE) !Create second region
    iret = FillRgn (hdc,hRgn2,ihbrf2 ) ! Fill second region
    ! "Create" destination region template- CombineRgn requirement
    hRgnDest = CreatePolygonRgn (Rgn1(1),3,ALTERNATE)
    iret = CombineRgn (hRgnDest,hRgn1,hRgn2,RGN_AND) ! Find regions intersection
    ihbrframe = GetStockObject(WHITE_BRUSH) ! Get standard brush for intersection
    iret = FrameRgn (hdc,hRgnDest,ihbrframe,1, 1) ! Show resulting region
    ! Second window "DIFF"
    iret = OffsetRgn (hRgn1,101,0) ! Move first region
    iret = OffsetRgn (hRgn2,101,0) ! Move second region
    iret = FillRgn (hdc,hRgn1,ihbrf1 ) ! Fill first region
    iret = FillRgn (hdc,hRgn2,ihbrf2 ) ! Fill second region
    iret = CombineRgn (hRgnDest,hRgn1,hRgn2,RGN_DIFF) ! Find regions difference
    iret = FrameRgn (hdc,hRgnDest,ihbrframe,1, 1) ! Show resulting region
    ! Third window "OR"
    iret = OffsetRgn (hRgn1,101,0) ! Move first region
    iret = OffsetRgn (hRgn2,101,0) ! Move second region
    iret = FillRgn (hdc,hRgn1,ihbrf1 ) ! Fill first region
    iret = FillRgn (hdc,hRgn2,ihbrf2 ) ! Fill second region
    iret = CombineRgn (hRgnDest,hRgn1,hRgn2,RGN_OR) ! Find regions difference
    iret = FrameRgn (hdc,hRgnDest,ihbrframe,1, 1) ! Show resulting region
    ! Fourth window "XOR"
    iret = OffsetRgn (hRgn1,101,0) ! Move first region
    iret = OffsetRgn (hRgn2,101,0) ! Move second region
    iret = FillRgn (hdc,hRgn1,ihbrf1 ) ! Fill first region
    iret = FillRgn (hdc,hRgn2,ihbrf2 ) ! Fill second region
    iret = CombineRgn (hRgnDest,hRgn1,hRgn2,RGN_XOR) ! Find regions difference
    ihbrfr = CreateSolidBrush(ColorTable(14)) ! Get filling brush for result
    iret = FillRgn (hdc,hRgnDest,ihbrfr ) ! Fill resulting region
    iret = FrameRgn (hdc,hRgnDest,ihbrframe,1, 1) ! Show resulting region
    iret = EndPaint(hwnd,ps)
MainWndProc = 0
return
```

程式碼 8-3

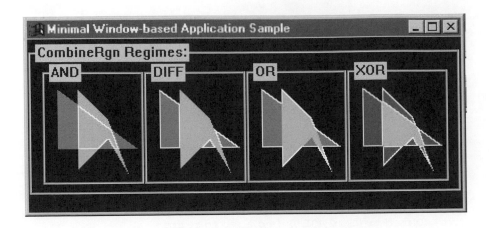

圖 8-3

範例 2：

```
use dfwina
use param_exchange
integer hWnd, mesg, wParam, lParam
integer hdc,hdcMem
type (T_PAINTSTRUCT) ps
type (T_BITMAP)  bm
type (T_POINT) center
type (T_POINT) image_point
integer hRgn
 select case(mesg)
  case (WM_CREATE)
   iret = CreateWindowEx(0,"button"C ,"SelectClipRgn:"C, &
          IOR(BS_GROUPBOX,IOR(WS_CHILD,WS_VISIBLE)), &
          1 ,5 ,338 ,290 ,hWnd ,NULL ,hInst ,NULL )
! Draw the frame around the placement of image part
! Real image size:638x500 ; Displayed image will be scaled into small window
   iret = CreateWindowEx(0,"static"C ,""C, &
          IOR(SS_ETCHEDFRAME,IOR(WS_CHILD,WS_VISIBLE)), &
          10 ,35 ,319 ,250 ,hWnd ,NULL,hInst ,NULL )
!Prepare copy of image in memory (virtual screen)
  hdc = GetDC(hwnd)
  hdcMem = CreateCompatibleDC(hdc)
  iret  = GetObject (image_handle, 24, LOC(bm))
```

```
  iret   = SelectObject(hdcMem,image_handle)
  iret   = ReleaseDC(hwnd,hdc)
! Create Start button
  start_handle = CreateWindowEx(0,"button"C ,"Start"C, &
              IOR(BS_PUSHBUTTON,IOR(WS_CHILD,WS_VISIBLE)), &
              120 ,300 ,120 ,30 ,hWnd ,start_code ,hInst ,NULL )
 ihbrfr = CreateSolidBrush(ColorTable(14)) ! Get brush for region's frame
 MainWndProc = 0
 return
case (WM_PAINT)
 hdc = BeginPaint(hwnd,ps)
 iret = StretchBlt(hdc,10,35,319,250,                    &
 hdcMem,0,0,bm%bmWidth,bm%bmHeight, SRCCOPY)
 iret  = EndPaint(hwnd,ps)
 MainWndProc = 0
 return
case (WM_COMMAND)
 select case(LoWord(wParam))
   case(start_code)
    hdc = GetDC(hwnd)
    hRgn = CreateEllipticRgn (20,90,140,210 )
    center%x = 80 ; center%y = 150
    image_subdim  = 150
    iret = SelectClipRgn(hdc,hRgn) ! Set clipping region
    do j=1,20
  ! calculate image's scanning point
      image_point%x = (center%x - 10)*2
      image_point%y = (center%y-35)*2
  ! output "normal dimensioned" image onto screen
      iret   = BitBlt(hdc,center%x - image_subdim/2,  &
              center%y - image_subdim/2,  &
              image_subdim,image_subdim,hdcMem,  &
              image_point%x - image_subdim/2,  &
              image_point%y - image_subdim/2,SRCCOPY)
  ! frame clipping region
      iret = FrameRgn (hdc,hRgn,ihbrfr,1, 1) ! Show region
      call Sleep(80)
  ! delete clipping region
      iret = SelectClipRgn(hdc,NULL)
  ! restore background image
```

```
      iret = StretchBlt(hdc,10,35,319,250, &
                hdcMem,0,0,bm%bmWidth,bm%bmHeight, SRCCOPY) &
! move region
      iret = OffsetRgn (hRgn,10,0)
! recalculate the center of "glass'
      center%x = center%x + 10
! restore clip region
      iret  = SelectClipRgn(hdc,hRgn)
    enddo
    iret   = ReleaseDC(hwnd,hdc)
end select
MainWndProc = 0
return
```

程式碼 8-4

圖 8-4

8.6　進階－"非正方形"視窗

用下列函式產生"非正方形"視窗：

---

integer*4 function　　SetWindowRgn (hWnd　,hRgn　,bRedraw)

目的:"...在視窗畫面上以指定的範圍來產生一塊區域供畫圖之用...."
參數:

	integer	hWnd	-	畫圖之視窗名稱
	integer	hRgn	-	範圍
	logical(4)	bRedraw	-	TRUE 或 FALSE

傳回值:

若成功，傳回一非零值.
若失敗，傳回零值.

```
use dfwina
use param_exchange
integer hWnd, mesg, wParam, lParam
integer hdc,hdcMem
type (T_PAINTSTRUCT) ps
type (T_BITMAP) bm
type (T_POINT) Rgn_exit(4)
integer hRgn_exit
 select case(mesg)
  case (WM_CREATE)
   ! Draw the frame around the placement of image part
    iret = CreateWindowEx(0,"static"C ,""C, &
          IOR(SS_ETCHEDFRAME,IOR(WS_CHILD,WS_VISIBLE)), &
          0 ,0 ,640 ,480 ,hWnd ,NULL,hInst ,NULL )
   ! Prepare copy of image in memory (virtual screen)
   hdc = GetDC(hwnd)
   hdcMem = CreateCompatibleDC(hdc)
   iret   = GetObject (image_handle, 24, LOC(bm))
   iret   = SelectObject(hdcMem,image_handle)
  ! Create Exit button
  ! a. Create child window for button. This window will
  !    translate all WM_COMMAND's messages directly
  !    to parent window
   ihWnd = CreateWindowEx(  0, lpszClassName1, lpszAppName1,   &
```

```
                  IOR(WS_BORDER,WS_CHILD),          &
                  284 ,340 ,80 ,30 ,hWnd ,NULL ,hInst ,NULL )
! b. Create clipping region for child window. Thus the button,
! which will fill client rectangle of child window will be drawn
!as nonrectangular control too.
  Rgn_exit(1)%x = 4  ; Rgn_exit(1)%y = 15
  Rgn_exit(2)%x = 40 ; Rgn_exit(2)%y = 4
  Rgn_exit(3)%x = 75 ; Rgn_exit(3)%y = 15
  Rgn_exit(4)%x = 40 ; Rgn_exit(4)%y = 27
hRgn_exit=CreatePolygonRgn(Rgn_exit(1),4,ALTERNATE)!Create button's region
  iret = SetWindowRgn (ihWnd ,hRgn_exit ,.TRUE. )
  iret = ShowWindow(ihWnd,SW_SHOWNORMAL)
  iret = UpdateWindow(ihWnd)
 ! c. Create button in child window
  exit_handle = CreateWindowEx(0,"button"C ,"Exit"C, &
                  IOR(BS_PUSHBUTTON,WS_CHILD), &
                  0 ,0 ,80 ,30 ,ihWnd ,exit_code ,hInst ,NULL )
  iret = ShowWindow(exit_handle,SW_SHOWNORMAL)
  iret = UpdateWindow(exit_handle)
  iret = ReleaseDC(hwnd,hdc)
  MainWndProc = 0
  return
 case (WM_PAINT)
  hdc = BeginPaint(hwnd,ps)
  iret = StretchBlt(hdc,0,0,640,480, &
         hdcMem,0,0,bm%bmWidth,bm%bmHeight, SRCCOPY)
  iret = EndPaint(hwnd,ps)
  MainWndProc = 0
  return
 case (WM_COMMAND)
  select case(LoWord(wParam))
   case(exit_code)
    iret = DestroyWindow(hwnd)
  end select
  MainWndProc = 0
  return
 case (WM_DESTROY)
  iret = DeleteObject(image_handle)
  call PostQuitMessage( 0 )
  MainWndProc = 0
  return
 case default
  MainWndProc = DefWindowProc( hWnd, mesg, wParam, lParam )
end select
```

```
return
end
integer function ButWndProc ( hWnd, mesg, wParam, lParam )
!DEC$IF DEFINED(_X86_)
!DEC$  ATTRIBUTES STDCALL, ALIAS : '_ButWndProc@16' :: ButWndProc
!DEC$ELSE
!DEC$  ATTRIBUTES STDCALL,ALIAS : 'ButWndProc' :: ButWndProc
!DEC$ENDIF
use dfwina
use param_exchange
integer hWnd, mesg, wParam, lParam
 select case(mesg)
   case (WM_COMMAND)
    select case(LoWord(wParam))
      case(exit_code)
       ihParent = GetParent(hwnd)
       iret = SendMessage(ihParent,mesg,wParam,lParam)
      end select
      ButWndProc = 0
      return
 end select
ButWndProc = DefWindowProc( hWnd, mesg, wParam, lParam )
return
end
```

程式碼 8-5

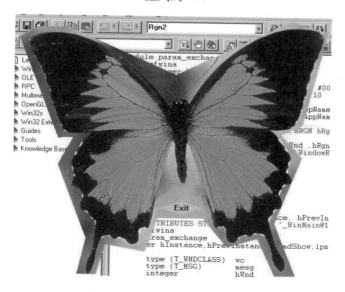

圖 8-5

8.7　**Bitmaps**

bitmap 是一個很有用的物件，可用來產生、處理 (比例縮放、捲動、 旋轉、著色)、也可儲存到磁碟機。

bitmaps 有兩款格式：1.機器相關 (DDBs) 2.機器無關 (DIBs)兩種格式。

DDBs 是早期 Windows 3.0 系統使用，也是當時唯一能使用的 bitmaps ，然而隨著顯示器的技術發展與改進，各式各樣的顯示器紛紛推出，問題隨之而來，例如，應用程式沒辦法將各種顯示器所產生之 bitmap 圖形在不同的儀器上取得與儲存，為了解決這方面的問題，微軟提出 DIBs。

8.8　圖案的列印

```
!先設定列印用的參數
type (T_PRINTDLG) pd
type (T_DOCINFO) di
!為列表機參數初始化
! initialize PRINTDLG structure
pd%lStructSize = 66 !sizeof(PRINTDLG)
pd%hwndOwner = hWnd
pd%hDevMode = NULL
pd%hDevNames = NULL
pd%nFromPage = 0
pd%nToPage = 0
pd%nMinPage = 0
pd%nMaxPage = 0
pd%nCopies = 0
pd%hInstance = hInst

pd%Flags = IOR(PD_RETURNDC , IOR(PD_NOPAGENUMS , IOR(PD_NOSELECTION ,&
          PD_PRINTSETUP)))
pd%lpfnSetupHook = NULL
pd%lpSetupTemplateName = NULL
pd%lpfnPrintHook = NULL
pd%lpPrintTemplateName = NULL
!打開列表機對話窗開始列印
iprhdc = PrintDlg(pd)
i = StartDoc(pd%hDC, di)
iret =StretchBlt(pd%hDC,0,0,cx*14,cy*14,hdcMem,0,0,bm%bmWidth,&
     bm%bmHeight,SRCCOPY)
              %hDC)
!記得刪除...
i = DeleteDC(pd%hDC)
```

程式碼 8-6

第 9 章

進階

9.1　談談資料庫

在處理大量資料時必需用到資料庫，市售的資料庫有多種，ＰＣ市場內最常用的有 Oracle，Sybase，DBII，Access，‧‧等。開啟資料庫連接方式 (ODBC 介面) 是一種進入資料庫的廣泛使用方法。有了 ODBC 介面，應用程式就可以不受資料庫處理系統的限制，自不同的地方進入資料庫，應用程式可以加入一種叫驅動器的軟體元件作爲該應用程式與資料庫處理系統間的介面。程序執行基本流程下圖：

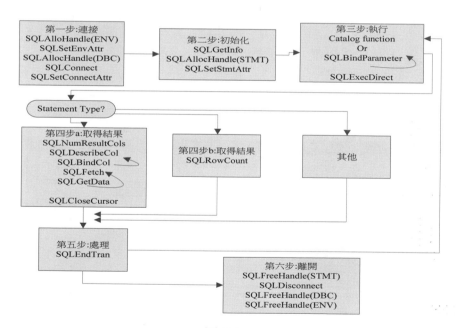

圖 9-1

ODBC 使用結構性查詢語言 (SQL) 作為其資料庫查詢 Fortran 程式設計者一定會對 ODBC 介面感到興趣，尤其是當資料檔案格式很特別，直接寫程式來讀取又很累人的時候，把它當成方便從資料庫取資料的工具，同時 ODBC 能把結果輸出成資料庫處理系統的格式。例如，微軟 Visual FoxPro 的格式，就很容易被微軟的辦公室作業軟體讀取，於是在處理報告、文章時減輕了使用者的負擔。

在使用 ODBC 之前都要先設定 Driver 及路徑，你可以用 ODBC 管理員來設定，或用程式碼來操控它（SQLConfigDataSource()函式，以後會談到），我們先把聯繫 FoxPro、Excel、Access 等 ODBC 管理員的設定分別說明如下圖，你首先要打開 ODBC 資料來源管理員，以下分別就管理 FoxPro、Excel、Access 等資料來源設定：

1.FoxPro：按下設定鈕之後，彈出 Setup 對話窗，填入各項目內容即可，如本圖之 Data Source Name：VFC、Description：TELLUR、Database type：Free Table dirctory、Path：等等資料。

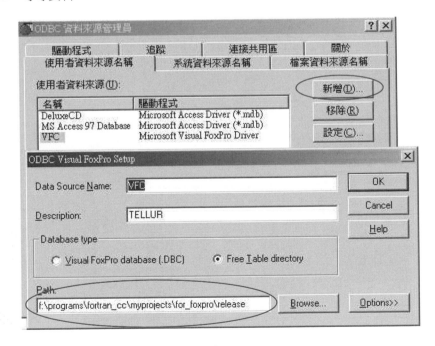

圖 9-2

2. Excel：

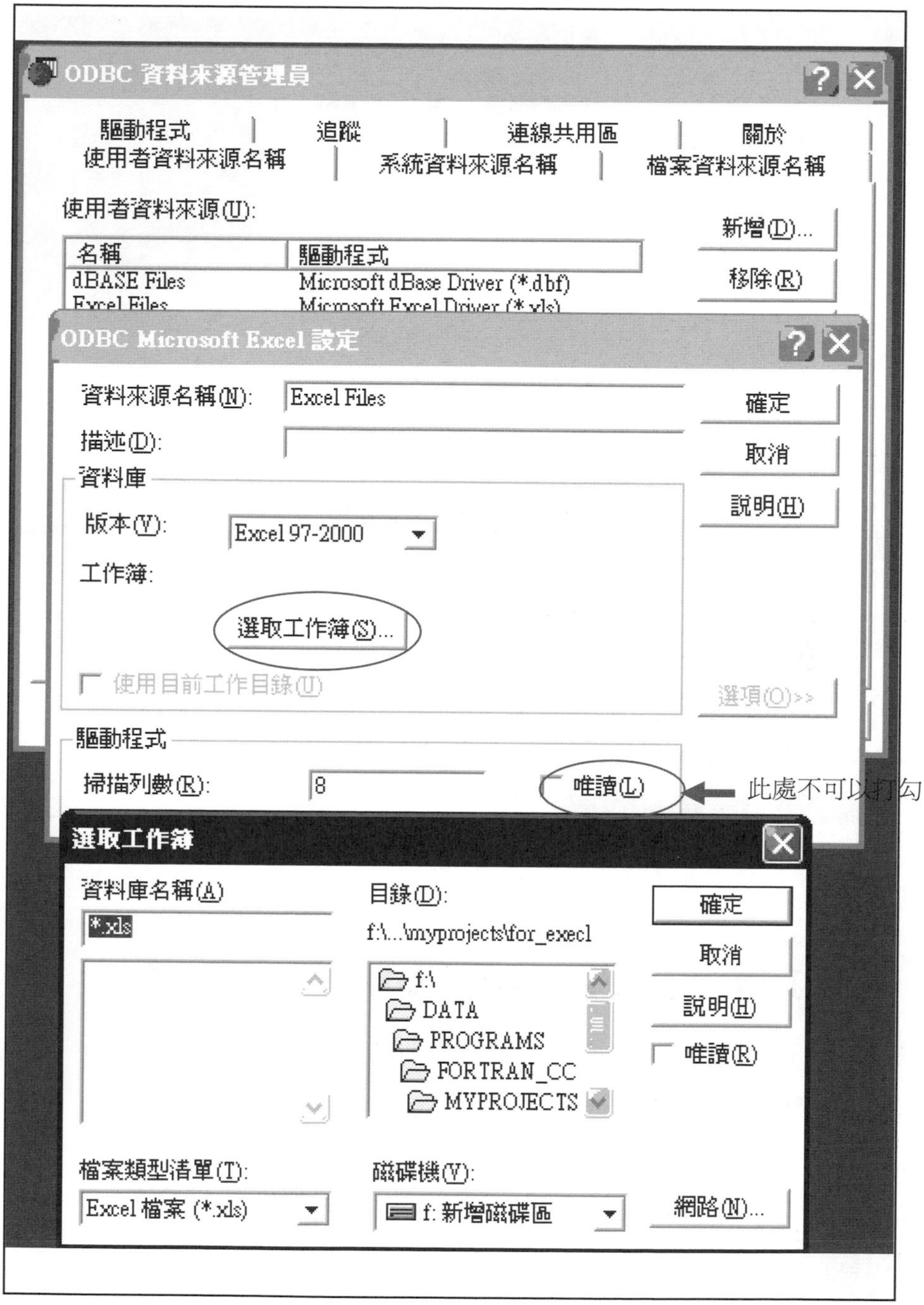
ODBC 資料來源管理員
驅動程式
追蹤
連線共用區
關於
使用者資料來源名稱
系統資料來源名稱
檔案資料來源名稱
使用者資料來源(U):
新增(D)...
移除(R)
名稱
驅動程式
dBASE Files
Microsoft dBase Driver (*.dbf)
ODBC Microsoft Excel 設定
資料來源名稱(N):
Excel Files
確定
描述(D):
取消
資料庫
說明(H)
版本(V):
Excel 97-2000
工作簿:
選取工作簿(S)...
使用目前工作目錄(U)
選項(O)>>
驅動程式
掃描列數(R):
8
唯讀(L)
此處不可以打勾
選取工作簿
資料庫名稱(A)
目錄(D):
確定
*.xls
f:\...\myprojects\for_execl
取消
f:\
DATA
說明(H)
PROGRAMS
唯讀(R)
FORTRAN_CC
MYPROJECTS
檔案類型清單(T):
磁碟機(V):
Excel 檔案 (*.xls)
f: 新增磁碟區
網路(N)...

圖 9-3

3.Access：

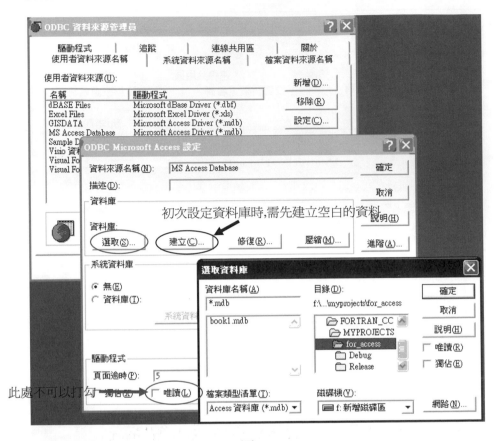

圖 9-4

9.1.1 讀取 Visual FoxPro 表格

本節僅討論 Visual FoxPro 表格，但只要稍加修改表列的結構，你就能夠使用其他的資料庫系統，參閱 9.1.9、9.1.10、9.1.11。

啟動 ODBC 有有兩種方法：

1.手動法，呼叫 ODBC Administrator；

2.程式中自己動啟動。

下一步 - 建立程式與 ODBC 連線。

由於 Visual Fortran 並沒有操控資料庫的函式，需要透過另外一種方式來達成目的，我們採用混合語言的方式來作，假如你對混合語言不熟悉，可以先參閱 9.3.1、9.3.2、9.3.3 的內容。由於 ODBC 的底層操控函式都以 C 語言寫的，我們會把它包裝起來，以便於 Fortran 呼叫。

下一節示範兩組簡單的支援 ODBC/SQL 模組：

1.第一種模組是以 C 寫的，他非常原始，包含了標準的傳入程序中的 SQL 函式，這個函式是要來設定 ODBC 的。

2.第二種模組是對每一個 C 程序的 Fortran 介面，SQL 函式的某些參數和某些 Fortran Subroutines 適用於準備及執行 SQL 命令。

第一模組 - 程序轉換 C 函式：

```
//============== Transformer ========================>>
#include <windows.h>
#include <sql.h>
#include <sqlext.h>
#include <stdlib.h>
#include <mbstring.h>
#include <odbcinst.h>

void VFC_SQLConfigDataSource(HWND *hwndParent, WORD *fRequest,
     LPCSTR *lpszDriver, LPCSTR *lpszAttributes, int *iret)
{
  *iret=SQLConfigDataSource(*hwndParent,*fRequest,*lpszDriver,*lpszAttributes);
}
//==================== end of Transformer =============>>
```

程式碼 9-1

第二模組 - Fortran 介面 + 參數 + Subroutines

```
module VFC_SQL
!===>>
INTERFACE
SUBROUTINEVFC_SQLConfigDataSource[C,ALIAS:'_VFC_SQLConfigDataSource'](a,b,c,d,e)
     INTEGER*4 a [REFERENCE]
     INTEGER*2 b [REFERENCE]
     INTEGER*4 c [REFERENCE]
     INTEGER*4 d [REFERENCE]
     INTEGER*4 e [REFERENCE]
```

```
END  SUBROUTINE VFC_SQLConfigDataSource
END INTERFACE
!=========== parameters ===========================
integer*2,parameter::ODBC_ADD_DSN = 1
!=========== subroutines ===========================
CONTAINS
subroutine StartVFPDriver(mdsn,mdescr,msourceDB,msourceType,iret)
!..........................................................................
! Implicit starting of ODBC driver, without ODBC Administrator
! Parameters:
!   mdsn     - C string with data source name ( Registry );
!   mdescr   - C string with driver description ( Registry);
!   msourceDB - C string with source of DB description (Registry);
!   msourceType - C string with type of DB description ( Registry);
!   iret     - error code
!          iret = 0   - no error
!          iret =-10,-20 - incomplete/incorrect input parameter(s)
!          iret =-30   - not enough space for driver Registry
!                   parameters string ( see Comment ).
! Comment:
! LEN(mdsn)+LEN(mdescr)+LEN(msourceDB)+LEN(msourceType)+32 MUST BE LESS
! OR EQUAL 260. Otherwise, you must change drvparms length.
!..........................................................................
character*(*) mdsn,mdescr,msourceDB,msourceType
integer*4   i1,i2,i3,i4,iret
character*51 drvname
character*260 drvparms
    iret = 0
    i1  = index(mdsn,char(0))
    i2  = index(mdescr,char(0))
    i3  = index(msourceDB,char(0))
    i4  = index(msourceType,char(0))
if ((i1*i2*i3*i4).eq.0) then
    iret = -10
    return
endif
if ((i1==1).or.(i2==1).or.(i3==1).or.(i4==1)) then
    iret = -20
    return
endif
    drvname = "Microsoft Visual FoxPro Driver"C
    drvparms = "DSN="//mdsn(1:i1)//"Description="//mdescr(1:i2)// &
          "SourceDB="//msourceDB(1:i3)//"SourceType="//msourceType(1:i4)
    iret = i1+i2+i3+i4+36
```

```
      if ( iret.gt.260 ) then
          iret = -30
          return
      endif
call VFC_SQLConfigDataSource(0,ODBC_ADD_DSN,      &
          LOC(drvname),      &
          LOC(drvparms), &
           iret)
      if ( iret.lt.0 ) then
! Call here the respective error handler ( Windows or console type )
          return
      endif
return
end  subroutine StartVFPDriver
end module VFC_SQL
```

程式碼 9-2

因此，要載入 Microsoft Visual FoxPro 表格之 ODBC ，可用下面的方法：

　　call StartVFPDriver("VFC"C，"TEST"C，"c:\\"C，"DBF"C，iret)

這種方式載入的 ODBC 其資料來源名稱爲： "VFC". 要設定及命名所有其他的參
數，可藉由 Registry Editor (regedit.exe)來執行。

9.1.2 連接資料庫來源

```
//============ Addition  for Transformer ===============>>
void VFC_SQLConnect(HDBC *hdbc,UCHAR *szDSN,SWORD *cbDSN,&
                        UCHAR *szUID, SWORD *cbUID,UCHAR*szAuthStr, &
                SWORD *cbAuthStr,int *iret)
{
  *iret = SQLConnect(*hdbc, szDSN, *cbDSN, szUID, *cbUID, szAuthStr,&
          *cbAuthStr);
}


void VFC_SQLAllocEnv(HENV *henv, int *iret)
{
      *iret = SQLAllocEnv(henv);
}


void VFC_SQLAllocConnect(HENV *henv, HDBC *hdbc, int *iret)
{
```

```
    *iret = SQLAllocConnect(*henv,hdbc);
}


void VFC_SQLAllocStmt(HDBC *hdbc,HSTMT *hstmt,int *iret)
{
    *iret = SQLAllocStmt(*hdbc,hstmt);
}
//=========== end of Addition for Transformer ============>>
```

程式碼 9-3

```
!------ Into main section of VFC_SQL
!===>>
INTERFACE
SUBROUTINE VFC_SQLAllocEnv [C,ALIAS:'_VFC_SQLAllocEnv'] (a,b)
    INTEGER*4 a [REFERENCE]
    INTEGER*4 b [REFERENCE]
END  SUBROUTINE VFC_SQLAllocEnv
END INTERFACE
!===>>
INTERFACE
SUBROUTINE VFC_SQLAllocConnect [C,ALIAS:'_VFC_SQLAllocConnect'] (a,b,c)
    INTEGER*4 a [REFERENCE]
    INTEGER*4 b [REFERENCE]
    INTEGER*4 c [REFERENCE]
END  SUBROUTINE VFC_SQLAllocConnect
END INTERFACE
!===>>
INTERFACE
SUBROUTINE VFC_SQLConnect [C,ALIAS:'_VFC_SQLConnect'] (a,b,c,d,e,f,g,h)
    INTEGER*4 a     [REFERENCE]
    CHARACTER*(*) b [REFERENCE]
    INTEGER*2 c     [REFERENCE]
    CHARACTER*(*) d [REFERENCE]
    INTEGER*2 e     [REFERENCE]
    CHARACTER*(*) f [REFERENCE]
    INTEGER*2 g     [REFERENCE]
    INTEGER*4 h     [REFERENCE]
END  SUBROUTINE VFC_SQLConnect
END INTERFACE
!===>>
INTERFACE
SUBROUTINE VFC_SQLAllocStmt [C,ALIAS:'_VFC_SQLAllocStmt'] (a,b,c)
    INTEGER*4 a [REFERENCE]
    INTEGER*4 b [REFERENCE]
    INTEGER*4 c [REFERENCE]
END  SUBROUTINE VFC_SQLAllocStmt
END INTERFACE
```

```fortran
integer*4 henv
integer*4 hdbc
integer*4 hstmt

!------ Into Parameters section of VFC_SQL
integer*4,parameter::SQL_NTS            =-3

!------ Into subroutines ( CONTAINS ) section of VFC_SQL
subroutine ConnectToVFPDriver(hdbcl,henvl,hstmtl,mdsn,iret)
!..................................................................
! Connect to ODBC driver previously started by StartVFPDriver
! Parameters:
!    hdbcl      - connection handle;
!    henvl      - environment handle;
!    hstmtl     - statement handle;
!    mdsn       - C string with data source name ( Registry );
!    iret       - error code
!                 iret = 0 - no error
!                 iret < 0 - error encountered in some SQL procedure
!..................................................................
integer*4    hdbcl,henvl,hstmtl,iret
 character*(*) mdsn
     iret = 0
     call VFC_SQLAllocEnv(henvl,iret)
     if ( iret.lt.0 ) then
!      Call here the respective error handler ( Windows or console type )
         return
     endif
call VFC_SQLAllocConnect(henvl,hdbcl,iret)
     if ( iret.lt.0 ) then
!      Call here the respective error handler ( Windows or console type )
     return
     endif
     call
VFC_SQLConnect(hdbcl,mdsn,INT2(SQL_NTS),""C,INT2(0),""C,INT2(0),iret)
     if ( iret.lt.0 ) then
!      Call here the respective error handler ( Windows or console type )
     return
     endif
     call VFC_SQLAllocStmt(hdbcl,hstmtl,iret)
     if ( iret.lt.0 ) then
!      Call here the respective error handler ( Windows or console type )
         return
     endif
return
end subroutine ConnectToVFPDriver
```

程式碼 9-4

載入 ODBC 以連上 Visual FoxPro 表格 subroutine：

```
subroutine VFC_ConnectToMyODBCDriver(iret)
use VFC_SQL
call StartVFPDriver("VFC"C,"TEST"C,"c:\\"C,"DBF"C,iret)
if (iret.lt.0) return
  call ConnectToVFPDriver(hdbc,henv,hstmt,"VFC"C,iret)
return
end
```

程式碼 9-5

9.1.3 新增 Visual FoxPro 表格

```
//============== Addition  for Transformer ================>>
void VFC_sqlExecDirect( HSTMT *hstmt, UCHAR *create, SDWORD *msg, int *iret)
{
    *iret = SQLExecDirect(*hstmt,create,*msg);
}
//============= end of Addition for Transformer ==============>>
```

程式碼 9-6

```
!------ Into main section of VFC_SQL
!===>>
INTERFACE
SUBROUTINE VFC_sqlExecDirect [C,ALIAS:'_VFC_sqlExecDirect'] (a,b,c,d)
     INTEGER*4 a [REFERENCE]
     CHARACTER*(*) b [REFERENCE]
     INTEGER*4 c [REFERENCE]
     INTEGER*4 d [REFERENCE]
END  SUBROUTINE VFC_sqlExecDirect
END INTERFACE
!------ Into Parameters section of VFC_SQL
!------ Into subroutines  ( CONTAINS ) section of VFC_SQL
subroutine CreateVFPTable(hstmtl,TableName,FieldsNames,num1,num2,iret)
!.........................................................................
! Create Microsoft Visual FoxPro table (DBF)
! Parameters:
!     hstmtl    - statement handle;
!     TableName  - C string with database name;
!     FieldsNames - array of num2 C strings. Specifications of
!                  created fields;
!     num1       - length of each element in FieldsNames;
```

```
!     num2       - number of fields in database;
!     iret       - error code
!                  iret = 0 - no error
!                  iret =-10 - database already exists
!...................................................................
integer*4       hstmtl,num1,num2,iret
character*(*)    TableName
character*(num1) FieldsNames(num2)
character*260    filename
character*260    comstr
logical         exists
     iret    = 0
     i1      = index(TableName,char(0))
     filename = TableName(1:i1-1)//".dbf"
     inquire(file=filename,exist=exists)
     if (exists) then
         iret = -10
         return
     endif
!        Construct SQL expression:
! "CREATE TABLE XXXXXX (YYYYY,ZZZZZ,....)"C
! where XXXXXX      - database name from TableName
!     YYYYY,ZZZZZ  - fields specifications from FieldsNames,
!                    for example, NAME C(10) - character field
!                    with length = 10 chars
     comstr="CREATE TABLE "
     icount=14
     comstr(icount:icount+i1-2) = TableName(1:i1-1)
     icount               = icount+i1-1
     comstr(icount:icount+1) = " ("
     icount               = icount+2
     do j=1,num2
         filename = FieldsNames(j)
         i1 = index(filename,char(0))
         comstr(icount:icount+i1-2) = filename(1:i1-1)
         icount               = icount+i1-1
         if (j.ne.num2) then
             comstr(icount:icount) = ","
             icount = icount + 1
         else
             comstr(icount:icount+1) = ")"//char(0)
         endif
     enddo
! Execute SQL expression now
call VFC_SQLExecDirect(hstmtl,comstr,SQL_NTS,iret)
```

```
      if ( iret.lt.0 ) then
!       Call here the respective error handler ( Windows or console type )
          return
      endif
return
end subroutine CreateVFPTable
```

程式碼 9-7

新增 Visual FoxPro 表格之程式碼：

產生 testbase.dbf.
內含五個欄位：
1. 文字欄位. 名稱 - Text. 長度 ＝50 字元；
2. 數字欄位. 名稱 - P1. 長度 ＝10. 小數點位 ＝4；
3. 浮點數欄位. 名稱 - P2. 長度 ＝10. 小數點位 ＝4；4. 整數欄位. 名稱 - P3.
5. 雙倍精度(二進位)欄位，名稱 - P4. 小數點位 ＝8。

```
...
use VFC_SQL
character*15 FileldsNames(5)
...
FieldsNames(:)=(/"TEXT    C(50)"C,"P1    N(10,4)"C,"P2    F(10,4)"C,"P3
I"C,"P4 B(8)"C/)
call VFC_ConnectToMyODBCDriver(iret)    ! subroutine from section
2.1.1.2
if ( iret.lt.0 ) then
   ...
endif
call CreateVFPTable(hstmt,"TESTBASE"C,FieldsNames,15,5,iret)
if ( iret.lt.0 ) then
   ...
endif
...
```

程式碼 9-8

9.1.4 填入 FoxPro 表格

```
//============== Addition  for Transformer ==============>>
void VFC_sqlExecute( HSTMT *hstmt, int *iret)
{
    *iret = SQLExecute(*hstmt);
}
```

```
void VFC_sqlPrepare( HSTMT *hstmt, UCHAR *create, SDWORD *msg, int *iret)
{
     *iret = SQLPrepare(*hstmt,create,*msg);
}


void VFC_sqlBindParameter(HSTMT *hstmt,UWORD *parnum,SWORD *fParamType,&
     SWORD *fCType,SWORD *fSqlType,UDWORD *cbColDef,&
     SWORD *ibScale,PTR *rgbValue,WORD *cbValueMax,&
     SDWORD *pcbValue,int *iret)
{
     *iret= SQLBindParameter(*hstmt,*parnum,*fParamType,*fCType,&
     *fSqlType,*cbColDef,*ibScale, *rgbValue,*cbValueMax,pcbValue);
}
void VFC_sqlBindCharParameter(HSTMT *hstmt,UWORD *parnum,&
      SWORD *fParamType,SWORD *fCType,SWORD *fSqlType,&
      UDWORD *cbColDef, SWORD *ibScale,PTR *rgbValue,&
      WORD *cbValueMax, SDWORD *pcbValue,int *iret)
{
    *iret = SQLBindParameter(*hstmt,*parnum,*fParamType,*fCType,*fSqlType,&
         *cbColDef,*ibScale,   rgbValue,  *cbValueMax,pcbValue);
}
//========== end of Addition for Transformer ================>>
```

程式碼 9-9

9.1.5 更新 Visual FoxPro 表格

```
//============== Addition  for Transformer ============>>
void VFC_SQLBindCol(HSTMT *hstmt,UWORD *icol,SWORD *fCType,PTR *rgbValue,&
               SDWORD *cbValueMax,SDWORD *pcbValue, int *iret)
{
*iret = SQLBindCol(*hstmt, *icol, *fCType, *rgbValue, *cbValueMax, pcbValue);
}


void VFC_SQLBindCharCol(HSTMT *hstmt,UWORD *icol,SWORD *fCType,PTR *rgbValue,
                   SDWORD *cbValueMax,SDWORD *pcbValue, int *iret)
{
*iret = SQLBindCol(*hstmt, *icol, *fCType, rgbValue, *cbValueMax, pcbValue);
}
//============== end of Addition for Transformer ==============>>
```

程式碼 9-10

```
!------ Into main section of VFC_SQL
!===>>
INTERFACE
SUBROUTINE VFC_SQLBindCol [C,ALIAS:'_VFC_SQLBindCol'] (a,b,c,d,e,f,g)
     INTEGER*4 a [REFERENCE]
     INTEGER*2 b [REFERENCE]
     INTEGER*2 c [REFERENCE]
     INTEGER*4 d [REFERENCE]
     INTEGER*4 e [REFERENCE]
     INTEGER*4 f [REFERENCE]
     INTEGER*4 g [REFERENCE]
END  SUBROUTINE VFC_SQLBindCol
END INTERFACE
!===>>
INTERFACE
SUBROUTINE VFC_SQLBindCharCol [C,ALIAS:'_VFC_SQLBindCharCol']
(a,b,c,d,e,f,g)
     INTEGER*4 a [REFERENCE]
     INTEGER*2 b [REFERENCE]
     INTEGER*2 c [REFERENCE]
     CHARACTER*(*) d [REFERENCE]
     INTEGER*4 e [REFERENCE]
     INTEGER*4 f [REFERENCE]
     INTEGER*4 g [REFERENCE]
END  SUBROUTINE VFC_SQLBindCharCol
END INTERFACE
!------ Into Parameters section of VFC_SQL
!------ Into subroutines ( CONTAINS ) section of VFC_SQL
subroutine UpdateValueInVFPTable(hstmtl,TableName,InColName,  &
         InColType,CondColName,CondColType,iret)
!.....................................................................
!  Update record with new value
!  Parameters:
!      hstmtl      - statement handle;
!      TableName   - C string with database name;
!      InColName   - C string with column name;
!      InColType   - type of column
!                  = 1 - Float field
!                  = 2 - Numeric field
!                  = 3 - Double(binary) field
!                  = 4 - Integer field
!                  = 5 - Character field
!      CondColName - C string with column name;
!      CondColType - type of column
!                  = 1 - Float field
```

```
!                     = 2 - Numeric field
!                     = 3 - Double(binary) field
!                     = 4 - Integer field
!                     = 5 - Character field
!     iret        - error code
!                     iret = 0 - no error
!                     iret =-10 - database doesn't exist
!  Inserted value is placed in one of the SQL exchanging variables
!  with respect to InColType variable:
!  SQL_Real_Parm(1)    - if InColType = 1,2
!  SQL_Double_Parm(1)  - if InColType = 3
!  SQL_Integer_Parm(1) - if InColType = 4
! SQL_Char_Parm(1)    - if InColType = 5. For this type of inserted
! value, you must specify also the size of
!                         character field in SQL_Char_Width(1)
! Value for condition is placed in one of the SQL exchanging variables
!  with respect to CondColType variable:
!      SQL_Real_Parm(2)    - if CondColType = 1,2
!      SQL_Double_Parm(2)  - if CondColType = 3
!      SQL_Integer_Parm(2) - if CondColType = 4
!   SQL_Char_Parm(2)   - if CondColType = 5. For this type of inserted
!               value, you must specify also the size of
!               character field in SQL_Char_Width(2)
!......................................................
integer*4     hstmtl,iret,InColType,CondColType
character*(*) TableName,InColName,CondColName
character*260    filename
character*260    comstr
logical         exists
integer*2        ipar
    iret   = 0
    i1     = index(TableName,char(0))
    filename = TableName(1:i1-1)//".dbf"
    inquire(file=filename,exist=exists)
    if (.not.exists) then
        iret = -10
        return
    endif
! Construct SQL expression now
! "UPDATE XXXXXX SET YYYYYY=? WHERE ZZZZZZ=?"C
! where XXXXXX - database name from TableName
!      YYYYYY - updated column name
!      ZZZZZZ - conditional column name
    comstr="UPDATE "
    icount=8
```

```
      comstr(icount:icount+i1-2) = TableName(1:i1-1)
      icount                     = icount+i1-1
      comstr(icount:icount+4) = " SET "
      icount               = icount+5
      i1 = index(InColName,char(0))
      comstr(icount:icount+i1-2) = InColName(1:i1-1)
      icount                     = icount+i1-1
      comstr(icount:icount+8)   = "=? WHERE "
      icount = icount + 9
      i1 = index(CondColName,char(0))
      comstr(icount:icount+i1-2) = CondColName(1:i1-1)
      icount                     = icount+i1-1
      comstr(icount:icount+2)   = "=?"//char(0)
! Prepare SQL expression for execution
      call VFC_SQLPrepare(hstmtl,comstr,SQL_NTS,iret)
      if ( iret.lt.0 ) then
! Call here the respective error handler ( Windows or console type )
          return
      endif
      ipar = 1
   select case(InColType)
     case(1)
      call VFC_SQLBindParameter(hstmtl,ipar,SQL_PARAM_INPUT,SQL_C_FLOAT, &
          SQL_FLOAT,0,INT2(0),LOC(SQL_Real_Parm(1)),INT2(0),0,iret)
     case(2)
       call VFC_SQLBindParameter(hstmtl,ipar,SQL_PARAM_INPUT,SQL_C_FLOAT, &
           SQL_FLOAT,0,INT2(0),LOC(SQL_Real_Parm(1)),INT2(0),0,iret)
     case(3)
       call VFC_SQLBindParameter(hstmtl,ipar,SQL_PARAM_INPUT,SQL_C_DOUBLE, &
           SQL_DOUBLE,0,INT2(0),LOC(SQL_Double_Parm(1)),INT2(0),0,iret)
     case(4)
       call VFC_SQLBindParameter(hstmtl,ipar,SQL_PARAM_INPUT,SQL_C_LONG, &
           SQL_INTEGER,0,INT2(0),LOC(SQL_Integer_Parm(1)),INT2(0),0,iret)
     case(5)
       callVFC_SQLBindCharParameter(hstmtl,ipar,SQL_PARAM_INPUT,SQL_C_CHAR, &
      SQL_VARCHAR,SQL_Char_Width(1),INT2(0),SQL_Char_Parm(1),INT2(0),0,iret)
     end select
if ( iret.lt.0 ) then
! Call here the respective error handler ( Windows or console type )
      return
endif
ipar = 2
select case(CondColType)
  case(1)
    call VFC_SQLBindParameter(hstmtl,ipar,SQL_PARAM_INPUT,SQL_C_FLOAT, &
```

```
        SQL_FLOAT,0,INT2(0),LOC(SQL_Real_Parm(2)),INT2(0),0,iret)
      case(2)
        call VFC_SQLBindParameter(hstmtl,ipar,SQL_PARAM_INPUT,SQL_C_FLOAT, &
        SQL_FLOAT,0,INT2(0),LOC(SQL_Real_Parm(2)),INT2(0),0,iret)
      case(3)
        call VFC_SQLBindParameter(hstmtl,ipar,SQL_PARAM_INPUT,SQL_C_DOUBLE, &
            SQL_DOUBLE,0,INT2(0),LOC(SQL_Double_Parm(2)),INT2(0),0,iret)
      case(4)
        call VFC_SQLBindParameter(hstmtl,ipar,SQL_PARAM_INPUT,SQL_C_LONG, &
            SQL_INTEGER,0,INT2(0),LOC(SQL_Integer_Parm(2)),INT2(0),0,iret)
      case(5)
        call VFC_SQLBindCharParameter(hstmtl,ipar,SQL_PARAM_INPUT,SQL_C_CHAR, &
        SQL_VARCHAR,SQL_Char_Width(2),INT2(0),SQL_Char_Parm(2),INT2(0),0,iret)
end select
if ( iret.lt.0 ) then
! Call here the respective error handler ( Windows or console type )
      return
endif
call VFC_SQLExecute(hstmtl,iret)
if ( iret.lt.0 ) then
! Call here the respective error handler ( Windows or console type )
      return
endif
return
end subroutine UpdateValueInVFPTable
!----------------------------------------------------
subroutine UpdateValueInVFPTableRecord(hstmtl,TableName,ColName, &
          ColType,RecNumber,iret)
!....................................................................
!  Update record with new value
!  Parameters:
!      hstmtl       - statement handle;
!      TableName    - C string with database name;
!      ColName      - C string with column name;
!      ColType      - type of column
!                     = 1 - Float field
!                     = 2 - Numeric field
!                     = 3 - Double(binary) field
!                     = 4 - Integer field
!                     = 5 - Character field
!      RecNumber    - record(row) number
!      iret         - error code
!                     iret = 0  - no error
!                     iret =-10 - database doesn't exist
!  Inserted value is placed in one of the SQL exchanging variables
```

```
!  with respect to ColType variable:
!  SQL_Real_Parm(1)    - if ColType = 1,2
!  SQL_Double_Parm(1)  - if ColType = 3
!  SQL_Integer_Parm(1) - if ColType = 4
!  SQL_Char_Parm(1)    - if ColType = 5. For this type of inserted
!  value, you must specify also the size of
!  character field in SQL_Char_Width(1)
!.......................................................
integer*4     hstmtl,iret,ColType,RecNumber
character*(*) TableName,ColName
character*260    filename
character*260    comstr
logical         exists
integer*2        ipar
     iret    = 0
     i1      = index(TableName,char(0))
     filename = TableName(1:i1-1)//".dbf"
     inquire(file=filename,exist=exists)
     if (.not.exists) then
         iret = -10
         return
     endif
! Construct SQL expression now
! "UPDATE XXXXXX SET YYYYYY=? WHERE RECNO()=?"C
! where XXXXXX - database name from TableName
!       YYYYYY - updated column name
     comstr="UPDATE "
     icount=8
     comstr(icount:icount+i1-2) = TableName(1:i1-1)
     icount                     = icount+i1-1
     comstr(icount:icount+4) = " SET "
     icount                  = icount+5
     i1 = index(ColName,char(0))
     comstr(icount:icount+i1-2) = ColName(1:i1-1)
     icount                     = icount+i1-1
     comstr(icount:icount+18)  = "=? WHERE RECNO()=?"//char(0)
! Prepare SQL expression for execution
     call VFC_SQLPrepare(hstmtl,comstr,SQL_NTS,iret)
     if ( iret.lt.0 ) then
! Call here the respective error handler ( Windows or console type )
         return
     endif
     ipar = 1
   select case(ColType)
    case(1)
```

```
      call VFC_SQLBindParameter(hstmtl,ipar,SQL_PARAM_INPUT,SQL_C_FLOAT, &
          SQL_FLOAT,0,INT2(0),LOC(SQL_Real_Parm(1)),INT2(0),0,iret)
    case(2)
      call VFC_SQLBindParameter(hstmtl,ipar,SQL_PARAM_INPUT,SQL_C_FLOAT, &
          SQL_FLOAT,0,INT2(0),LOC(SQL_Real_Parm(1)),INT2(0),0,iret)
    case(3)
       call VFC_SQLBindParameter(hstmtl,ipar,SQL_PARAM_INPUT,SQL_C_DOUBLE, &
            SQL_DOUBLE,0,INT2(0),LOC(SQL_Double_Parm(1)),INT2(0),0,iret)
    case(4)
     call VFC_SQLBindParameter(hstmtl,ipar,SQL_PARAM_INPUT,SQL_C_LONG, &
          SQL_INTEGER,0,INT2(0),LOC(SQL_Integer_Parm(1)),INT2(0),0,iret)
    case(5)
     call VFC_SQLBindCharParameter(hstmtl,ipar,SQL_PARAM_INPUT,SQL_C_CHAR, &
      SQL_VARCHAR,SQL_Char_Width(1),INT2(0),SQL_Char_Parm(1),INT2(0),0,iret)
  end select
if ( iret.lt.0 ) then
! Call here the respective error handler ( Windows or console type )
          return
endif
ipar = 2
call VFC_SQLBindParameter(hstmtl,ipar,SQL_PARAM_INPUT,SQL_C_LONG, &
        SQL_INTEGER,0,INT2(0),LOC(RecNumber),INT2(0),0,iret)
if ( iret.lt.0 ) then
! Call here the respective error handler ( Windows or console type )
          return
endif
call VFC_SQLExecute(hstmtl,iret)
return
end subroutine UpdateValueInVFPTableRecord
```

程式碼 9-11

你看到：UpdateValueInVFPTable 和 UpdateValueInVFPTableRecord 兩個函式，那是因為我們比較喜歡用兩種方式來更新資料，至於用那一種，全按我們的需要及對 SQL 命令的了解：

1."UPDATE databasename SET fieldname=? WHERE conditionalfieldname=?"C

2."UPDATE databasename SET fieldname=? WHERE RECNO()=?"C

　　上面的 SQL 命令對傳統的 SQL 使用者而言看起來很奇怪，是因為微軟改變了傳統的 SQL 方法(經由 cursor)並且把它用到 FoxPro 的 ODBC 上。

另外，第三種更新資料的方式：

3. "UPDATE databasename SET fieldname=?"C .

同樣可以將值放入資料欄位中。

最後,所有敘述都可以寫在一行上:

`"UPDATE databasename SET fieldname1=?,fieldname2=?,.... WHERE conditionalfieldname=?"C`

```
...
use VFC_SQL
character*15 FileldsNames(5)
...
FieldsNames(:)=(/"TEXT C(50)"C,"P1 N(10,4)"C,"P2 F(10,4)"C,&
 "P3 I"C,"P4 B(8)"C/)
call VFC_ConnectToMyODBCDriver(iret)
if ( iret.lt.0 ) then
 ...
endif
call CreateVFPTable(hstmt,"TESTBASE"C,FieldsNames,15,5,iret)
if ( iret.lt.0 ) then
 ...
endif
...
! Now let us suppose that we want to create 50 records in this database
! and we want to fill integer field P3 during creation, so
do j=1,50
  SQL_Integer_Parm (1)= j
  call InsertValueIntoVFPTable(hstmt,"TESTBASE"C,"P3"C,4,iret)
  if ( iret.lt.0 ) then
    ...
  endif
enddo
 ...
! Now we want to update value of P1 field where P3=10, so
SQL_Real_Parm(1) = 10.55555
     SQL_Integer_Parm(2) = 10
call UpdateValueInVFPTable(hstmt,"TESTBASE"C,"P1"C,1,"P3"C,4,iret)
if ( iret.lt.0 ) then
 ...
endif
 ...
! Now we want to update the value of P2 field at record=15
! All other values from this record are not interesting for us now.
irec = 15
```

```
SQL_Real_Parm(1) = 20.55555
call UpdateValueInVFPTableRecord(hstmt,"TESTBASE"C,"P2"C,2,irec,iret)
if ( iret.lt.0 ) then
   ...
endif
...
```

程式碼 9-12

程式執行後，會新增 testbase.dbf 到 Visual FoxPro 瀏覽器中，你會看到：

1. P3 填入整數；

2. 第十個紀錄之 P1=10.55555；

3. 第十五個紀錄之 P2=20.55555；

其餘所有的欄位內容均為 .NULL。

9.1.6 取得 Visual FoxPro 表格內容

```
//=========== Addition  for Transformer ==============>>
void VFC_SQLFetch(HSTMT *hstmt, int *iret)
{
    *iret = SQLFetch(*hstmt);
}
void VFC_SQLFreeStmt(HSTMT *hstmt,UWORD *fOption,int *iret)
{
    *iret = SQLFreeStmt(*hstmt,*fOption);
}
//=========== end of Addition for Transformer ============>>
```

程式碼 9-13

```
!------ Into main section of VFC_SQL
!===>>
INTERFACE
SUBROUTINE VFC_SQLFetch [C,ALIAS:'_VFC_SQLFetch'] (a,b)
     INTEGER*4 a [REFERENCE]
     INTEGER*4 b [REFERENCE]
END  SUBROUTINE VFC_SQLFetch
END INTERFACE
!===>>
INTERFACE
SUBROUTINE VFC_SQLFreeStmt [C,ALIAS:'_VFC_SQLFreeStmt'] (a,b,c)
     INTEGER*4 a [REFERENCE]
     INTEGER*2 b [REFERENCE]
```

```
      INTEGER*4 c [REFERENCE]
END  SUBROUTINE VFC_SQLFreeStmt
END INTERFACE


!------ Into Parameters section of VFC_SQL
integer*2,parameter::SQL_DROP     = 1
integer*2,parameter::SQL_CLOSE    = 0


!------ Into subroutines ( CONTAINS ) section of VFC_SQL
subroutine SelectValueFromVFPTable(hstmtl,TableName,CondColName,  &
         CondColType,ResColName,ResColType,iret)
!.............................................................
! Retrieve value
! Parameters:
!     hstmtl     - statement handle;
!     TableName  - C string with database name;
!     CondColName - C string with column name;
!     CondColType - type of column
!                 = 1 - Float field
!                 = 2 - Numeric field
!                 = 3 - Double(binary) field
!                 = 4 - Integer field
!                 = 5 - Character field
!     ResColName  - C string with column name;
!     ResColType  - type of column
!                 = 1 - Float field
!                 = 2 - Numeric field
!                 = 3 - Double(binary) field
!                 = 4 - Integer field
!                 = 5 - Character field
!     iret       - error code
!                   iret = 0  - no error
!                   iret =-10 - database doesn't exist
! Value for condition is placed in one of the SQL exchanging variables
! with respect to CondColType variable:
!     SQL_Real_Parm(1)    - if CondColType = 1,2
!     SQL_Double_Parm(1)  - if CondColType = 3
!     SQL_Integer_Parm(1) - if CondColType = 4
!     SQL_Char_Parm(1)  - if CondColType = 5. For this type of inserted
! value, you must specify also the size of
! character field in SQL_Char_Width(1)
! Retrieved value is placed into one of the SQL exchanging variables
! with respect to InColType variable:
!     SQL_Real_Parm(2)    - if ResColType = 1,2
!     SQL_Double_Parm(2)  - if ResColType = 3
```

```
!           SQL_Integer_Parm(2) - if ResColType = 4
!           SQL_Char_Parm(2)    - if ResColType = 5. For this type of inserted
!                                 value, you must specify also the size of
!                                 character field in SQL_Char_Width(2)
!.......................................................
integer*4     hstmtl,iret,ResColType,CondColType
character*(*) TableName,ResColName,CondColName
character*260    filename
character*260    comstr
logical          exists
integer*2        ipar
    iret     = 0
    i1       = index(TableName,char(0))
    filename = TableName(1:i1-1)//".dbf"
    inquire(file=filename,exist=exists)
    if (.not.exists) then
        iret = -10
        return
    endif
! Construct SQL expression now
! "SELECT XXXXXX FROM YYYYYY WHERE ZZZZZZ=?"C
!  where XXXXXX - retrieved fieldname from ResColName
!        YYYYYY - database name from TableName
!        ZZZZZZ - conditional columnname from CondColName
    comstr="SELECT "
    icount=8
    i1 = index(ResColName,char(0))
    comstr(icount:icount+i1-2) = ResColName(1:i1-1)
    icount                     = icount+i1-1
    comstr(icount:icount+5) = " FROM "
    icount                  = icount+6
    i1      = index(TableName,char(0))
    comstr(icount:icount+i1-2) = TableName(1:i1-1)
    icount                     = icount+i1-1
    comstr(icount:icount+6)    = " WHERE "
    icount = icount + 8
    i1 = index(CondColName,char(0))
    comstr(icount:icount+i1-2) = CondColName(1:i1-1)
    icount                     = icount+i1-1
    comstr(icount:icount+2)    = "=?"//char(0)
! Prepare SQL expression for execution
    call VFC_SQLPrepare(hstmtl,comstr,SQL_NTS,iret)
    if ( iret.lt.0 ) then
! Call here the respective error handler ( Windows or console type )
        return
```

```fortran
      endif
      ipar = 1
select case(CondColType)
  case(1)
    call VFC_SQLBindParameter(hstmtl,ipar,SQL_PARAM_INPUT,SQL_C_FLOAT, &
         SQL_FLOAT,0,INT2(0),LOC(SQL_Real_Parm(1)),INT2(0),0,iret)
  case(2)
    call VFC_SQLBindParameter(hstmtl,ipar,SQL_PARAM_INPUT,SQL_C_FLOAT, &
         SQL_FLOAT,0,INT2(0),LOC(SQL_Real_Parm(1)),INT2(0),0,iret)
  case(3)
    call VFC_SQLBindParameter(hstmtl,ipar,SQL_PARAM_INPUT,SQL_C_DOUBLE, &
         SQL_DOUBLE,0,INT2(0),LOC(SQL_Double_Parm(1)),INT2(0),0,iret)
  case(4)
    call VFC_SQLBindParameter(hstmtl,ipar,SQL_PARAM_INPUT,SQL_C_LONG, &
         SQL_INTEGER,0,INT2(0),LOC(SQL_Integer_Parm(1)),INT2(0),0,iret)
  case(5)
    callVFC_SQLBindCharParameter(hstmtl,ipar,SQL_PARAM_INPUT,SQL_C_CHAR, &
      SQL_VARCHAR,SQL_Char_Width(1),INT2(0),SQL_Char_Parm(1),INT2(0),0,iret)
end select
if ( iret.lt.0 ) then
! Call here the respective error handler ( Windows or console type )
         return
endif
call VFC_SQLExecute(hstmtl,iret)
if ( iret.lt.0 ) then
! Call here the respective error handler ( Windows or console type )
         return
endif
ipar = 1
select case(ResColType)
case(1)
  call VFC_SQLBindCol(hstmtl,ipar,SQL_C_FLOAT,LOC(SQL_Real_Parm(2)), &
       0,0,iret)
case(2)
  call VFC_SQLBindCol(hstmtl,ipar,SQL_C_FLOAT,LOC(SQL_Real_Parm(2)), &
       0,0,iret)
case(3)
  call VFC_SQLBindCol(hstmtl,ipar,SQL_C_DOUBLE,LOC(SQL_Double_Parm(2)), &
       0,0,iret)
case(4)
  call VFC_SQLBindCol(hstmtl,ipar,SQL_C_LONG,LOC(SQL_Integer_Parm(2)), &
       0,0,iret)
case(5)
  call VFC_SQLBindCharCol(hstmtl,ipar,SQL_C_CHAR,SQL_Char_Parm(2), &
       SQL_Char_Width(2),namelength,iret)
```

```
end select
if ( iret.lt.0 ) then
! Call here the respective error handler ( Windows or console type )
        return
endif
call VFC_SQLFetch(hstmtl,iret)
if ( iret.lt.0 ) then
! Call here the respective error handler ( Windows or console type )
        return
endif
call VFC_SQLFreeStmt(hstmtl,SQL_CLOSE,iret)
return
end subroutine SelectValueFromVFPTable
!------------------------------------------------------
subroutine SelectValueFromVFPTableRecord(hstmtl,TableName, &
        RecNum, ResColName,ResColType,iret)
!.....................................................
!  Retrieve value from the record
!  Parameters:
!     hstmtl      - statement handle;
!     TableName   - C string with database name;
!     CondColName - C string with column name;
!     CondColType - type of column
!                 = 1 - Float field
!                 = 2 - Numeric field
!                 = 3 - Double(binary) field
!                 = 4 - Integer field
!                 = 5 - Character field
!     RecNum      - record number
!     iret        - error code
!                   iret = 0  - no error
!                   iret =-10 - database doesn't exist
!  Retrieved value is placed into one of the SQL exchanging variables
!  with respect to InColType variable:
!     SQL_Real_Parm(2)    - if ResColType = 1,2
!     SQL_Double_Parm(2)  - if ResColType = 3
!     SQL_Integer_Parm(2) - if ResColType = 4
!   SQL_Char_Parm(2)  - if ResColType = 5. For this type of inserted
! value, you must specify also the size of
! character field in SQL_Char_Width(2)
!.....................................................
integer*4    hstmtl,iret,ResColType,RecNum
character*(*) TableName,ResColName
character*260    filename
character*260    comstr
```

```
logical         exists
integer*2       ipar
    iret    = 0
    i1      = index(TableName,char(0))
    filename = TableName(1:i1-1)//".dbf"
    inquire(file=filename,exist=exists)
    if (.not.exists) then
        iret = -10
        return
    endif
! Construct SQL expression now
! "SELECT XXXXXX FROM YYYYYY WHERE RECNO()=?"C
!  where XXXXXX - retrieved fieldname from ResColName
!       YYYYYY - database name from TableName
    comstr="SELECT "
    icount=8
    i1 = index(ResColName,char(0))
    comstr(icount:icount+i1-2) = ResColName(1:i1-1)
    icount                = icount+i1-1
    comstr(icount:icount+5) = " FROM "
    icount                = icount+6
    i1      = index(TableName,char(0))
    comstr(icount:icount+i1-2) = TableName(1:i1-1)
    icount                = icount+i1-1
    comstr(icount:icount+16)   = " WHERE RECNO()=?"//char(0)
! Prepare SQL expression for execution
    call VFC_SQLPrepare(hstmtl,comstr,SQL_NTS,iret)
    if ( iret.lt.0 ) then
!     Call here the respective error handler ( Windows or console type )
        return
    endif
    ipar = 1
    call VFC_SQLBindParameter(hstmtl,ipar,SQL_PARAM_INPUT,SQL_C_LONG, &
        SQL_INTEGER,0,INT2(0),LOC(RecNum),INT2(0),0,iret)
    if ( iret.lt.0 ) then
! Call here the respective error handler ( Windows or console type )
        return
    endif
    call VFC_SQLExecute(hstmtl,iret)
    if ( iret.lt.0 ) then
!     Call here the respective error handler ( Windows or console type )
        return
    endif
    ipar = 1
    select case(ResColType)
```

```
      case(1)
        call VFC_SQLBindCol(hstmtl,ipar,SQL_C_FLOAT,LOC(SQL_Real_Parm(2)), &
              0,0,iret)
      case(2)
        call VFC_SQLBindCol(hstmtl,ipar,SQL_C_FLOAT,LOC(SQL_Real_Parm(2)), &
              0,0,iret)
      case(3)
        callVFC_SQLBindCol(hstmtl,ipar,SQL_C_DOUBLE, &
            LOC(SQL_Double_Parm(2)) , 0,0,iret)
      case(4)
        call VFC_SQLBindCol(hstmtl,ipar,SQL_C_LONG, &
            LOC(SQL_Integer_Parm(2)), 0,0,iret)
      case(5)
        call VFC_SQLBindCharCol(hstmtl,ipar,SQL_C_CHAR, &
              SQL_Char_Parm(2),SQL_Char_Width(2),namelength,iret)
      end select
      if ( iret.lt.0 ) then
! Call here the respective error handler ( Windows or console type )
          return
      endif
      call VFC_SQLFetch(hstmtl,iret)
      if ( iret.lt.0 ) then
! Call here the respective error handler ( Windows or console type )
          return
      endif
      call VFC_SQLFreeStmt(hstmtl,SQL_CLOSE,iret)
return
end subroutine SelectValueFromVFPTableRecord
```

程式碼 9-14

你看到： SelectValueInVFPTable 和 SelectValueInVFPTableRecord 兩個函式，那是
因為我們比較喜歡用兩種方式來更新資料，至於用那一種，全按我們的需要及對
SQL 命令的了解：

1. "SELECT databasename SET fieldname=? WHERE conditionalfieldname=?"C

2　"SELECT databasename SET fieldname=? WHERE RECNO()=?"C

最後，所有敘述都可以寫在一行上：

```
"SELECT databasename SET fieldname1=? , fieldname2=? , .... WHERE
conditionalfieldname=?"C
```

新增 Visual FoxPro 表格及加入內容，更新及取得資料之程式碼：

```
...
use VFC_SQL
character*15 FileldsNames(5)
...
FieldsNames(:)=(/"TEXT C(50)"C,"P1 N(10,4)"C,"P2 F(10,4)"C,"P3 I"C,&
            "P4 B(8)"C/)
call VFC_ConnectToMyODBCDriver(iret)
if ( iret.lt.0 ) then
   ...
endif
call CreateVFPTable(hstmt,"TESTBASE"C,FieldsNames,15,5,iret)
if ( iret.lt.0 ) then
   ...
endif
...
! Now let us suppose that we want to create 50 records in this database
! and we want to fill integer field P3 during creation, so
do j=1,50
  SQL_Integer_Parm(1) = j
  call InsertValueIntoVFPTable(hstmt,"TESTBASE"C,"P3"C,4,iret)
  if ( iret.lt.0 ) then
    ...
   endif
enddo
...
! Now we want to update value of P1 field where P3=10, so
SQL_Real_Parm(1) = 10.55555
SQL_Integer_Parm(2) = 10
call UpdateValueInVFPTable(hstmt,"TESTBASE"C,"P1"C,1,"P3"C,4,iret)
if ( iret.lt.0 ) then
   ...
endif
...
! Now we want to update the value of P2 field at record=15
! All other values from this record are not interesting for us now.
irec = 15
SQL_Real_Parm(1) = 20.55555
call UpdateValueInVFPTableRecord(hstmt,"TESTBASE"C,"P2"C,2,irec,iret)
if ( iret.lt.0 ) then
   ...
endif
...
! Now we want to receive the value of P3 field where P1=10.55555
SQL_Real_Parm(1) = 10.55555
```

```
call SelectValueFromVFPTable(hstmt,"TESTBASE"C,"P1"C,1,"P3"C,4,iret)
if ( iret.lt.0 ) then
   ...
endif
write(*******) "P3=",SQL_Integer_Parm(2)
! Now we want to receive the value of P2 from record 15
irec = 15
call SelectValueFromVFPTableRecord(hstmt,"TESTBASE"C,irec,"P2"C,2,iret)
if ( iret.lt.0 ) then
   ...
endif
write(*******) "rec=",irec," P2=",SQL_Real_Parm(2)
 ...
```

程式碼 9-15

程式執行後，會新增 testbase.dbf 到 Visual FoxPro 瀏覽器中，你會看到除了：

1. P3 填入整數；

2. 第十個紀錄之 P1=10.55555；

3. 第十五個紀錄之 P2=20.55555；

其餘所有的欄位內容均為 .NULL.同時，輸出檔中可以找到 P3， P2 欄位的值。

9.1.7 中斷與 Visual FoxPro ODBC 的連線

```
//============ Addition  for Transformer =========>>
void VFC_sqldisconn( HDBC *hdbc, HENV *henv, HSTMT *hstmt)
{
    SQLFreeStmt(*hstmt,SQL_DROP);
    SQLDisconnect(*hdbc);
    SQLFreeConnect(*hdbc);
    SQLFreeEnv(*henv);
}
//======== end of Addition for Transformer =========>>
```

程式碼 9-16

```
!------ Into main section of VFC_SQL
!===>>
INTERFACE
SUBROUTINE VFC_sqldisconn [C,ALIAS:'_VFC_sqldisconn'] (a,b,c)
```

```
      INTEGER*4 a [REFERENCE]
      INTEGER*4 b [REFERENCE]
      INTEGER*4 c [REFERENCE]
END  SUBROUTINE VFC_sqldisconn
END  INTEFACE
```

程式碼 9-17

程式碼片段：

```
    ...

    use VFC_SQL

      ...

    call  VFC_sqldisconn(hdbc,henv,hstmt)

    ...
```

9.1.8 總結範例

```
integer function WinMain( hInstance, hPrevInstance, lpszCmdLine, nCmdShow )
!DEC$IF DEFINED(_X86_)
!DEC$  ATTRIBUTES STDCALL, ALIAS : '_WinMain@16' :: WinMain
!DEC$ELSE
!DEC$  ATTRIBUTES STDCALL,ALIAS : 'WinMain' :: WinMain
!DEC$ENDIF
use dfwin
use VFC_SQL
integer hInstance
integer hPrevInstance
integer nCmdShow
integer lpszCmdLine
character*15 FieldsNames(5)
open(unit=1,file='aaa.txt')
! Start ODBC driver and connect to data source
call VFC_ConnectToMyODBCDriver(iret)
! Create Microsoft Visual FoxPro table testbase.dbf
FieldsNames(:)=(/"NAME C(50)"C,"P1 N(10,4)"C,"P2 F(10,4)"C,"P3 I"C,&
              "P4 B(8)"C/)
call CreateVFPTable(hstmt,"TESTBASE"C,FieldsNames,15,5,iret)

! Try to insert various types of elements into table
! 1.Insert character value
SQL_Char_Parm  = "Test value"
```

```
SQL_Char_Width = 50
call InsertValueIntoVFPTable(hstmt,"TESTBASE"C,"NAME"C,5,iret)

! 2.Real value into numeric field
SQL_Real_Parm = 0.1
call InsertValueIntoVFPTable(hstmt,"TESTBASE"C,"P1"C,1,iret)

! 3.Real value into float field
SQL_Real_Parm = 0.2
call InsertValueIntoVFPTable(hstmt,"TESTBASE"C,"P2"C,2,iret)

! 4.Double precision value into double(binary) field
SQL_Double_Parm = 0.4d0
call InsertValueIntoVFPTable(hstmt,"TESTBASE"C,"P4"C,3,iret)

! 5.Integer value into integer field
SQL_Integer_Parm = 5
call InsertValueIntoVFPTable(hstmt,"TESTBASE"C,"P3"C,4,iret)

! 6.Add 45 records with integer field filled
do j=6,50
  SQL_Integer_Parm = j
  call InsertValueIntoVFPTable(hstmt,"TESTBASE"C,"P3"C,4,iret)
enddo

! Try to update some fields
! 1.Update value of P1 with 10.55555 where P3 = 10
SQL_Real_Parm = 10.55555
SQL_Integer_Parm = 10
call UpdateValueInVFPTable(hstmt,"TESTBASE"C,"P1"C,1,"P3"C,4,iret)

! 2.Update value of P2 with 20.55555 for the record = 15
irec = 15
SQL_Real_Parm = 20.55555
call UpdateValueInVFPTableRecord(hstmt,"TESTBASE"C,"P2"C,2,irec,iret)

! 3.Update values for double and character fields
do j=17,50
  irec = j
  SQL_Double_Parm = 10.0d0**j
  call UpdateValueInVFPTableRecord(hstmt,"TESTBASE"C,"P4"C,3,irec,iret)
  SQL_Char_Parm  = "Character -->"//char(j+30)
  SQL_Char_Width = 50
  call UpdateValueInVFPTableRecord(hstmt,"TESTBASE"C,"NAME"C,5,irec,iret)
enddo
```

```
! Try to select some variables
! 1.Retrieve value of character field NAME where double P4=1.0d25
SQL_Double_Parm = 1.0d+25
SQL_Char_Width = 50
call SelectValueFromVFPTable(hstmt,"TESTBASE"C,"P4"C,3,"NAME"C,5,iret)
write(1,*) "double P4=",SQL_Double_Parm(1)," Name=",SQL_Char_Parm(2)

! 2.Retrieve value of double P4 from record #50
irec = 50
call SelectValueFromVFPTableRecord(hstmt,"TESTBASE"C,irec,"P4"C,3,iret)
write(1,*) "rec=",irec," double P4=",SQL_Double_Parm(2)
call VFC_sqldisconn(hdbc,henv,hstmt)
close(1)

WinMain = 0
end
subroutine VFC_ConnectToMyODBCDriver(iret)
use VFC_SQL
     call StartVFPDriver("VFC"C,"TELLUR"C,"d:\\"C,"DBF"C,iret)
     call ConnectToVFPDriver(hdbc,henv,hstmt,"VFC"C,iret)
return
end
```

程式碼 9-18

9.1.9 寫 Excel 工作表格

```
integer function WinMain( hInstance, hPrevInstance, lpszCmdLine, nCmdShow )
!DEC$IF DEFINED(_X86_)
!DEC$  ATTRIBUTES STDCALL, ALIAS : '_WinMain@16' :: WinMain
!DEC$ELSE
!DEC$  ATTRIBUTES STDCALL,ALIAS : 'WinMain' :: WinMain
!DEC$ENDIF
use dfwin
use VFC_SQL
integer hInstance
integer hPrevInstance
integer nCmdShow
integer lpszCmdLine
integer*4 hdbcl,henvl,hstmtl,iret
character*265 comstr

! 與資料庫連接
```

```
iret = 0
call VFC_SQLAllocEnv(henvl,iret)
if ( iret.lt.0 ) then
   stop
endif
call VFC_SQLAllocConnect(henvl,hdbcl,iret)
if ( iret.lt.0 ) then
   stop
endif
call VFC_SQLConnect(hdbcl,"Excel Files"C,INT2(SQL_NTS),&
                    ""C,INT2(0),""C,INT2(0),iret)
if ( iret.lt.0 ) then
  stop
endif
call VFC_SQLAllocStmt(hdbcl,hstmtl,iret)
if ( iret.lt.0 ) then
   stop
endif

! 寫入 Excel
comstr = "CREATE TABLE book1(NAME TEXT,Age NUMBER)"
call VFC_SQLExecDirect(hstmtl,comstr,SQL_NTS,iret)
comstr = "INSERT INTO book1 (NAME,Age) VALUES ('anything',26)"//char(0)
call VFC_SQLExecDirect(hstmtl,comstr,SQL_NTS,iret)
!中斷資料庫連接
call VFC_sqldisconn(hdbcl,henvl,hstmtl)
WinMain = 0
end
```

程式碼 9-19

9.1.10　寫 Access 資料庫

```
integer function WinMain( hInstance, hPrevInstance, lpszCmdLine, nCmdShow )
!DEC$IF DEFINED(_X86_)
!DEC$  ATTRIBUTES STDCALL, ALIAS : '_WinMain@16' :: WinMain
!DEC$ELSE
!DEC$  ATTRIBUTES STDCALL,ALIAS : 'WinMain' :: WinMain
!DEC$ENDIF
use dfwin
use VFC_SQL
integer hInstance
```

```fortran
integer hPrevInstance
integer nCmdShow
integer lpszCmdLine
integer*4 hdbcl,henvl,hstmtl,iret
character*265 comstr

! 與資料庫連接
    iret = 0
    call VFC_SQLAllocEnv(henvl,iret)
      if ( iret.lt.0 ) then
         stop
      endif
    call VFC_SQLAllocConnect(henvl,hdbcl,iret)
      if ( iret.lt.0 ) then
         stop
      endif
   call VFC_SQLConnect(hdbcl,"mdb"C,INT2(SQL_NTS),""C,INT2(0),&
                   ""C,INT2(0),iret)
      if ( iret.lt.0 ) then
         stop
      endif
    call VFC_SQLAllocStmt(hdbcl,hstmtl,iret)
      if ( iret.lt.0 ) then
         stop
      endif

! 寫入 Access
    comstr = "CREATE TABLE book1(NAME VARCHAR(20),Age INTEGER)"
    call VFC_SQLExecDirect(hstmtl,comstr,SQL_NTS,iret)
    comstr = "INSERT INTO book1 (NAME,Age) VALUES &
             ('anything',26)"//char(0)
    call VFC_SQLExecDirect(hstmtl,comstr,SQL_NTS,iret)
!中斷資料庫連接
    call VFC_sqldisconn(hdbcl,henvl,hstmtl)
WinMain = 0
end
```

程式碼 9-20

9.1.11 讀 Access 資料庫

```fortran
integer function WinMain( hInstance, hPrevInstance, lpszCmdLine, nCmdShow )
!DEC$IF DEFINED(_X86_)
!DEC$ ATTRIBUTES STDCALL, ALIAS : '_WinMain@16' :: WinMain
```

```
!DEC$ELSE
!DEC$  ATTRIBUTES STDCALL,ALIAS : 'WinMain' :: WinMain
!DEC$ENDIF
use dfwin
use VFC_SQL
integer hInstance
integer hPrevInstance
integer nCmdShow
integer lpszCmdLine
integer*4 hdbcl,henvl,hstmtl,iret
character*265 comstr
```

! 與資料庫連接

```
    iret = 0
    call VFC_SQLAllocEnv(henvl,iret)
      if ( iret.lt.0 ) then
         stop
      endif
    call VFC_SQLAllocConnect(henvl,hdbcl,iret)
      if ( iret.lt.0 ) then
         stop
      endif
    call VFC_SQLConnect(hdbcl,"mdb"C,INT2(SQL_NTS),""C,&
                        INT2(0),""C,INT2(0),iret)
      if ( iret.lt.0 ) then
         stop
      endif
    call VFC_SQLAllocStmt(hdbcl,hstmtl,iret)
      if ( iret.lt.0 ) then
         stop
      endif
```

!依所定條件讀取 Access 資料，並另外存放成一般的文字檔

```
    open(unit=10,file='a.txt')
    comstr = "SELECT NAME,Age FROM Book1 WHERE NAME ='陳智'&
            "//char(0)
    call VFC_SQLExecDirect(hstmtl,comstr,SQL_NTS,iret)
    call VFC_SQLBindCharCol(hstmtl,1,SQL_C_CHAR,SQL_Char_Parm(2), &
                        8,namelength,iret)
    call VFC_SQLBindCol(hstmtl,2,SQL_C_LONG,LOC(SQL_Integer_Parm(2)), &
                        0,LOC(integer),iret)

    Do while(iret .GE. 0)
```

```
      call VFC_SQLFetch(hstmtl,iret)
       if(iret == SQL_SUCCESS .OR. iret == SQL_SUCCESS_WITH_INFO) then
          write(10,*) "Name=",SQL_Char_Parm(2),"Age=",SQL_Integer_Parm(2)
          else
           return
          end if
        end do
     close(10)
!中斷資料庫連接
     call VFC_sqldisconn(hdbcl,henvl,hstmtl)
WinMain = 0
end
```

程式碼 9-21

9.2　繪圖進階 – OpenGL

OpenGL 是由 Silicon Graphics Incorporated (SGI)公司為了其繪圖工作站所研發的軟體，可以讓應用程式不受硬體及作業系統的限制而產生高品質的彩色圖案。它是一個獨立於視窗的圖形庫，而圖形最終是在視窗系統裏繪製出來的，那麼 OpenGL 的繪圖命令是怎麼在視窗裏生成輸出的呢？

在 Windows 裏是通過 wgl 庫完成的，至於這些 OpenGL 實現具體是怎麼工作的，請參考 SGI 發佈的 sample implement 程式碼，不過那個代碼是用 C 寫的。

在 MS-Windows 裏，wgl 庫負責將 OpenGL 的繪製設備 RenderContext 與 GDI 的 DeviceContext 聯繫起來，使得發到 OpenGL 的 RC 裏的命令生成的點陣圖能夠在 GDI DC 裏繪製出來，你可以把它想像成 OpenGL 在 RC 裏有一個 FrameBuffer，記錄著生成的圖案，而 wgl 則負責把 FrameBuffer 的內容 BitBlt 到 DC 上。當然，這並不是它實際的工作方法，如果想瞭解更多，請參考 SGI 發佈的 SDK 資料或聯繫 MS 公司。

為了使 GDI DC 能夠接受 OpenGL RC 的輸出，必須為 DC 選定特別的圖元格式，然後建立 RC，再用 wglMakeCurrent 把當前要使用的 RC 和 DC 聯繫起來。此後我們就可以用 OpenGL 命令正常工作了。在一個程式裏可以創建多個 RC 和多個 DC，程式中的 OpenGL 命令會發到被 wglMakeCurrent 指定為當前的那一組合中。

有很多聰明的程式師發明了 glaux 庫和 glut 庫。glaux 是在著名的 OpenGL Programmer Guide 裏提出的，這本書是 OpenGL 編程的官方文檔，因爲它的封皮是紅色的，所以通常簡稱爲 RedBook。顧名思意，glaux 是一套輔助庫，它使得你無須關心在具體視窗系統裏初始化、消息回應的細節，而是使用傳統的 c/dos 程式風格編制 OpenGL 程式。

由於 glaux 是爲教學目的開發的，所以實用價值很限，所以又有程式師開發了 glut，這套函式庫被廣泛使用，它的工作方式與 glaux 極爲類似，但功能完善得多，特別是對交互、全屏等的支持要理想得多，所以許多的 OpenGL 演示程式使用它，比如 SGI 網站上提供的多數演示程式都需要使用它。同時這套庫已經被移植到多種平臺上，所以要是想用簡單的方法開發在 Windows/macos/os2/xwindows 等系統上都能使用的程式，那麼應該選擇這套庫。

OpenGL Architecture Review Board (ARB)，爲一工業社團，負責定義 OpenGL. ARB 的成員包括 Intel，Silicon Graphics Incorporated， Microsoft ，IBM， and Digital Equipment Corporation 等公司。

從 http://www.opengl.org 網站中可以得到詳盡的 OpenGL 資料，你可以在 Silicon Graphics 或 Microsoft 公司網站之目錄 documentation/tutorials/demos/samples/technolog 得到更進一步的訊息。由於大部分的資料都以 C 語言撰寫，且必需瞭解大量的資料後，才有可能熟悉 OpenGL。

爲什麼要用 OpenGL?

1.因爲我們已經購買了該產品， Windows 95 (Osr2 或更新版)或 NT 作業系統的使用者在其中已有了函式庫 (你可以在 ...\system32\ 或 \system\ 目錄之下找到 glu32.dll，opengl32.dll)；

2.因爲它是由 Silicon Graphics 公司技術團隊製作的，且滿足我們在視覺環境下高畫質及快速顯示之要求；

3.因爲它是以 C，而非 C++語言所撰寫，讓我們很快的經由函式庫取得 OpenGL 函式；

4.因為 Compaq Visual Fortran 已經有了這些函式庫(但卻缺乏使用說明,請從 http://hermitage.stanford.edu 網站中下載)。

9.2.1 基本規則

Visual Fortran 在 DFOPENGL.MOD 提供了一組介面函式,OPENGL　API 包含了三組函式庫:

1.由 OpenGL ARB 所定義的函式,它們包含在 OPENGL32.DLL 中,使用時以 fgl 為開頭的函式呼叫之;

2.OpenGL utility 函式庫,它們包含在 GLU32.DLL 中,使用時以 fglu 為開頭的函式呼叫之;

3.輔助函式庫,即 AUX 函式庫,它們包含在 GLAUX.LIB 中,它是一組與設備無關的函式,大部分是處理鍵盤、滑鼠,使用時以 faux 為開頭的函式呼叫之。

OpenGL 也有自己的需求,請遵守下列規定:

1. 建議使用 CS_OWNDC 的視窗型態(建議);

2. 視窗屬性 WS_CLIPSIBLINGS,WS_CLIPCHILDREN(必備);

3. 用 ChoosePixelFormat 函式,使顯示吻合 pixel 格式(必備),使用前先把 T_PIXELFORMATDESCRIPTOR 結構填妥;

4. 用 SetPixelFormat 函式,使 pixel 吻合顯示格式(必備);

5. 用 fwglCreateContext 函式產生 OpenGL context (必備);

6. 用 fwglMakeCurrent 函式使用 OpenGL context (必備)。

作完 OpenGL 繪圖工作後:

7. 用 fwglMakeCurrent 函式脫離(必備);

8. 用 fwglDeleteContext 函式刪除工作 (必備)。

範例:

```
!*************************************************************\
! OPENGL is a sample application that illustrates what could be considered a
!  'mimimum' implementation of a Windows application.
!
!  The features that OPENGL implements:
```

```
!
!        Custom Icon
!        Standard Menu Bar
!        Standard Help Menu
!        Full WinHelp Support
!        Keyboard Accelerator Usage
!        Version Control Information
!        OpenGL  Graphic
!        Full Win16, Win32s, Win32 Common Source Code
!
! It is best to use the makefile to create this program
!   nmake -f generic.mak CFG="generic - Win32 Release"
!
! If this is built as a project or by compiling each unit, use the following
switches:
!   df /c opengl.f90
!   Then when linking, include dfwin.lib on the line.
!
!*********************************************************\
integer function WinMain( hInstance, hPrevInstance, lpszCmdLine, nCmdShow )
!DEC$ IF DEFINED(_X86_)
!DEC$ ATTRIBUTES STDCALL, ALIAS : '_WinMain@16' :: WinMain
!DEC$ ELSE
!DEC$ ATTRIBUTES STDCALL, ALIAS : 'WinMain' :: WinMain
!DEC$ ENDIF
use dfwin
use dfwinty
use dfopngl
use gdi32


integer hInstance
integer hPrevInstance
integer nCmdShow
integer lpszCmdLine
type (T_WNDCLASS)        wc
type (T_MSG)             mesg
integer                 hWnd
integer                 hmenu
integer                 ghInstance
integer                 temp1
COMMON /globdata/       ghInstance
include 'generic.fi'
character*100 lpszClassName, lpszIconName, lpszMenuName, lpszAppName

type (T_PIXELFORMATDESCRIPTOR) pfd !pixel 格式之結構
```

```fortran
      integer pf
      integer*4 hDC,hRC
      LOGICAL quit
      LOGICAL(4) ret
      real theta

      lpszCmdLine = lpszCmdLine
      nCmdShow = nCmdShow
      temp1 = hInstance

      lpszClassName ="GLSample"C
      lpszAppName ="OpenGL Sample"C
      lpszMenuName ="Generic"C
      lpszIconName ="Generic"C
      if(hPrevInstance .eq. 0) then
          wc%lpszClassName = LOC(lpszClassName)
          wc%lpfnWndProc = LOC(MainWndProc)
          wc%style = CS_OWNDC !OpenGL 式樣
          wc%hInstance = hInstance
          wc%hIcon = LoadIcon( hInstance, LOC(lpszIconName))
          wc%hCursor = LoadCursor( NULL, IDC_ARROW )
          wc%hbrBackground = GetStockObject(BLACK_BRUSH)
          wc%lpszMenuName = 0
          wc%cbClsExtra = 0
          wc%cbWndExtra = 0
          i2 =  RegisterClass(wc)
      end if

      hmenu = LoadMenu(hInstance, LOC(lpszMenuName))
      ghInstance = hInstance
      quit = .FALSE.
      theta = 1.0

      hWnd = CreateWindowEx(  0, lpszClassName,                    &
                  lpszAppName,                                     &
                  INT(IOR(WS_CAPTION,IOR(WS_POPUPWINDOW,WS_VISIBLE))),&
                  0,                                   &
                  0,                                       &
                  255,                               &
                  255,                                  &
                  NULL,                             &
                  hmenu,                            &
                  hInstance,                            &
                  NULL                              &
                  )
```

```
!初始化給視窗用的 OpenGL
      hDC = GetDC(hWnd)
      call ZeroMemory(LOC(pfd), sizeof(pfd))
      pfd%nSize = sizeof(pfd)
      pfd%nVersion = 1
      pfd%dwFlags=IOR(PFD_DRAW_TO_WINDOW,IOR(PFD_SUPPORT_OPENGL,
               PFD_DOUBLEBUFFER))
      pfd%iPixelType = PFD_TYPE_RGBA
      pfd%cColorBits = 24
      pfd%cDepthBits = 16
      pfd%iLayerType = PFD_MAIN_PLANE
      pf = ChoosePixelFormat(hDC,pfd)
      if (pf == 0) then
        iret= MessageBox(NULL, "ChoosePixelFormat() failed: Cannot &
             find a suitable pixel format.", "Error", MB_OK)
        return
      end if
         iret = SetPixelFormat(hDC, pf, pfd)
      if (SetPixelFormat(hDC, pf, pfd) == FALSE) then
        iret= MessageBox(NULL, "SetPixelFormat() failed: Cannot &
          set format specified.", "Error", MB_OK)
        return
     end if
      hRC = fwglCreateContext(hDC)
      call fwglMakeCurrent(hDC, hRC)

i = ShowWindow( hWnd, SW_SHOWNORMAL)
do while( quit .EQ. .FALSE.)
   if(PeekMessage(mesg, NULL, 0, 0, PM_REMOVE)) then
     if(mesg%message == WM_QUIT) then
        quit = .TRUE.
     else
       i =  TranslateMessage( mesg )
       i =  DispatchMessage( mesg )
     end if
    else
! Begin drawing...(以下是本章會用到的)
     call fglClearColor(0.0, 0.0, 0.0, 0.0)
     call fglClear(GL_COLOR_BUFFER_BIT)
     call fglPushMatrix()
     call fglRotatef(theta, 0.0, 0.0, 1.0)
     call fglBegin(GL_TRIANGLES)   !產生三角形狀
     call fglColor3f(1.0, 0.0, 0.0)
     call fglVertex2f(0.0, 1.0)
```

```
    call fglColor3f(0.0, 1.0, 0.0)
    call fglVertex2f(0.87, -0.5)
    call fglColor3f(0.0, 0.0, 1.0)
    call fglVertex2f(-0.87, -0.5)
    call fglEnd()
    call fglPopMatrix()
    ret = SwapBuffers(hDC)
    theta = theta +1.0


   end if
end do

!Disbale OpenGL for the window

    call fwglMakeCurrent(NULL,NULL)
    call fwglDeleteContext(hRC)
    iret = ReleaseDC(hWnd, hDC)
    WinMain = mesg.wParam
end


integer function  MainWndProc ( hWnd, mesg, wParam, lParam )
!DEC$ IF DEFINED(_X86_)
!DEC$ ATTRIBUTES STDCALL, ALIAS : '_MainWndProc@16' :: MainWndProc
!DEC$ ELSE
!DEC$ ATTRIBUTES STDCALL, ALIAS : 'MainWndProc' :: MainWndProc
!DEC$ ENDIF
use dfopngl
use dfwin
use gene_inc
interface
integer*4 function  AboutDlgProc( hwnd, mesg, wParam, longParam )
!DEC$ IF DEFINED(_X86_)
!DEC$ ATTRIBUTES STDCALL, ALIAS : '_AboutDlgProc@16' :: AboutDlgProc
!DEC$ ELSE
!DEC$ ATTRIBUTES STDCALL, ALIAS : 'AboutDlgProc' :: AboutDlgProc
!DEC$ ENDIF
integer hwnd
integer mesg
integer wParam
integer longParam
end function
end interface
integer hWnd, mesg, wParam, lParam

integer*4  ret
```

```fortran
integer ghInstance
COMMON /globdata/ ghInstance
integer        temp1
character*100 lpszDlgName, lpszHelpFileName, lpszContents, lpszMessage
character*100  lpszHeader

   select case ( mesg )
      case (WM_CREATE)
         return
      case (WM_COMMAND)
         temp1 = INT4(LOWORD(wParam))
         temp1 = IDM_HELPCONTENTS
         select case ( INT4(LOWORD(wParam ) ))

            case (IDM_EXIT)
               i = SendMessage( hWnd, WM_CLOSE, 0, 0 )

            case (IDM_ABOUT)
               lpszDlgName = "AboutDlg"C
               ret = DialogBoxParam(ghInstance,LOC(lpszDlgName),hWnd,&
                  LOC(AboutDlgProc), 0)

            case (300)  !IDM_HELPCONTENTS
               lpszHelpFileName =".\\GENERIC.hlp"C
               lpszContents = "CONTENTS"C
               if (WinHelp (hWnd, lpszHelpFileName, HELP_KEY, &
                  LOC(lpszContents)) .EQV. .FALSE.) then
               lpszMessage = "Unable to activate help"C
               lpszHeader = "Generic"
               ret = MessageBox (hWnd,                &
                           lpszMessage,&
                           lpszHeader,               &
                           IOR(MB_SYSTEMMODAL,           &
                           IOR(MB_OK, MB_ICONHAND)))
            end if

            case (IDM_HELPSEARCH)
               lpszHelpFileName =".\\GENERIC.HLP"C
               lpszContents = "CONTENTS"C
               if (WinHelp(hWnd, "GENERIC.HLP"C,        &
                  HELP_PARTIALKEY, LOC("")C) .EQV. .FALSE.) then
                  lpszMessage = "Unable to activate help"C
                  lpszHeader = "Generic"C
                  ret = MessageBox (hWnd,            &
                              lpszMessage,&
```

```
                              lpszHeader,                    &
                              IOR(MB_SYSTEMMODAL ,              &
                              IOR(MB_OK, MB_ICONHAND)))
              end if

          case (IDM_HELPHELP)
          if (WinHelp(hWnd, ""C, HELP_HELPONHELP, 0).EQV. .FALSE.) then &
              lpszMessage = "Unable to activate help"C
              lpszHeader = "Generic"C
              ret = MessageBox (GetFocus(),                &
                         lpszMessage,&
                         lpszHeader,                 &
                      IOR(MB_SYSTEMMODAL,IOR(MB_OK, MB_ICONHAND)))
              end if

          ! Here are all the other possible menu options,
          ! all of these are currently disabled:
          ! case (IDM_NEW, IDM_OPEN, IDM_SAVE,IDM_SAVEAS,IDM_UNDO,&
          ! IDM_CUT, IDM_COPY, IDM_PASTE, IDM_LINK, IDM_LINKS)

             case DEFAULT
                WndProc = DefWindowProc(hWnd, mesg, wParam,&
                                 lParam)
              return
          end select

!****************************************************************
!*    WM_DESTROY: PostQuitMessage() is called              *
!****************************************************************
      case (WM_DESTROY)
           call PostQuitMessage( 0 )
!****************************************************************
!*    Let the default window proc handle all other messages  *
!****************************************************************

      case default
        MainWndProc = DefWindowProc( hWnd, mesg, wParam, lParam )
      end select
    end
```

程式碼 9-22

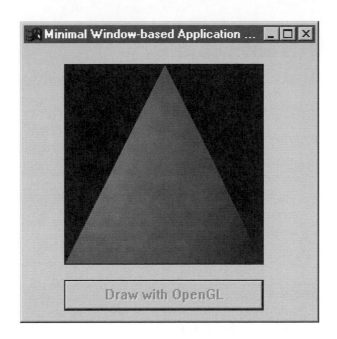

圖 9-5

9.2.2 低階元件 和 operations

OpenGL 用好幾種可挑選的模式，來繪製點、線、多邊形線等圖案，你可以用個別且不干擾其它模式下控制它，也就是說，你所設的模式不受其他已設模式影響 (雖然多個模式最終將決定框架緩衝器該如何終了)。

指定了元件，就表示設定了繪圖模式，並且開使 OpenGL 繪圖操作。元件是一組或多組頂點(vertex)，頂點定義了點、線的終點、或多邊形相會的兩邊，頂點資料(內含頂點坐標、顏色、法線、紋理之坐標及邊線旗標值)是彼此個別依序處理，彼此不會互相干擾，只有在頂點組間要作裁剪以放入一定的區域時，才會產生例外，這時，頂點資料就會作修改並產生新的頂點，裁剪的型態則由頂點組來決定。

處理方式是根據接收命令的次序，依序處理，也許會有命令生效延遲的情形，也就是說，每一個元件都會完全處理。

9.2.3 螢幕屬性處理

在 OpenGL 螢幕上繪圖之前，必須設定視窗輸出，諸如背景顏色及繪圖顏色等。

假設你已完成基本規則的設定，並啓動了 OpenGL 函式庫，接下來：

1.用 fglClearColor subroutine 定背景顏色；

2.選好顏色後，用 fglClear subroutine 定下顏色。

開始繪圖：

```
call fglBegin(primitive_type 元件種類別)
     [ 繪圖內容...]
call fglEnd()
```

整數參數 primitive_type 定義了繪圖形狀種類：

Points、 Triangles、Quadrangles、Polygons。

9.2.4 點

所謂點，是一個空間中確切的位置，它有一定大小。瞭解這種簡單而明確的定義後，繪點也是依據此而作：

1.由前節已知，OpenGL 開始繪圖操作，一定要呼叫 fglBegin subroutines；

call fglBegin(GL_POINTS)

2.點即使用 fglVertexXX 系列函式；

call fglVertex[2 3 4][s i f d](coords)

call fglVertex[2 3 4][s i f d]v(coords)

3.結束時呼叫：

call fglEnd()

範例：

```
!*********************************************************\
! Begin drawing....
      call fglClearColor(0.0, 0.0, 0.0, 0.0)
```

```
        call fglClear(GL_COLOR_BUFFER_BIT)
        call fglPushMatrix()
        call fglPointSize(10.0)
        call fglEnable(GL_POINT_SMOOTH)
        call fglBegin(GL_POINTS)
        ! Red
        call fglColor3f (1.0, 0.0, 0.0)
        call fglVertex2f(-0.1, -0.1)

        ! Green
        call fglColor3f (0.0, 1.0, 1.0)
        call fglVertex2f(0.0, 0.1)

        ! Blue
        call fglColor3f (0.0, 0.0, 1.0)
        call fglVertex2f(0.1, 0.0)

        ! Yellow
        call fglColor3f (1.0, 1.0, 0.0)
        call fglVertex2f(0.1, 0.1)

        ! Cyan
        call fglColor3f (0.0, 1.0, 1.0)
        call fglVertex2f(0.0, -0.1)

        ! Magenta
        call fglColor3f (1.0, 0.0, 1.0)
        call fglVertex2f(-0.1, 0.0)

        ! White
        call fglColor3f (1.0, 1.0, 1.0)
        call fglVertex2f(0.1, -0.1)

        ! White
        call fglColor3f (1.0, 1.0, 1.0)
        call fglVertex2f(-0.1, 0.1)

        call fglDisable(GL_POINT_SMOOTH)
        call fglEnd()
        call fglPopMatrix()
        ret = SwapBuffers(hDC)
    endif
end do

!Disbale OpenGL for the window
```

```
        call fwglMakeCurrent(NULL,NULL)
        call fwglDeleteContext(hRC)
        iret = ReleaseDC(hWnd, hDC)
        WinMain = mesg.wParam
end
```

程式碼 9-23

圖 9-6

9.2.5 線

1.由前節已知，OpenGL 開始繪圖操作，一定要呼叫 fglBegin subroutines；

call fglBegin(GL_LINES)

2.點即使用 fglVertexXX 系列函式；

subroutine fglVertex[2 3 4][s i f d](coords)

subroutine fglVertex[2 3 4][s i f d]v(coords)

3.結束時呼叫：

call fglEnd()

範例：

```
! Begin drawing....
      call fglClearColor(0.0, 0.0, 0.0, 0.0)
      call fglClear(GL_COLOR_BUFFER_BIT)
      call fglPushMatrix()

      pattern = INT2(#3f07)
      call fglLineStipple ( 3, pattern)
      call fglEnable (GL_LINE_STIPPLE)

      call fglBegin(GL_LINES)

      call fglColor3f (1.0, 1.0, 1.0)
      call fglVertex2f(-0.5, 0.75)
      call fglVertex2f(0.5, 0.75)
      call fglEnd()
      call  fglDisable (GL_LINE_STIPPLE)
      call fglLineWidth (1)

      call fglBegin(GL_LINES)

      call fglColor3f (1.0, 1.0, 0.0)
      call fglVertex2f(-0.5, 0.5)
      call fglVertex2f(0.5, 0.5)

      call fglColor3f (1.0, 0.0, 0.0)
      call fglVertex2f(-0.5, 0.25)
      call fglVertex2f(0.5, 0.25)

      call fglEnd()
      call fglPopMatrix()

      ret = SwapBuffers(hDC)
   endif
end do
```

程式碼 9-24

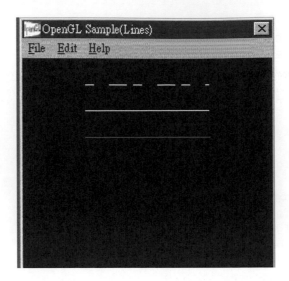

圖 9-7

9.2.6 三角形

1.由前節已知，OpenGL 開始繪圖操作，一定要呼叫 fglBegin subroutines；

call fglBegin(GL_TRIANGLES)

2.點即使用 fglVertexXX 系列函式；

call fglVertex[2 3 4][s i f d](coords)

call fglVertex[2 3 4][s i f d]v(coords)

3.結束時呼叫：

call fglEnd()

範例：

```
! Begin drawing....
      call fglClearColor(0.0, 0.0, 0.0, 0.0)
      call fglClear(GL_COLOR_BUFFER_BIT)
      call fglPushMatrix()

      call fglBegin(GL_TRIANGLES)
      call fglColor3f(1.0, 0.0, 0.0)
      call fglVertex2f(0.0, 1.0)
```

```
        call fglColor3f(0.0, 1.0, 0.0)
        call fglVertex2f(0.87, -0.5)
        call fglColor3f(0.0, 0.0, 1.0)
        call fglVertex2f(-0.87, -0.5)
        call fglEnd()
        call fglPopMatrix()
        ret = SwapBuffers(hDC)
    endif
end do
```

程式碼 9-25

圖 9-8

9.2.7 四邊形

1.由前節已知，OpenGL 開始繪圖操作，一定要呼叫 fglBegin subroutines；

call fglBegin(GL_QUADRANGLES)

2.點即使用 fglVertexXX 系列函式；

call fglVertex[2 3 4][s i f d](coords)

call fglVertex[2 3 4][s i f d]v(coords)

3.結束時呼叫：

call fglEnd()

範例：

```
! Begin drawing...
      call fglClearColor(0.0, 0.0, 0.0, 0.0)
      call fglClear(GL_COLOR_BUFFER_BIT)
      call fglPushMatrix()

      call fglLineWidth (10)
      call fglBegin(GL_QUADS)
      call fglColor3f (1.0, 1.0, 0.0)
      call fglVertex2f(-0.5, 0.5)
      call fglVertex2f(0.5, 0.5)
      call fglVertex2f(-0.5, 0.25)
      call fglVertex2f(0.5, 0.25)
      call fglEnd()
      call fglPopMatrix()
      ret = SwapBuffers(hDC)
   endif
end do
```

程式碼 9-26

圖 9-9

9.2.8 多邊形

1.由前節已知，OpenGL 開始繪圖操作，一定要呼叫 fglBegin subroutines；

call fglBegin(GL_POLYGON)

2.點即使用 fglVertexXX 系列函式；

call fglVertex[2 3 4][s i f d](coords)

call fglVertex[2 3 4][s i f d]v(coords)

3.結束時呼叫：

call fglEnd()

範例：

```
! Begin drawing...
      call fglClearColor(0.0, 0.0, 0.0, 0.0)
      call fglClear(GL_COLOR_BUFFER_BIT)

      call fglPushMatrix()

      call fglColor3f (1.0, 0.0, 1.0)
      call fglBegin(GL_POLYGON)
      call fglVertex2f(-0.25, -0.25)
      call fglVertex2f(-0.25, 0.5)
      call fglVertex2f(0.5, 0.5)
      call fglVertex2f(0.5, -0.25)
      call fglEnd()
      call fglPopMatrix()
      ret = SwapBuffers(hDC)
   endif
end do
```

程式碼 9-27

圖 9-10

9.3 與其他程式語言的結合

9.3.1 呼叫 C 函式

範例:

用 C 語法寫一個求直角三角形斜邊的程式碼:

```
#include <windows.h>
#include <windowsx.h>
#include <stdio.h>

// C procedure
void pythagoras (float a, float b, float *c)
{
*c = (float) sqrt(a*a + b*b);
}
```

程式碼 9-28

Fortran 當中該如何使用呢？需在程式中：

```
!===========================================================
!     底下為 C 函式 PYTHAGORAS 介面.(計算直角三角邊長)
!     摘自混合語法範例
!===========================================================
INTERFACE
 SUBROUTINE PYTHAGORAS (a, b, res)
!DEC$ATTRIBUTES C, ALIAS: '_pythagoras' :: PYTHAGORAS
!DEC$ATTRIBUTES REFERENCE :: res
! res is passed by REFERENCE because its individual attribute
! overrides the subroutine's C attribute
  REAL a, b, res
! a and b have the VALUE attribute by default because
! the subroutine has the C attribute
 END SUBROUTINE
END INTERFACE
!===========================================================
```

程式碼 9-29

設定完畢之後,就可以直接使用了。
```
call PYTHAGORAS(4.0,3.0,res)
```

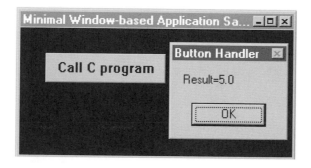

圖 9-11

9.3.2 呼叫 C++ 函式

範例：

用 C++語法寫一個求直角三角形斜邊的程式碼：

```cpp
#include <iostream.h>
// 摘自 Herbert Schildt 著 "Teach Yourself C++" 並作了些修改
//
class area {
    double dim1, dim2;
public:
    void setarea(double d1, double d2)
    {
        dim1 = d1;
        dim2 = d2;
    }
    void getdim(double &d1,double &d2)
    {
        d1 = dim1;
        d2 = dim2;
    }
    virtual double getarea()
    {
        return 0.0;
    }
};

class rectangle : public area {
public:
    double getarea()
    {
        double d1,d2;
        getdim(d1,d2);
        return d1*d2;
    }
};

class triangle : public area {
public:
    double getarea()
    {
        double d1,d2;
        getdim(d1,d2);
        return 0.5*d1*d2;
    }
};

extern "C" void TestCPP_Call( float a, float b, float *resr, float *rest)
{
    area *p;
```

```cpp
    rectangle r;
    triangle t;
    r.setarea( (double) a,(double) b );
    t.setarea( (double) a,(double) b );
    p = &r;
    *resr = (float) p->getarea();
    p = &t;
    *rest = (float) p->getarea();
    return;
}
```

程式碼 9-30

Fortran 當中該如何使用呢？需在程式中：

```fortran
!=============================================================
 INTERFACE
  SUBROUTINE TestCPP_Call (a, b, resr, rest)
!DEC$ATTRIBUTES C, ALIAS: '_TestCPP_Call' :: TestCPP_Call
!DEC$ATTRIBUTES REFERENCE :: resr
!DEC$ATTRIBUTES REFERENCE :: rest
! resr and resr are passed by REFERENCE because their individual attributes
! overrides the subroutine's C attribute
    REAL a, b,  resr, rest
    ! a and b have the VALUE attribute by default because
    ! the subroutine has the C attribute
  END SUBROUTINE
END INTERFACE
!=============================================================
```

程式碼 9-31

設定完畢之後,就可以直接使用了。

```fortran
!=============================================================
!  計算:
!  1. 三角形邊長分別為 1.0 及 2.0 之面積 ( 計算結果存入"resr" )
!  2. 直角三角形邊長分別為 1.0 及 2.0 之面積 ( 計算結果存入"rest" )
!=============================================================
call TestCPP_Call(1.0,2.0,resr,rest)
```

程式碼 9-32

9.3.3 呼叫 DLL 檔

範例：

從 Fortran 函式呼叫 DLL 檔時，該檔先以 Fortran 語法寫好並編譯成 DLL 形式，並
在你要呼叫之前，於程式之中宣告：

```
INTERFACE
SUBROUTINE ARRAYTEST (rarray)
!dec$ if .not. defined(LINKDIRECT)
!dec$ attributes dllexport :: ARRAYTEST
                              ^^^^^^^^^^
!這個就指定從 DLL 檔來
!dec$ endif
  REAL rarray(3，7)
 END SUBROUTINE ARRAYTEST
END INTERFACE
```

程式碼 9-33

設定完畢之後，就可以直接使用了。

Call arraytest(array(3，7))

9.3.4 C 呼叫 Fortran 函式

範例：

C 要呼叫 Fortran 所寫的函式：

```
#include <stdio.h>
extern "C" void __stdcall PYTHAGORAS(float a , float b, float *c);
void main()
{

   float c;
    PYTHAGORAS(30,40,&c);
    printf("%f\n",c);
}
```

程式碼 9-34

```fortran
Subroutine pythagoras(a,b,c)
    !DEC$ ATTRIBUTES C :: CALLED_FROM_C
    real *4 a [VALUE]
    real *4 b [VALUE]
    real *4 c [REFERENCE]
    c=SQRT(a*a+b*b)
End Subroutine
```

程式碼 9-35

9.3.5 Delphi 呼叫 Fortran 函式

範例：

Delphi 程式：

```pascal
unit DVFRoutines;
interface
function FortFunInt (const iIn: longint) : Longint; stdcall;
function FortFunSingle (const sIn: Single) : Single; stdcall;
procedure FortFunString (sOut: Pchar; lOut: longint;
                         const sIn: Pchar); stdcall ;

implementation
 function FortfunInt; external 'CALLDVF.dll' name 'fortfunint';
 function FortFunSingle; external 'CALLDVF.dll' name 'fortfunsingle';
 procedure FortFunString; external 'CALLDVF.dll' name 'fortfunstring';

end.

unit Calldvf1;

interface

uses
 SysUtils, WinTypes, WinProcs, Messages, Classes, Graphics, Controls,
 Forms, Dialogs, StdCtrls, DVFRoutines;

type
  TFCallDvf = class(TForm)
    LGetInteger: TLabel;
    LGetFloat: TLabel;
    LGetString: TLabel;
```

```
      EGetInteger: TEdit;
      EGetFloat: TEdit;
      EGetString: TEdit;
      BCallFortran: TButton;
      LPutInteger: TLabel;
      LPutFloat: TLabel;
      LPutString: TLabel;
      EPutInteger: TEdit;
      EPutFloat: TEdit;
      EPutString: TEdit;
      BOk: TButton;
      BClear: TButton;
      procedure BCallFortranClick(Sender: TObject);
      procedure BOkClick(Sender: TObject);
      procedure BClearClick(Sender: TObject);
   private
     { Private declarations }
   public
     { Public declarations }
   end;

var
  FCallDvf: TFCallDvf;

implementation

{$R *.DFM}

procedure TFCallDvf.BCallFortranClick(Sender: TObject);

var
   tmpInt1 : Longint;
   tmpInt2 : Longint;
   tmpSingl1 : Single;
   tmpSingl2 : Single;
   tmpPChar2 : array[1..80] of Char;
   tmpPCharLen : Longint;
begin
tmpInt1 := strToInt(EGetInteger.Text);
tmpInt2 := FortFunInt(tmpInt1);
EPutInteger.Text := intToStr(tmpInt2);

tmpSingl1 := strToFloat(EGetFloat.Text);
tmpSingl2 := FortFunSingle(tmpSingl1);
```

```
EPutFloat.Text := FLoatToStr(tmpSingl2);

tmpPCharLen := 80;
!文字字串必須以傳址方式處理
FortFunString(@tmpPChar2, tmpPCharLen, PChar(EGetString.Text));
EPutString.Text := tmpPChar2;
BOk.default := true;
end;


procedure TFCallDvf.BOkClick(Sender: TObject);
begin
close;
end;


procedure TFCallDvf.BClearClick(Sender: TObject);
begin
EGetInteger.clear;
EGetFloat.clear;
EGetString.clear;
EPutInteger.clear;
EPutFloat.clear;
EPutString.clear;
BCallFortran.default := true;
BOk.default := false;
end;

end.
```

程式碼 9-36

```
INTEGER*4 Function FortFunInt (iArg)
!DEC$ ATTRIBUTES STDCALL, DLLEXPORT :: FortFunInt
!DEC$ ATTRIBUTES ALIAS : "_fortfunint" :: FortFunInt

integer iArg;

FortFunInt = 2*iArg
return
end function FortFunInt

Real*4 Function FortFunSingle (fArg)
!DEC$ ATTRIBUTES STDCALL, DLLEXPORT :: FortFunSingle
```

```fortran
!DEC$ ATTRIBUTES ALIAS : "_fortfunsingle" :: FortFunSingle
Real *4 fArg

if (fArg .le. 0) then
  FortFunSingle = 0
else
  FortFunSingle = SQRT(fArg)
endif
return
end function FortFunSingle

Character *(*) function FortFunString (sArg)
Implicit none
!DEC$ ATTRIBUTES STDCALL, DLLEXPORT :: FortFunString
!DEC$ ATTRIBUTES ALIAS : "_fortfunstring" :: FortFunString
character(255) sArg  !Passed in as a null-terminated string
!DEC$ ATTRIBUTES REFERENCE ::  sArg

Integer lenInput
integer lenOutput
Integer i, j

lenInput = index(sArg, char(0))
lenOutput = len(FortFunString)S

i = min(leninput, lenoutput)

do j=1, i
    if (sArg(j:j) .le. 'z' .and. sArg(j:j) .gt. 'a') then
        FortFunString(j:j)= char (ichar(sArg(j:j)) - 32)
    else
      if (sArg(j:j) .le. 'Z' .and. sArg(j:j) .gt. 'A') then
        FortFunString(j:j) = char (ichar(sArg(j:j)) + 32)
      else
         FortFunString(j:j) = sArg(j:j)
      endif
    endif

enddo
FortFunString(i+1:i+1) = char(0)
return
end
```

程式碼 9-37

9.4　使用各種函式庫

9.4.1 IMSL 函式庫

IMSL 函式庫包括了近 1,000 個數學及統計用的函式，使用時參考 Visual Fortran HLP 檔及 PDF 檔。使用時，要含入 "use imsl"，於程式中以 CALL 方式叫用。

範例：

底下的例子為解聯立方程式時，使用 IMSL 函式庫之 LSARG (N, A, LDA, B, IPATH, X)：

```
! IMSL Function Application in Window
! 求解 AX=B
! 程式製作方法:1.在 File->New->Projects(選 Win32 Application)
!             2. Project->Add to Project->Files...(把本程式含入)
!                         Set values for A and B
!
!                         A = ( 33.0  16.0  72.0)
!                             (-24.0 -10.0 -57.0)
!                             ( 18.0 -11.0   7.0)
!
!                         B = (129.0 -96.0   8.5)
!
module param_exchange
    integer hInst
    integer static1_handle,static2_handle,static3_handle
    integer button_handle
    integer,parameter::IPATH = 1
    integer,parameter::LDA   = 3
    integer,parameter::N     = 3
    real    A(LDA,LDA), B(N), X(N)
    DATA A/33.0, -24.0, 18.0, 16.0, -10.0, -11.0, 72.0, -57.0, 7.0/
    DATA B/129.0, -96.0, 8.5/
end module param_exchange

integer function WinMain( hInstance, hPrevInstance, lpszCmdLine, nCmdShow )
!DEC$IF DEFINED(_X86_)
!DEC$  ATTRIBUTES STDCALL, ALIAS : '_WinMain@16' :: WinMain
```

```fortran
!DEC$ELSE
!DEC$  ATTRIBUTES STDCALL,ALIAS : 'WinMain' :: WinMain
!DEC$ENDIF
use dfwin
use param_exchange
integer hInstance,hPrevInstance,nCmdShow,lpszCmdLine
type (T_WNDCLASS)  wc
type (T_MSG)       mesg
integer            hWnd
character*100 lpszClassName,lpszAppName
interface
 integer function MainWndProc ( hWnd, mesg, wParam, lParam )
!DEC$IF DEFINED(_X86_)
!DEC$ ATTRIBUTES STDCALL, ALIAS : '_MainWndProc@16' :: MainWndProc
!DEC$ELSE
!DEC$  ATTRIBUTES STDCALL,ALIAS : 'MainWndProc' :: MainWndProc
!DEC$ENDIF
    use dfwin
    integer hWnd, mesg, wParam, lParam
 end function MainWndProc
end interface

    lpszCmdLine = lpszCmdLine
    nCmdShow = nCmdShow
    hPrevInstance = hPrevInstance
    hInst = hInstance
    lpszClassName ="IMSLApp"C
    lpszAppName ="視窗版 IMSL 函數運用"C

    wc%lpszClassName = LOC(lpszClassName)
    wc%lpfnWndProc   = LOC(MainWndProc)
    wc%style         = IOR(CS_VREDRAW , CS_HREDRAW)
    wc%hInstance     = hInstance
    wc%hIcon         = LoadIcon( NULL,IDI_APPLICATION)
    wc%hCursor       = LoadCursor( NULL, IDC_ARROW )
    wc%hbrBackground = COLOR_BTNFACE + 1
    wc%lpszMenuName  = 0
    wc%cbClsExtra    = 0
    wc%cbWndExtra    = 0

! Register window's class now!
    iret = RegisterClass(wc)

! Create window now....
```

```
        hWnd = CreateWindowEx(  0, lpszClassName,              &
                        lpszAppName,                           &
                        INT(WS_OVERLAPPEDWINDOW),              &
                        0,                                     &
                        0,                                     &
                        500,                                   &
                        300,                                   &
                        NULL,                                  &
                        NULL,                                  &
                        hInstance,                             &
                        NULL                                   &
                        )
     iret = ShowWindow( hWnd, SW_SHOWNORMAL)


! messages dispatching
do while( GetMessage (mesg, NULL, 0, 0) .NEQV. .FALSE.)
                i =  TranslateMessage( mesg )
                i =  DispatchMessage( mesg )
end do
! exit program
WinMain = 0
end


! main window's procedure
integer function MainWndProc ( hWnd, mesg, wParam, lParam )
!DEC$IF DEFINED(_X86_)
!DEC$  ATTRIBUTES STDCALL, ALIAS : '_MainWndProc@16' ::  MainWndProc
!DEC$ELSE
!DEC$  ATTRIBUTES STDCALL,ALIAS : 'MainWndProc' :: MainWndProc
!DEC$ENDIF
use dfwin
use imsl
use dfwinty
use param_exchange
integer hWnd, mesg, wParam, lParam
character*20 wbufr1
select case(mesg)
 case (WM_CREATE)
!使用到 IMSL 函式
   CALL LSARG (N, A, LDA, B, IPATH, X)
! Create static controls with comments
         iret = CreateWindowEx(WS_EX_DLGMODALFRAME,"static"C ,&
                "第一個解 ->"C, &
            IOR(SS_CENTER,IOR(WS_BORDER,IOR(WS_CHILD,WS_VISIBLE))), &
```

```
                        5 ,5 ,190 ,30 ,hWnd ,1 ,hInst ,NULL )
            iret = CreateWindowEx(WS_EX_DLGMODALFRAME,"static"C ,&
                    "第二個解 ->"C, &
               IOR(SS_CENTER,IOR(WS_BORDER,IOR(WS_CHILD,WS_VISIBLE))), &
                        5 ,35 ,190 ,30 ,hWnd ,2 ,hInst ,NULL )
            iret = CreateWindowEx(WS_EX_DLGMODALFRAME,"static"C , &
                    "第三個解 ->"C, &
               IOR(SS_CENTER,IOR(WS_BORDER,IOR(WS_CHILD,WS_VISIBLE))), &
                        5 ,65 ,190 ,30 ,hWnd ,3 ,hInst ,NULL )
! Create control static elements
            static1_handle = CreateWindowEx(0,"static"C ,"1"C, &
               IOR(SS_CENTER,IOR(WS_BORDER,IOR(WS_CHILD,WS_VISIBLE))), &
               200 ,5 ,190 ,30 ,hWnd ,4 ,hInst ,NULL )
            static2_handle = CreateWindowEx(0,"static"C ,"2"C, &
               IOR(SS_CENTER,IOR(WS_BORDER,IOR(WS_CHILD,WS_VISIBLE))), &
               200 ,35 ,190 ,30 ,hWnd ,5 ,hInst ,NULL )
            static3_handle = CreateWindowEx(0,"static"C ,"3"C, &
               IOR(SS_CENTER,IOR(WS_BORDER,IOR(WS_CHILD,WS_VISIBLE))), &
               200 ,65 ,190 ,30 ,hWnd ,6 ,hInst ,NULL )
            write(wbufr1,*) X(1)
            iret = SetWindowText(static1_handle,TRIM(wbufr1)//char(0))
               write(wbufr1,*) X(2)
            iret = SetWindowText(static2_handle,TRIM(wbufr1)//char(0))
               write(wbufr1,*) X(3)
            iret = SetWindowText(static3_handle,TRIM(wbufr1)//char(0))
            MainWndProc = 0
            return

     case (WM_DESTROY)
         call PostQuitMessage( 0 )
         MainWndProc = 0
         return
     case default
         MainWndProc = DefWindowProc( hWnd, mesg, wParam, lParam )
end select
return
end
! end of window-based application
```

程式碼 9-38

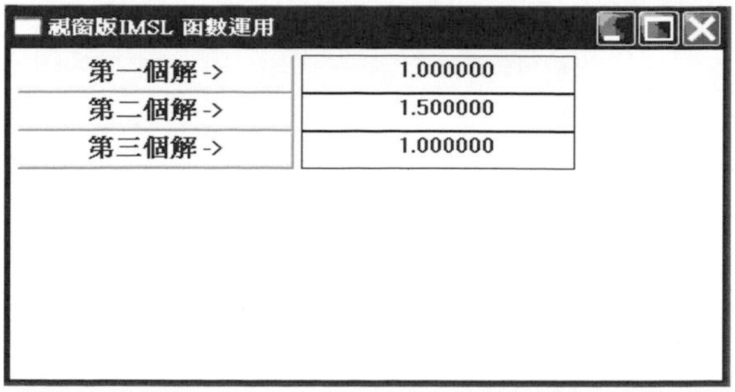

圖 9-12

9.4.2 CXML 函式庫

CXML (Compaq Extended Math Library) 函式庫包括了 1500 個工程及科學用的數學函式，基本上這些函式都來自 Lapack。CXML 函式庫涵蓋了 Basic Linear Algebra (BLAS)， Linear Algebra Routines (LAPACK)， sparse linear system solvers， sorting routines， random number generation， and signal processing 等方面應用的函式。使用時，要含入 'CXMLDLL.LIB'

範例：

```fortran
PROGRAM example
  REAL(KIND=4) :: a(10)
  REAL(KIND=4) :: b(10)
  REAL(KIND=4) :: alpha
  INTEGER(KIND=4) :: n
  INTEGER(KIND=4) :: incx
  INTEGER(KIND=4) :: incy
  n = 5 ; incx = 1 ; incy = 1 ; alpha = 3.0
  DO i = 1,n
    a(i) = FLOAT(i)
    b(i) = FLOAT(2*i)
  ENDDO
  PRINT 98, (a(i),i=1,n)
  PRINT 98, (b(i),i=1,n)
98 FORMAT(' Input = ',10F7.3)
  CALL saxpy( n, alpha, a, incx, b, incy )
  PRINT 99, (b(i),I=1,n)
```

```
99 FORMAT(/,' Result = ',10F7.3)
  STOP
END PROGRAM example
```

程式碼 9-39

9.4.3 Fortran 77 Numerical Recipes 函式庫

Fortran 77 Numerical Recipes 函式庫包括了 600 個工程及科學用的數學函式，至於函式設計原理請另外參考"Numerical Recipes in C/Fortran"，作者：William H. Press，Saul A. Teukolsky，William T. Vetterling， Brian P. Flannery，出版者:Cambridge University。函式使用說明請參考 HLP 檔

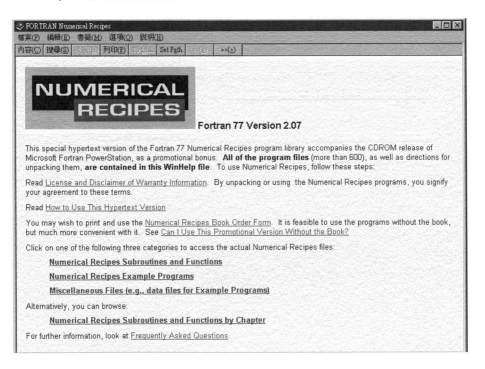

圖 9-13

範例：

```
      PROGRAM xfit
C     driver for routine fit
      INTEGER NPT
      REAL SPREAD
      PARAMETER(NPT=100,SPREAD=0.5)
      INTEGER i,idum,mwt
      REAL a,b,chi2,gasdev,q,siga,sigb,sig(NPT),x(NPT),y(NPT)
      idum=-117
      do 11 i=1,NPT
        x(i)=0.1*i
        y(i)=-2.0*x(i)+1.0+SPREAD*gasdev(idum)
        sig(i)=SPREAD
11    continue
      do 12 mwt=0,1
        call fit(x,y,NPT,sig,mwt,a,b,siga,sigb,chi2,q)
        if (mwt.eq.0) then
            write(*,'(//1x,a)') 'Ignoring standard deviation'
        else
            write(*,'(//1x,a)') 'Including standard deviation'
        endif
     write(*,'(1x,t5,a,f9.6,t24,a,f9.6)') 'A = ',a,'Uncertainty: ', siga
     write(*,'(1x,t5,a,f9.6,t24,a,f9.6)') 'B = ',b,'Uncertainty: ',sigb
        write(*,'(1x,t5,a,4x,f10.6)') 'Chi-squared: ',chi2
        write(*,'(1x,t5,a,f10.6)') 'Goodness-of-fit: ',q
12    continue
      END
```

程式碼 9-40

9.4.4 LAPACK 函式庫

1.CVF 所包含的 LAPACK 函數庫並不完全，在 "\Microsoft Visual Studio\DF98\CXML\DOC\Cxmlref.pdf"，的 Table 8-3 和 8-4 中列出了大多數 LAPACK DRIVER ROUTINE。但這並不表示 CVF 中 就能直接調用這麼多 routine，具體哪些能調用，可以參閱 \Microsoft Visual Studio\DF98\CXML\INCLUDE\LAPACK_{S、D、 C、Z}_INCLUDE.F90 等四個文件。他們中有的就可以直接在 CVF 中調用，沒有的就要參閱 http://www.cs.colorado.edu/~lapack/網頁。

2.CVF 的環境變量設置：

為了調用 CVF 的 LAPACK 函數，需要將一些*.lib 函數調入庫函數的搜索範圍，也需要設置 CVF 為查找這些庫函數所需要的搜索路徑。

具體方法是：

1.project->setting->link->category->input-> 在 object/library modules 框 內 加 入 cxml.lib cxmldll.lib 兩個文件名，中間以空格間隔。

2.分別在"tools->options->directories->"下的 include files 和 library files 加上···\Microsoft Visual Studio\DF98\CXML\Include 和···\Microsoft Visual Studio\DF98\CXML\Lib 的搜索路徑。

3.如果在做了以上兩個設置之後，程序仍然會出編譯或連接錯誤， 可以做以下兩項嘗試（當然也可以不管有沒有錯，事先就做好）：

a.在"project->setting->Fortran->libraries"中勾上->use cxml 選項

b.在調用 LAPACK 函數的程序單元內的所有變量定義和可執行語句之前加上：include 'cxml_include.f90' 語句。

c.如果你通過各種途徑查到 LAPACK 有某個函數，但 LAPACK_{S、D、C、Z}_INCLUDE.F90 四個文件中又沒有，那就請到 http://www.cs.colorado.edu/~lapack/網頁下，在網頁左邊選擇你要的是何種 routine，然後依提示逐步找到你所要的算法原始碼文件。

注意如果選擇"with dependencies"是不能下載的， 要選擇"without dependencies"，當然也可以到 http://www.cs.colorado.edu/~lapack/packages.html將所有 的LAPACK 都下載下來， 然後你就可以將下載來的程式碼拷備到你的程序中作為一個 subroutine 了。

9.4.5 DISLIN 函式庫

DISLIN (Device Independent Software LINdau) 函式庫包括了繪圖函式及不同檔案格式輸出支援，DISLIN 函式庫支援的檔案格式包括 GKSLIN、CGM、HPGL、

PostScript、PDF、WMF、SVG、PNG、BMP、GIF、TIFF 等，最新版本爲 9.0 版。
你 可 以 到 http://www.mps.mpg.de/dislin/ 下 載 給 Visual Fortran 5.x 或 6.x 的
dl_90_df.zip。使用時，要含入 'DISLIN.LIB'及'DISDVF.LIB'或'DISLIN_D.LIB'及
'DISDVF_D.LIB'，並且在執行期需要有'DISLIN.DLL' 或 DISLIN_D.DLL' 等檔案。

範例：

```fortran
PROGRAM Bar_Graphs
  DIMENSION X(9),Y(9),Y1(9),Y2(9),Y3(9)
  CHARACTER*60 CTIT,CBUF*24
  DATA  X/1.,2.,3.,4.,5.,6.,7.,8.,9./ Y/9*0./
  *     Y1/1.,1.5,2.5,1.3,2.0,1.2,0.7,1.4,1.1/
  *     Y2/2.,2.7,3.5,2.1,3.2,1.9,2.0,2.3,1.8/
  *     Y3/4.,3.5,4.5,3.7,4.,2.9,3.0,3.2,2.6/
  NYA=2700
  CTIT='Bar Graphs (BARS)'
  CALL SETPAG('DA4P')
  CALL DISINI
  CALL PAGERA
  CALL COMPLX
  CALL TICKS(1,'X')
  CALL INTAX
  CALL AXSLEN(1600,700)
  CALL TITLIN(CTIT,3)
  CALL LEGINI(CBUF,3,8)
  CALL LEGLIN(CBUF,'FIRST',1)
  CALL LEGLIN(CBUF,'SECOND',2)
  CALL LEGLIN(CBUF,'THIRD',3)
  CALL LEGTIT(' ')
  CALL SHDPAT(5)
  DO I=1,3
    IF(I.GT.1) CALL LABELS('NONE','X')
    CALL AXSPOS(300,NYA-(I-1)*800)
    CALL GRAF(0.,10.,0.,1.,0.,5.,0.,1.)
    IF(I.EQ.1) THEN
      CALL BARGRP(3,0.15)
      CALL BARS(X,Y,Y1,9)
      CALL BARS(X,Y,Y2,9)
      CALL BARS(X,Y,Y3,9)
      CALL RESET('BARGRP')
    ELSE IF(I.EQ.2) THEN
      CALL HEIGHT(30)
```

```
      CALL LABELS('DELTA','BARS')
      CALL LABPOS('CENTER','BARS')
      CALL BARS(X,Y,Y1,9)
      CALL BARS(X,Y1,Y2,9)
      CALL BARS(X,Y2,Y3,9)
      CALL HEIGHT(36)
    ELSE IF(I.EQ.3) THEN
      CALL LABELS('SECOND','BARS')
      CALL LABPOS('OUTSIDE','BARS')
      CALL BARS(X,Y,Y1,9)
    END IF
    IF(I.NE.3) CALL LEGEND(CBUF,7)
    IF(I.EQ.3) THEN
      CALL HEIGHT(50)
      CALL TITLE
    END IF
    CALL ENDGRF
  END DO

  CALL DISFIN
  END
```

程式碼 9-41

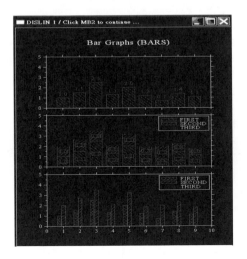

圖 9-14

9.4.6 MATLAB 函式庫

要調用 MATLAB 引擎函數和 MATLAB mx-函數，才可以使用 MATLAB，MATLAB

引擎函數中，總共提供了 6 個 Fortran 語言的引擎函數：

1.engClose；

2.engEvalString；

3.engGetVariable；

4.engOpen；

5.engOutputBuffer；

6.engPutVariable。

範例：

```
module param_exchange
    integer hInst
    integer menu_handle
    integer menu_file_handle
end module param_exchange


integer function WinMain( hInstance, hPrevInstance, lpszCmdLine, nCmdShow )
!DEC$IF DEFINED(_X86_)
!DEC$  ATTRIBUTES STDCALL, ALIAS : '_WinMain@16' :: WinMain
!DEC$ELSE
!DEC$  ATTRIBUTES STDCALL,ALIAS : 'WinMain' :: WinMain
!DEC$ENDIF
use dfwina
use param_exchange
integer hInstance,hPrevInstance,nCmdShow,lpszCmdLine
type (T_WNDCLASS)  wc
type (T_MSG)       mesg
integer            hWnd
character*100 lpszClassName,lpszAppName
   interface
      integer function MainWndProc ( hWnd, mesg, wParam, lParam )
      !DEC$IF DEFINED(_X86_)
      !DEC$ ATTRIBUTES STDCALL, ALIAS : '_MainWndProc@16' :: MainWndProc
      !DEC$ELSE
      !DEC$ ATTRIBUTES STDCALL,ALIAS : 'MainWndProc' :: MainWndProc
      !DEC$ ENDIF
```

```fortran
        use dfwina
        integer hWnd, mesg, wParam, lParam
      end function MainWndProc
  end interface

   lpszCmdLine = lpszCmdLine
   nCmdShow = nCmdShow
   hPrevInstance = hPrevInstance
!  save instance handle in exchange module now
   hInst = hInstance

   lpszClassName ="MatlabApp"C
   lpszAppName ="Matlab Window-based Application Sample"C

! Filling of basic descriptive structure of created window's class
   wc%lpszClassName = LOC(lpszClassName)
   wc%lpfnWndProc   = LOC(MainWndProc)
   wc%style         = IOR(CS_VREDRAW , CS_HREDRAW)
   wc%hInstance     = hInstance
   wc%hIcon         = LoadIcon( NULL,IDI_APPLICATION)
   wc%hCursor       = LoadCursor( NULL, IDC_ARROW )
   wc%hbrBackground = GetStockObject(WHITE_BRUSH)
   wc%lpszMenuName  = 0
   wc%cbClsExtra    = 0
   wc%cbWndExtra    = 0

! Register window's class now!
   iret = RegisterClass(wc)

! Create window now....
   hWnd = CreateWindowEx(  0, lpszClassName,            &
                  lpszAppName,                  &
                  INT(WS_OVERLAPPEDWINDOW),       &
                  0,                          &
                  0,                          &
                  200,                        &
                  150,                        &
                  NULL,                       &
                  NULL,                       &
                  hInstance,                   &
                  NULL                        &
                  )
   iret = ShowWindow( hWnd, SW_SHOWNORMAL)
```

```fortran
! messages dispatching
      do while( GetMessage (mesg, NULL, 0, 0) .NEQV. .FALSE.)
                  i = TranslateMessage( mesg )
                  i = DispatchMessage( mesg )
      end do
! exit program
WinMain = 0
end


! main window's procedure
integer function MainWndProc ( hWnd, mesg, wParam, lParam )
!DEC$IF DEFINED(_X86_)
!DEC$ ATTRIBUTES STDCALL, ALIAS : '_MainWndProc@16' :: MainWndProc
!DEC$ELSE
!DEC$ ATTRIBUTES STDCALL,ALIAS : 'MainWndProc' :: MainWndProc
!DEC$ENDIF
use dfwina
use param_exchange
integer*4  ret
integer hWnd, mesg, wParam, lParam
integer hdc
type (T_PAINTSTRUCT) ps
character(50) Text_line(15)

!--------------------------------------------------------
!    (pointer) Replace integer by integer*8 on the DEC Alpha
!    64-bit platform
!
     integer engOpen, engGetVariable, mxCreateDoubleMatrix
     integer mxGetPr
     integer ep, T, D
!--------------------------------------------------------
!
!    Other variable declarations here
     double precision time(10), dist(10)
     integer engPutVariable, engEvalString, engClose
     integer temp, status
     data time / 1.0, 2.0, 3.0, 4.0, 5.0, 6.0, 7.0, 8.0, 9.0, 10.0 /
!
select case(mesg)
  case (WM_CREATE)
!1.You must create all menus handles - pointers to some Windows' internal resources.
    menu_handle = CreateMenu()
    menu_file_handle = CreatePopupMenu()
```

```
!  2.You must ask Windows to use upper level menu handle with window selected.
                    iret = SetMenu(hwnd,menu_handle)
!  3.Using these handles, you must insert necessary strings
!  ( or handles of low-level menus ) into your menu.
!  Fill main menu now
!  Add "File" submenu handle into main menu
      iret = AppendMenu(menu_handle,IOR(MF_ENABLED,MF_POPUP), &
                   menu_file_handle,LOC("File"C))
!   Fill submenu now
      iret = AppendMenu(menu_file_handle,IOR(MF_ENABLED,MF_STRING), &
                            1002,LOC("Exit"C))
!  4.You must ask Windows to redraw menu bar.
              iret = DrawMenuBar(hwnd)
!調用 MATLAB
      ep = engOpen('matlab ')
!
   if (ep .eq. 0) then
     ret = MessageBox (hWnd,"無法啟動MATLAB引擎"C,"使用MATLAB錯誤資訊"C, &
                            IOR(MB_SYSTEMMODAL,            &
                            IOR(MB_OK, MB_ICONHAND)))
        i = SendMessage( hWnd, WM_CLOSE, 0, 0 )
   endif
!
     T = mxCreateDoubleMatrix(1, 10, 0)
     call mxCopyReal8ToPtr(time, mxGetPr(T), 10)
!    Place the variable T into the MATLAB workspace
     status = engPutVariable(ep, 'T', T)
!
   if (status .ne. 0) then
     ret = MessageBox (hWnd,"engPutVariable failed"C,"使用MATLAB錯誤資訊"C, &
                            IOR(MB_SYSTEMMODAL,            &
                            IOR(MB_OK, MB_ICONHAND)))
        i = SendMessage( hWnd, WM_CLOSE, 0, 0 )
   endif
!    Evaluate a function of time, distance = (1/2)g.*t.^2
!    (g is the acceleration due to gravity)
   if (engEvalString(ep, 'D = .5.*(-9.8).*T.^2;') .ne. 0) then
     ret = MessageBox (hWnd,"engEvalString failed"C,"使用MATLAB錯誤資訊"C, &
                            IOR(MB_SYSTEMMODAL,            &
                            IOR(MB_OK, MB_ICONHAND)))
        i = SendMessage( hWnd, WM_CLOSE, 0, 0 )
   endif
!    Plot the result
```

```fortran
      if (engEvalString(ep, 'plot(T,D);') .ne. 0) then
        ret = MessageBox (hWnd,"engEvalString failed"C,"使用MATLAB錯誤資訊"C, &
                            IOR(MB_SYSTEMMODAL,              &
                            IOR(MB_OK, MB_ICONHAND)))
          i = SendMessage( hWnd, WM_CLOSE, 0, 0 )
      endif

      if (engEvalString(ep, 'title(''Position vs. Time'')') .ne. 0) then
        ret = MessageBox (hWnd,"engEvalString failed"C,"使用MATLAB錯誤資訊"C, &
                            IOR(MB_SYSTEMMODAL,              &
                            IOR(MB_OK, MB_ICONHAND)))
          i = SendMessage( hWnd, WM_CLOSE, 0, 0 )
      endif

      if (engEvalString(ep, 'xlabel(''Time (seconds)'')') .ne. 0) then
        ret = MessageBox (hWnd,"engEvalString failed"C,"使用MATLAB錯誤資訊"C, &
                            IOR(MB_SYSTEMMODAL,              &
                            IOR(MB_OK, MB_ICONHAND)))
          i = SendMessage( hWnd, WM_CLOSE, 0, 0 )
        endif
      if (engEvalString(ep, 'ylabel(''Position (meters)'')') .ne. 0)then
        ret = MessageBox (hWnd,"engEvalString failed"C,"使用MATLAB錯誤資訊"C, &
                            IOR(MB_SYSTEMMODAL,              &
                            IOR(MB_OK, MB_ICONHAND)))
          i = SendMessage( hWnd, WM_CLOSE, 0, 0 )
      endif
!
      ret = MessageBox (hWnd,"計算完畢,程式即將結束"C,"使用MATLAB資訊"C, &
                            IOR(MB_SYSTEMMODAL,              &
                            IOR(MB_OK, MB_ICONHAND)))
      call engEvalString(ep,'close;')
        D = engGetVariable(ep,'D')
      call mxCopyPtrToReal8(mxGetPr(D),dist,10)
        write(Text_line(1),*) '時間(秒)    距離(米)'
      do 10 i = 1,10
            write(Text_line(i+1),20) time(i),dist(i)
20        format(' ',G10.3,G10.3)
10    continue
      call mxDestroyArray(T)
      call mxDestroyArray(D)
!關閉 MATLAB
      status = engClose(ep)
!
```

```
   if (status .ne. 0) then
     ret = MessageBox (hWnd,"無法攔閉MATLAB引擎"C,"使用MATLAB錯誤資訊"C, &
                             IOR(MB_SYSTEMMODAL,              &
                             IOR(MB_OK, MB_ICONHAND)))
         i = SendMessage( hWnd, WM_CLOSE, 0, 0 )
   endif
!
                 MainWndProc = 0
                 return
   case (WM_COMMAND)
     select case(INT4(loword(wParam)))
       case (1002)
         i = SendMessage( hWnd, WM_CLOSE, 0, 0 )
     end select
                 MainWndProc = 0
                 return
   case (WM_PAINT)
     hdc  = BeginPaint(hwnd,ps)
     do i=1,11
         iret = TextOut(hdc, 10, 15*i, Text_line(i) ,&
                         LEN_TRIM(Text_line(1)))
     end do
     iret = EndPaint(hwnd,ps)
     MainWndProc = 0
     return
   case (WM_DESTROY)
     call PostQuitMessage( 0 )
     MainWndProc = 0
     return
   case default
     MainWndProc = DefWindowProc( hWnd, mesg, wParam, lParam )
   end select
return
end
```

程式碼 9-42

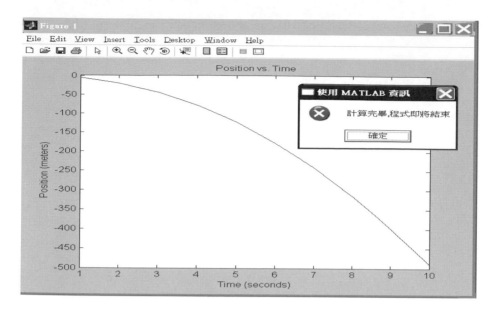

圖 9-15

9.4.7 PGPLOT 函式庫

PGPLOT 繪圖子程式是一組可以用 Fortran 或 C 與言呼叫與設備無關的函式庫，為的是讓使用者花很少的力氣就能夠畫出圖來，對大部分使用者而言，程式是與設備無關，並且程式在跑時可以將結果輸出到適當的設備上。

PGPLOT 繪圖子程式包含了兩大部分：輸出到不同的終端機、影像顯示設備、雷射印表機及筆式繪圖機用的，與設備無關及與設備有關的句柄(`device handler)子函式。 它支援共通檔案格式包括 PostScript 和 GIF。

PGPLOT 繪圖子程式本身大部分是用標準 Fortran-77 語法撰寫，僅少部分是用非標準與系統相關語法撰寫，它可以用 Fortran-77 或 Fortran-90 程式叫用，同時提供用 C (cpgplot)語法及檔頭 (cpgplot.h)，可以用 C 或 C++ 程式叫用；混合式函式庫處理 C 與 Fortran 引數間的轉換。

PGPLOT 繪圖子程式函式庫是一套免費公用函式庫，它有 UNIX 版本 (包括 Linux，SunOS， Solaris， HPUX， AIX， Irix，及 MacOS X/Darwin)和 OpenVMS 版本，

你可以到 http://www.astro.caltech.edu/~tjp/pgplot/#introduction 下載資料。

使用時，要先將 grfont.dat 放在 Windows/system32 目錄之下。至於 Project Workspace 要採"QuickWin Application"模式。

範例：

```
      PROGRAM EX1
      INTEGER PGOPEN, I
      REAL XS(9), YS(9), XR(101), YR(101)
! 計算繪圖點數目.
      DO 10 I=1,101
        XR(I) = 0.1*(I-1)
        YR(I) = XR(I)**2*EXP(-XR(I))
10    CONTINUE
      DO 20 I=1,9
        XS(I) = I
        YS(I) = XS(I)**2*EXP(-XS(I))
20    CONTINUE
!開啓繪圖設備.
      IF (PGOPEN('?') .LT. 1) STOP
!規定繪製範圍(0 < x < 10, 0 < y < 0.65),
!繪製坐標軸.
      CALL PGENV(0., 10., 0., 0.65, 0, 0)
!坐標軸標籤 (注意用 \u 及 \d 把指數部分上抬).
      CALL PGLAB('x', 'y', 'PGPLOT Graph: y = x\u2\dexp(-x)')
!繪直線.
      CALL PGLINE(101, XR, YR)
! Plot symbols at selected points.
      CALL PGPT(9, XS, YS, 18)
!關閉繪圖設備.
      CALL PGCLOS
      END PROGRAM EX1
```

程式碼 9-43

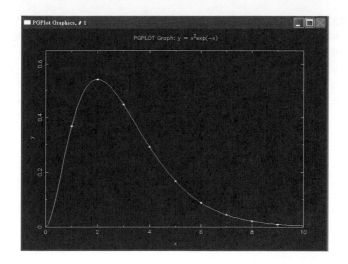

圖 9-16

9.4.8 GrWin 函式庫

本軟體是由日本 Tamaribuchi， Tsuguhiro 先生所研發，是一套免費公用繪圖函式庫，它架構在 PGPLOT 函式庫上，可以讓你在不必撰寫視窗程式之下就可以繪出漂亮的圖形，並可存成 BMP 等 5 種格式的圖檔，目前的版本爲 1.0 (2011/7/27) 。請參閱 http://spdg1.sci.shizuoka.ac.jp/grwinlib/english/

下載地點: ftp://spdg1.sci.shizuoka.ac.jp/pub/GrWinlib/english/

使用前要先安裝，它會自動設定好相關的目錄，使用時，要含入 GrWin.lib 及 GrWin0.lib 兩個檔案。

範例：

```
PARAMETER(PAI2=6.28319)
INTEGER NB(2)
CHARACTER FN*32, BUFF*80
DATA N,K,IC/20,16,32/
DATA NB/0,0/
WRITE(*,*) ' <Bitmap Mix Mode>'
WRITE(*,*) ' 0: INVERTNOT   = source XOR (NOT dest)'
WRITE(*,*) ' 1: SRCCOPY     = source'
WRITE(*,*) ' 2: SRCPAINT    = source OR dest'
WRITE(*,*) ' 3: SRCAND      = source AND dest'
```

```
      WRITE(*,*) ' 4: SRCINVERT   = source XOR dest'
      WRITE(*,*) ' 5: SRCERASE    = source AND (NOT dest )'
      WRITE(*,*) ' 6: NOTSRCCOPY  = (NOT source)'
      WRITE(*,*) ' 7: NOTSRCERASE = (NOT src) AND (NOT dest)'
      WRITE(*,*) ' 8: MERGECOPY   = (source AND pattern)'
      WRITE(*,*) ' 9: MERGEPAINT  = (NOT source) OR dest'
      WRITE(*,*) '10: PATCOPY     = pattern'
      WRITE(*,*) '11: PATPAINT    = DPSnoo'
      WRITE(*,*) '12: PATINVERT   = pattern XOR dest'
      WRITE(*,*) '13: DSTINVERT   = (NOT dest)'
      WRITE(*,*) '14: BLACKNESS   = BLACK'
      WRITE(*,*) '15: WHITENESS   = WHITE'
      WRITE(*,'(/A,$)') 'Bitmap Mix Mode(0..15) = '
      DATA S,MX/0.3,-1/
      READ(*,*) MX
      CALL GWOPEN(ID,0)
      CALL GWNCOLOR(NC)
      CALL GWINDOW(IR,-PAI2*0.05, -1.2, PAI2*1.05, 1.2)
      AR = GWASPECT(-1)
      CALL GWLINE(IR,-PAI2*0.03, 0.0, PAI2*1.03, 0.0)
      CALL GWSETTXT(IR,0.1, 0.0, -1, 0, -1, ' ')
      CALL GWPUTTXT(IR,PAI2-0.3, 0.02, 'X-axis')
      CALL GWLINE(IR,0.0,1.1,0.0,-1.1)
      CALL GWSETTXT(IR,-1.0, 0.25, -1, -1, -1, ' ')
      CALL GWPUTTXT(IR,-0.02, 0.8, 'Y-axis')
C     CALL GWREFRESH(IR)
      CALL GWLOADBMP(NB(1), 0, 'ball.bmp')
      CALL GWGETBMP(IR,NB(1), W, H, IW, IH, NC, MNB, FN)
      CALL GWSETBMP(IR,NB(1),S,S*AR,MX,-1,-1)
      WRITE (*,*) NB(1), W, H, IW, IH, NC, MNB, ' ', FN
      CALL GWLOADBMP(NB(2), 0, 'jonathan1.bmp')
      CALL GWGETBMP(IR,NB(2), W, H, IW, IH, NC, MNB, FN)
      CALL GWSETBMP(IR,NB(2),S,S*AR,MX,-1,-1)
      WRITE(*,*) NB(2), W, H, IW, IH, NC, MNB, ' ', FN
      DO I=0,N
        X = I*PAI2/N
        Y = SIN(X)
        CALL GWPUTBMP(IR,NB(MOD(I,2)+1),X,Y,-1)
      END DO
      CALL GWSETSYM(IR,S/2, -1.0, -1, K, -1, ' ')
      DO WHILE(X**2+Y**2.GT.0.1)
        WRITE(BUFF,'(2F8.3)') X, Y
        CALL GWCAPPNT(IR,X,Y,BUFF)
        IC = MOD(IC,255)+1
        A = RAND()
```

```
    WRITE(*,'(1X,I3,2F8.3,I10,F8.1)') IC,X,Y,K,A
    CALL GWSETSYM(IR,-1.0, A, -1, -1, -1, ' ')
    CALL GWPUTSYM(IR,X, Y, IC)
END DO
CALL GWQUIT(IR)
END
```

程式碼 9-44

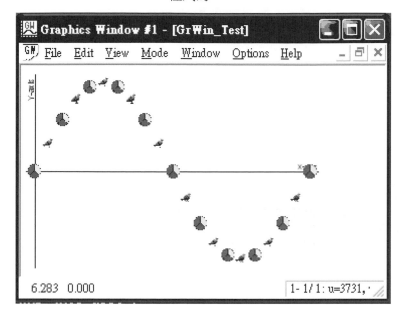

圖 9-17

9.4.9 XFT 函式庫及如何製作語法翻譯器

XFT 函式是一套利用 smidgley@netspace.net.au 所研發的語法翻譯器(基本型，進階型)功能而製作成繪圖畫面的免費公用函式庫，參閱 http://stu.ods.org/Fortran/。

XFT 的使用方法：

1.安裝好 XFT；

2.選用 New->Projects-> Fortran XFT application，自動產生框架；

3.以 Project/Settings/Link 連結到 XFT.lib；

4.XInit 函式是主體，包括 XCreateWindow 建立窗口種類--XCreateSDIApp(單一窗口)， XCreateMDIApp(多文件窗口)，或 XCreateDialogApp (對話窗口)，產生的窗口均叫做 XW_FRAME，如 XCreateSDIApp(xMenu, "XGraph", IDI_ICON_MAIN, iExStyle=WS_EX_CONTROLPARENT+WS_EX_APPWINDOW)；

5. 接下來以 XLoadMenu 函式載入由資源編輯器製作好的選單，以 XLoadAccelerators 函式載入文字資源，如 xMenu = XLoadMenu(IDR_MENU_MAIN); bSt = XLoadAccelerators(IDR_ACCELTABLE)；

6.以 XSetCommand 函式對選單內容的動作作呼應，如 bSt = XSetCommand (XW_FRAME，IDM_HELP_ABOUT， XFrame_OnAbout)

7.以 XSetHandler 函式對視窗訊息 WM_**，作反應，如 bSt = XSetHandler (XW_FRAME， WM_SIZE， XW_FRAME_OnSize)；

8. 必需撰寫與 7. 相對應的 SUBROUTINE。

範例：

XGraph 則為利用 XFT 函式庫 http://www.geocities.com/jdujic/Fortran/xft/xgraph/xgraph.htm

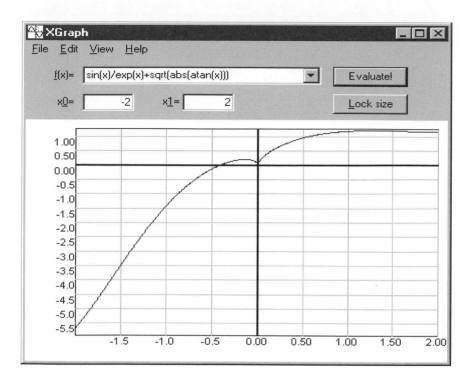

圖 9-18

9.5　OLE/COM 技術

隨著 Internet 的廣泛深入和應用程序開發模組化的趨勢，Cleint-Server 這種應用程序開發的模式越來越受到重視，首先先對 ActiveX 觀念作一介紹，ActiveX 基本概念：

1.ActiveX 的誕生

ActiveX 一詞最早是由 Microsoft 在 1996 年 3 月的 Internet 專業人員研討會上提出的，當時指的是"Active the Internet"，當時只是一種號召而非具體應用開發的技術和體系結構。

在這段期間，Mocrosoft 和 NetScape 公司針對 Internet Web 瀏覽器市場的控制權展開劇烈地爭奪，Micorsoft 對瀏覽器市場展露了極大的興趣，它還展示了從電子儲存前端到新型的 OLE 控制元件及虛擬實境交談等一系列軟體和工具。

瞬間，ActiveX 成為頗受歡迎的產物，其含意已遠遠超出"Active the Internet"，它成了定義 Web 頁面到 OLE(Object Linking and Enbedding 物件鏈接和嵌入)控制元件的所有內容和核心術語。它一方面意味著用戶可以通過一系列的小型的、快速的、可重複使用的組件將自身與 Microsoft、Internet 和業界開發的新技術緊密連接；另一方面，ActiveX 代表了一種 Internet 和應用程序集成的開發策略，描述 ActiveX 就像試圖描述什麼是紅色一樣，它不是一種技術或體系結構，而是一種概念和潮流。

2.ActiveX、OLE 和 Internet

ActiveX 和 OLE 從某種意義上說，已經成為同義詞，從前所說的 OLE 現在已被稱為 ActiveX，OLE DocObjects 稱為 ActiveX 文件檔，並且一些有關如何實現 OLE 技術的文件也更新為 ActiveX 技術文件，ActiveX 並不是替換 OLE，而是基於 COM(Component Object Model)--小型快速可以重用組件，將它擴展為更適應 Internet、Intranet、商業應用程序和家用應用程序的開發，並提供相應的開發工具。

3.ActiveX 組件的類型

ActiveX 組件的開發，可以分為以下六種類型：

1.自動化服務器
2.自動化控制器
3.ActiveX 控制元件
4.COM 對象
5.ActiveX 文件檔
6.ActiveX 容器

1.自動化服務器 (Automation Server)	1.是一種可以由其他應用程序可以驅動的組件。 至少包含一個或多個可由其他應用程序創建或連接基於 IDispatch 的接口。 根據服務器特性，可以沒有用戶界面(User Interface)也可以擁有。 運行的方式，分為三種：1.進程內(in-process)，即在控制器的運行空間內運行； 2.本地(local)：即在服務器自身的進程空間內運行; 3.遠地(remote)：即在另一臺機器的進程空間內運行。 服務器的特定實現方式決定了它如何以及在何處運行，但也並非絕對如此，例如：一個 dll 既可以為進程內運行，也可以為本地運行或遠地運行，而 exe 只能在本地或遠地運行，一般來說，進程內運行的自動化服務器運行速度最快，本地次之，遠地最差。
2.自動化控制器 (Automation Controllers)	是那些使用或操縱自動化服務器的應用程序，如 DLL 或 EXE，他們不但可以在進程內訪問自動化服務器，而且可以以本地或遠程方式訪問自動化服務器。 典型的例子如 Microsoft Excel、Microsoft Word 以及 Visual Basic，通過 Visual Basic 語言，用戶可以很方便地生成、使用和消除自動化服務器，就好像使用自己的一部份功能一樣。
3.ActiveX 控制元件	等價於以前的 OLE 控制元件(OCXs)。 一個典型的控制元件包括設計時和運行時的用戶界面，惟一的 IDispatch 的接口定義控制元件的方法和屬性，惟一的 IConnection-Point 接口由於控制元件可引發的事件。 除此之外，一個控制元件還可以包含對其整個生命週期的一致性支持，以及對剪貼簿、拖放等用戶界面特性的支持。從結構上看，一個控制元件有大量必須支持的 COM 接口，以便利用這些

	特性。 它永遠都是在其所放置的容器內運行。 典型的擴展檔案名稱爲 OCX，但從運行的角度來看，它不過是一個標準的 Windows 動態連接庫 DLL。
4.COM 對象	在結構上於自動化服務器和自動化控制器類似,他們擁有一個或多個 COM 接口,很少或根本沒有用戶界面。然而,COM 對象不能像自動化服務器那樣被典型自動化控制器應用程序所使用,爲了使用他們,控制器必須具有希望連接接口的特定知識,這往往由 COM 對象的說明文件提供。 在 Windows 98 和 Windows NT 操作系統中包含了上百個 COM 對象和自定義接口,用於對操作系統進行擴展。包括從控制桌面的外觀到 3D 圖像的著色等各個方面。 是一種組織相關功能和數據的良好方式,他同時保持了 DLL 的高速性能。
5.ActiveX 文件檔	即以前所說的 OLE DocObject,表示一種不僅僅是簡單控制元件或自動化服務器的對象,它可以是從電子表格到財務應用程序中全部發票的任何東西。與控制元件一樣,文件檔也有用戶界面並包含於容器應用程序中,Microsoft Excel 和 Microsoft Word 就是 ActiveX 文件檔服務器的典型例子,而 Microsoft Office Binder 和 Microsoft Internet Explorer 就是 ActiveX 文件檔容器的典型例子。 ActiveX 文件檔結構上是對 OLE 鏈接和嵌入模型的發展,並對其所在的容器具有更多的控制權。一個顯著的變化是對選單的顯示方式,一個典型的 OLE 文件檔的選單將會與容器的選單合併成爲一個新的選單集,而 ActiveX 文件檔將替換整個容器的選單系統,只表現出文件檔的特性,而不是文件檔與容器的共同特性。

	容器只是一種宿主機制，而由文件檔本身進行所有的控制。 另外一個顯著的變化是列印和儲存，一個 OLE 文件檔被認爲是其容器文件檔的一部份，因此是作爲宿主容器文件檔的一部份進行列印和儲存的，而 ActiveX 文件檔自身具有列印和儲存功能，而不是集中在容器文件檔中。 ActiveX 文件檔在一個統一的表示結構中使用，而不是位於嵌入式文件檔結構中，後者是 OLE 文件檔的基礎，Microsoft Internet Explorer 是 ActiveX 文件檔方面的一個典型例子，Explorer 只是將 Web 頁面展示給用戶，但它是作爲一個單一的實體進行顯示、列印和儲存;而 Microsoft Excel 和 Microsoft Word 則是 OLE 文件檔結構的典型例子，如果將一個 Excel 電子表格嵌入在一個 Word 文件中，電子表格實際上是儲存在 Word 文件檔案內，並成爲 Word 文件的一個集成部份。
6.ActiveX 容器	可以作爲自動化服務器、控制元件、和 ActiveX 文件檔宿主應用程序，例如：Visual Basic 和 ActiveX Control Pad 就是 ActiveX 容器的典型例子，它們可以作爲自動化服務器和控制元件的宿主，此外 Microsoft Office Binder 和 Microsoft Internet Exploreru 也是極爲典型的 ActiveX 容器的例子，它們不但可以作爲自動化服務器和控制元件的宿主，而且可以作爲 ActiveX 文件檔的宿主。

結論

ActiveX 是一種基於 Microsoft Windows 操作系統的組件集成協議，通過 ActiveX，開者和終端用戶可以選擇由不同的開發商發佈的面向應用程序的 ActiveX 組件，並將他們無縫地集成到自己的應用程序中，從而完成特定的目的。

例如開發一個獨立的應用程序，要求應具有讀取資料庫功能、數值分析功能以及商業圖形功能，如果開發者全部自行編寫，顯然是一件相當吃重的工作，但基於

ActiveX 組件，開發者就可以通過一個開發商選擇讀取資料庫組件，而通過另一個發商選擇數值分析組件，再通過第三個開發商選擇商業圖形組件，並最終將他們合在一起，不僅提高效率，也更易使用。

要理解 ActiveX 必須非常注意兩個概念，即 COM 和 ActiveX 接口。
COM，即微軟組件對象模型 Component Object Model，它是所有 ActiveX 的基礎，它定義了基本的 ActiveX 組件的模型；ActiveX 接口(ActiveX Interface)是所有 ActiveX 組件的基本的組成部份，每一個 ActiveX 組件至少擁有一個或多個命名接口，每一個接口是一系列相關的方法、屬性和事件的集合。

方法非常類似於函數，調用它們是爲了要求組件在一定時刻的狀態或動作；屬性是聲明由組件支持的變量，例如文字的顏色、文化的名字等；事件是有外界激發組件時，組件相應產生的動作。

此外，COM 的另外一個重要特性就是它支持多接口，其中一些爲標準接口，它們被定義成 ActiveX 的組成部份，而另一些爲用戶自己定義的接口，由各個開發商定義。

爲了使用 ActiveX 組件，用戶必須清楚地知道各組件所定義的自定義接口及其方法、屬性和事件，這些訊息都由各個開發商提供。

9.5.1 與 Microsoft Excel 共事

```
PROGRAM ExcelSample
   USE DFLIB
   USE DFWIN
   USE DFCOM
   USE DFCOMTY
   USE DFAUTO
   USE ADOBJECTS
   USE EXCEL97A
!  USE EXCEL2002
   IMPLICIT NONE
 ! Variables
   INTEGER*4 status
```

```
     INTEGER*4 loopCount
     INTEGER*4 die1
     INTEGER*4 die2
     INTEGER*4 roll
     INTEGER*4 maxScale
     CHARACTER (LEN = 32) :: loopc
     INTEGER  i
     REAL*4    rnd
     INTEGER*2, DIMENSION(1:12) :: cellCounts
! Variant arguments
     TYPE (VARIANT) :: vBSTR1
     TYPE (VARIANT) :: vBSTR2
     TYPE (VARIANT) :: vBSTR3
     TYPE (VARIANT) :: vInt
! Initialize object pointers
     CALL INITOBJECTS()
! Create an Excel object
     CALL COMINITIALIZE(status)
!呼叫Excel2000以上版本
     CALL COMCREATEOBJECT ("Excel.Application", excelapp, status)
     IF (excelapp == 0) THEN
        WRITE (*, '(" Unable to create Excel object; Aborting")')
         CALL EXIT()
     END IF
CALL $Application_SetVisible(excelapp, .TRUE.)
! Here is a sketch of the code below in pseudocode...
!
!    workbooks = excelapp.GetWorkbooks()
!    workbook = workbooks.Open(spreadsheet)
!    worksheet = workbook.GetActiveSheet
!    range = worksheet.GetRange("A1", "L1")
!    range.Select()
!    charts = workbook.GetCharts()
!    chart = charts.Add()
!    chart.ChartWizard(gallery=chartType,title=title,
!    categoryTitle=title, valueTitle=title)
!    valueAxis = chart.Axes(type=xlValue, axisGroup=xlPrimary)
!   valueAxis.MaximumScale(loopcount/5)
! Get the WORKBOOKS object
 workbooks = $Application_GetWorkbooks(excelapp, $STATUS = status)
 CALL Check_Status(status, " Unable to get WORKBOOKS object")

! Open the specified spreadsheet file (note: specify the full file path)
  workbook = Workbooks_Open(workbooks, &
```

```
      "C:\PROGRAM FILES\MICROSOFT VISUAL STUDIO\DF98 &
          \SAMPLES\ADVANCED\COM\AUTODICE\HISTO.XLS", &
           $STATUS = status)
    CALL Check_Status(status, " Unable to get WORKBOOK object; &
        ensure that the file path is correct")
! Get the worksheet
  vInt%VT = VT_I4
  vInt%VU%LONG_VAL = 1
  worksheet = $Workbook_GetActiveSheet(workbook, status)
  CALL Check_Status(status, " Unable to get WORKSHEET object")
! Initialize the cell counts
  DO i=1,12
      range = 0
      cells(i) = range
      cellCounts(i) = 0
  END DO
! Create a new chart
  CALL VariantInit(vBSTR1)
  vBSTR1%VT = VT_BSTR
  bstr1 = ConvertStringToBSTR("A1")
  vBSTR1%VU%PTR_VAL = bstr1
  CALL VariantInit(vBSTR2)
  vBSTR2%VT = VT_BSTR
  bstr2 = ConvertStringToBSTR("L1")
  vBSTR2%VU%PTR_VAL = bstr2
 range = $Worksheet_GetRange(worksheet, vBSTR1, vBSTR2, status)
  CALL Check_Status(status, " Unable to get RANGE object")
  status = VariantClear(vBSTR1)
  bstr1 = 0
  status = VariantClear(vBSTR2)
  bstr2 = 0

  status = AUTOSETPROPERTY (range, "VALUE", cellCounts)
  CALL Range_Select(range, status)
  charts = $Workbook_GetCharts(workbook, $STATUS = status)
  CALL Check_Status(status, " Unable to get CHARTS object")
  chart = Charts_Add(charts, $STATUS = status)
  CALL Check_Status(status, " Unable to add CHART object")

  ! Invoke the ChartWizard to format the chart
  ! chart.ChartWizard(gallery=chartType, title=title,
  ! categoryTitle=title, valueTitle=title)
  CALL VariantInit(vInt)
  vInt%VT = VT_I4
```

```
   vInt%VU%LONG_VAL = 11
   CALL VariantInit(vBSTR1)
   vBSTR1%VT = VT_BSTR
   bstr1 = ConvertStringToBSTR("Dice Histogram")
   vBSTR1%VU%PTR_VAL = bstr1
   CALL VariantInit(vBSTR2)
   vBSTR2%VT = VT_BSTR
   bstr2 = ConvertStringToBSTR("Roll")
   vBSTR2%VU%PTR_VAL = bstr2
   CALL VariantInit(vBSTR3)
   vBSTR3%VT = VT_BSTR
   bstr3 = ConvertStringToBSTR("Times")
   vBSTR3%VU%PTR_VAL = bstr3
   CALL $Chart_ChartWizard(chart, &
         Gallery = vInt, &
         Title = vBSTR1, &
         CategoryTitle = vBSTR2, &
         ValueTitle = vBSTR3, &
         $STATUS = status)
  CALL Check_Status(status, " Unable to invoke ChartWizard")
   status = VariantClear(vBSTR1)
   bstr1 = 0
   status = VariantClear(vBSTR2)
   bstr2 = 0
   status = VariantClear(vBSTR3)
   bstr3 = 0
! Determine the number of times to roll the dice
   IF (NARGS() > 1) THEN
       CALL GETARG(1_2, loopc)
       READ(loopc, *) loopcount
   ELSE
       loopcount = 1000;
   END IF
! Set some chart properties
   CALL VariantInit(vInt)
   vInt%VT = VT_I4
   vInt%VU%LONG_VAL = xlValue
  valueAxis = $Chart_Axes(chart, vInt, xlPrimary, $STATUS = status)
   CALL Check_Status(status, " Unable to get AXIS object")
   maxScale = loopcount/5
  status = AUTOSETPROPERTY(valueAxis, "MaximumScale", maxScale)
  CALL Check_Status(status, " Unable to set AXIS MaximumScale")
! Loop the specified number of times
   CALL SEED(RND$TIMESEED)
```

```
   DO i=1,loopcount
       CALL RANDOM(rnd)
       die1 = NINT((rnd * 6) + 0.5)
       CALL RANDOM(rnd)
       die2 = NINT((rnd * 6) + 0.5)
       roll = die1 + die2
       cellCounts(roll) = cellCounts(roll) + 1
       IF (MOD(i, 200) == 0) THEN
           status = AUTOSETPROPERTY (range, "VALUE", cellCounts)
           CALL Check_Status(status, " Unable to set RANGE value")
       END IF
   END DO
 ! Release all objects
   CALL RELEASEOBJECTS()
   CALL COMUNINITIALIZE()
END PROGRAM

 SUBROUTINE Check_Status(olestatus, errorMsg)
  USE ADOBJECTS
  IMPLICIT NONE
   INTEGER*4 olestatus
   CHARACTER (LEN = *) :: errorMsg
   IF (olestatus >= 0) THEN
       RETURN
   END IF
 ! Error handling code
   CALL RELEASEOBJECTS()
   WRITE (*, '(A, "; OLE error status = 0x", Z8.8, "; Aborting")')&
       TRIM(errorMsg), olestatus
   CALL SLEEPQQ(5000)
   CALL EXIT(-1)
END SUBROUTINE
```

程式碼 9-45

9.6   使用登錄檔案

登錄檔案是一個集中管理、系統定義的資料庫,存放應用程式和 Windows 系統元件設定的資料。它是一個二進位檔,必需使用 REGEDIT.EXE 才能存取其中的資料

登錄檔案使用樹狀結構儲存資料,資料元素都叫機碼(KEY),要存它有三種方式:
1.使用內建工具(REGEDIT.EXE) .

2.使用 Win32 API：

RegOpenKey(RegOpenKeyEx)，

RegCreateKey(RegCreateKeyEx)，

RegQueryValue(RegQueryValueEx)，

RegDeleteKey(RegDeleteKeyEx)，

RegEnumKey(RegEnumKeyEx)，

RegSetValue(RegSetValueEx)，

RegCloseKey(RegCloseKeyEx)，

RegFlushKey，RegQueryInfoKey

3.使用註冊檔，將資料匯入。

下圖為登錄編輯程式畫面：

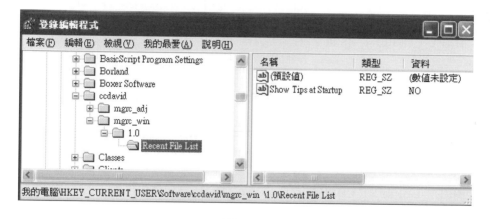

圖 9-19

機碼值說明	
機碼	說明
REG_BINARY	任何型式的二進位值
REG_DWORD	雙字元值(32-bit)
REG_DWORD_BIG_ENDIAN	big_endian 格式的 32bit 數字，值即字組的領導位元組是低位元組
REG_DWORD_LITTLE_ENDIAN	little_endian 格式的 32bit 數字，值即字組的領導位元組是高位元組，同 REG_DWORD
REG_EXPAND_SZ	空字元結尾的 Unicode 字串或 ANSI 字串，

	包含不能擴展之環境變數的串(如%path%)
REG_LINK	Unicode symbolic link
REG_MULTI_SZ	由空字元結尾的字串所組成之串列，其結尾為兩個空字元
REG_NONE	未定義的類型
REG_RESOURCE_LIST	裝置驅動程式資源列表
REG_SZ	空字元結尾的字串

登錄檔案目錄說明	
登錄檔案目	說明
HKEY_CLASS_ROOT	存放所定義的文件的類型，及其聯結的內容，傳統的應用程式或OLE應用程式用以儲存資料。Viewer和使用介面擴充將其OLE類別識別字存放此。
HKEY_CURRENT_USER	可針對不同的使用者定出其特有的設定，以存放環境變數及程式群，顏色，列表機，關聯網路，應用程式等資料設定。 機碼映設到 HKEY_USERS;軟體販售商將使用者設定值存放在這目錄中。
HKEY_LOCAL_MACHINE	存放硬體設定，網路通信協定，即插即用及軟體相關資訊。
HKEY_USERS	存放預設的使用者組態，每個使用者對應到一個子機碼。這些檔案可放在電腦上，也可以放在網路伺服器上。
HKEY_CURRENT_CONFIG	存放 HKEY_LOCAL_MACHINE 的子機碼值.

範例 1：每日精靈之製作

許多應用程式都有類似下圖的每日精靈，以提示使用者一些有關程式使用上的簡短而重要的訊息：(它是一個對話窗，事先要以資源編輯器製作好)

要能夠叫出這種對話窗的的技巧，就是使用登錄檔案：

1.在 WM_CREATE：

　　RegOpenKeyEx()

　　RegQueryValueEx()

　　RegCloseKey(hKey)

2.在 menu 內之 help 選單增加啟動機制：

　　呼叫 3.之函數

3.另設定一呼叫函數：

　　RegCreateKeyEx()

　　RegSetValueEx()

　　讓登錄檔案登錄資料

圖 9-20

```
integer(4) dataType,cbdata
character(4) TipString
 . . .
 !在 WM_CREATE：
 case (WM_CREATE)
 . . .
   iret = RegOpenKeyEx(HKEY_CURRENT_USER,"Software\\mgrc_win &
        \\1.0\\Recent File List"C,0,KEY_ALL_ACCESS,loc(hKey))
   if( iret /= 0) then
     iret = RegQueryValueEx(hKey,"Show Tips at Startup"C,0,&
          loc(dataType),loc(TipString),loc(cbdata))
   end if
   iret = RegCloseKey(hKey)
   if (index(TipString,'YES') /= 0) then
          TipsFlag = 1
   else
     TipsFlag = 0
   end if
 . . .
 ! 在 menu 內之 help 選單增加啟動機制：
 case (IDM_Tips)
   lpszName = "Tips"C
   iret = DialogBoxParam(ghInstance,LOC(lpszName),hWnd, LOC(TipsProc), 0)
   MainWndProc = 0
   return
 . . .
integer*4 function TipsProc( hDlg, message, wParam, lParam )
!DEC$ ATTRIBUTES STDCALL,DECORATE, ALIAS : 'TipsProc' :: TipsProc
use mgrc_winGlobals
use dfwina
implicit none
include 'resource.fd'
integer     hDlg        ! window handle of the dialog box
integer     message     ! type of message
integer     wParam      ! message-specific information
integer     lParam
real X
integer(4) hStatic,hStaticBrush
integer(4) iret
character(3)  TipValue
character(256) text
```

```
select case (message)
 case (WM_INITDIALOG)   ! message: initialize dialog box
   hStatic = GetDlgItem(hDlg,IDC_TipText)
   hStaticBrush = CreateSolidBrush (rgb(255,255,226))
  ! Center the tips window over the application window
   call CenterWindow (hDlg, GetWindow (hDlg, GW_OWNER))
   call random_seed()
   call random_number(X)
   do while (int(10*X) <=10)
     X = 10*(X)
   end do
   NCOUNT = int(2.8*X)
   call MakeTips(text)
   iret = SetDlgItemText(hDlg, IDC_TipText,trim(adjustL(text))//' 'C)
   if (TipsFlag == 1) then
    iret = CheckDlgButton(hDlg, IDC_CHECK_Tips,  BM_SETCHECK)
   end if
   TipsProc = 1
   return

   case (WM_CTLCOLORSTATIC )
    if(lparam == hStatic ) then
     iret = SetBkColor (wParam, rgb(255,255,226))
     TipsProc= hStaticBrush
     return
    end if
    TipsProc = 1
    return

   case (WM_COMMAND)
    if (LoWord(wParam) .EQ. IDB_NextTip)  then
     NCOUNT = NCOUNT +1
     CALL MakeTips(text)
     iret = SetDlgItemText(hDlg, IDC_TipText,trim(adjustL(text))//' 'C)
    end if
    if (LoWord(wParam) .EQ. IDOK)  then
!OK Selected so close tips dialog box
!check to see if the Create File box has been checked
    if ((SendMessage( GetDlgItem(hDlg, IDC_CHECK_Tips),&
             BM_GETCHECK, 0, 0)) ==FALSE ) then
     TipsFlag = 0
    else
     TipsFlag = 1
```

```
      end if
! save tip of the day status
    if (TipsFlag == 1) Then
      TipValue = 'YES'
    else
      TipValue = 'NO'
    end If
    iret = RegCreateKeyEx(HKEY_CURRENT_USER, "Software\\mgrc_win &
          \\1.0\\Recent File List"C,0," "C, REG_OPTION_NON_VOLATILE, &
          KEY_ALL_ACCESS,Null,loc(hKey),Null )
      iret = RegSetValueEx(hKey,"Show Tips at Startup"C,0,REG_SZ,&
            loc(TipValue),3)
      iret = RegCloseKey(hKey)
      iret = DeleteObject(hStaticBrush)
      iret = EndDialog(hDlg, TRUE)
      TipsProc = 1
      return
    end if
    end select
    TipsProc = 0 ! Didn't process the message
    return
end

subroutine MakeTips(text)
use mgrc_winGlobals
character(256):: Tips(5),text
    Tips(1) = '你可以按 F1 鍵,快速取得說明文件.'
    Tips(2) = '海洋重力資料預處理程式可以處理任意多筆的觀測資料.'
    Tips(3) = '你可以透過修改參數檔的方式改變參數內容.'
    Tips(4) = '快速鍵 Ctrl+C 直接幫你作運算.'
    Tips(5) = '快速鍵 Ctrl+V 直接觀看計算所得的結果'
    if(NCOUNT <1.OR.NCOUNT>5) then
        NCOUNT = 1
    end if
    text = Tips(NCOUNT)
    return
 end subroutine  MakeTips
```

程式碼 9-46

範例 2：記住已開啟過的檔案名稱

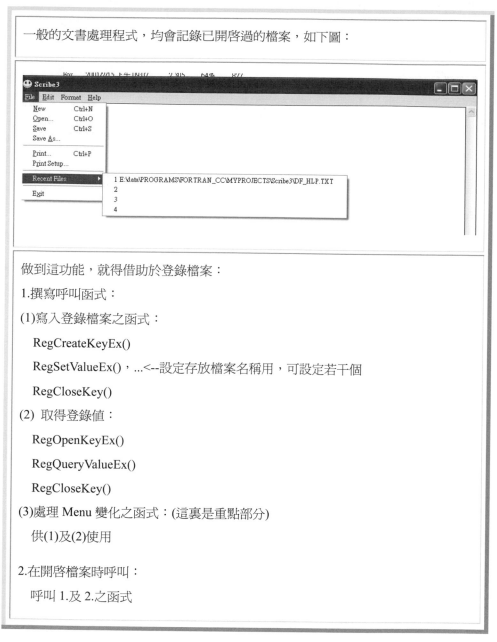

做到這功能，就得借助於登錄檔案：

1.撰寫呼叫函式：

(1)寫入登錄檔案之函式：

　RegCreateKeyEx()

　RegSetValueEx()，...<--設定存放檔案名稱用，可設定若干個

　RegCloseKey()

(2) 取得登錄值：

　RegOpenKeyEx()

　RegQueryValueEx()

　RegCloseKey()

(3)處理 Menu 變化之函式：(這裏是重點部分)

　供(1)及(2)使用

2.在開啟檔案時呼叫：

　呼叫 1.及 2.之函式

程式碼 9-47

```fortran
！處理 Menu 變化之函式(本例是以最多 4 個檔案)
subroutine UpdateFileMenu(hwnd)
use Scribe3Globals
implicit none
!Local variables
integer(4) hwnd
integer(4) i
   do i = 1,4
     if (IniString(i) == szFileName) then
       return
   end if
   end do
   call WriteRecentFiles
   call UpdateMRUMenu(hwnd)
end subroutine UpdateFileMenu



subroutine WriteRecentFiles
use Scribe3Globals
implicit none
!Local variables
Character(256) MenuString
Character(3) TipValue
integer(4) retval
integer(4) hKey
integer(4) iret
integer(4) Tcount
   iret = RegCreateKeyEx(HKEY_CURRENT_USER, &
         "Software\\Smiley\\Scribe3 &
          \\3.0\\Recent File List"C,0," "C, &
          REG_OPTION_NON_VOLATILE,KEY_ALL_ACCESS, &
          Null,loc(hKey),NUll)
   MenuString = IniString(3)
   IniString(4) = IniString(3)
   iret = RegSetValueEx(hKey,"MRU4"C,0,REG_SZ, &
                    loc(MenuString),256)
   MenuString = IniString(2)
   IniString(3) = IniString(2)
   iret = RegSetValueEx(hKey,"MRU3"C,0,REG_SZ,&
                    loc(MenuString),256)
   MenuString = IniString(1)
   IniString(2) = IniString(1)
   iret = RegSetValueEx(hKey,"MRU2"C,0,REG_SZ,&
                    loc(MenuString),256)
```

```fortran
    MenuString = szFileName
    IniString(1) = szFileName
    iret = RegSetValueEx(hKey,"MRU1"C,0,REG_SZ,&
                       loc(MenuString),256)
    TCount = 4
    ! save tip of the day status
    If (TipsFlag == 1) then
        TipValue = 'YES'
    else
        TipValue = 'NO'
    end if
    iret = RegSetValueEx(hKey,"Total Count"C,0,&
                       REG_DWORD,loc(Tcount),4)
    iret = RegSetValueEx(hKey,"Show Tips at &
                   Startup"C,0,REG_SZ,loc(TipValue),3)
    iret = RegCloseKey(hKey)
    return
end subroutine WriteRecentFiles


subroutine GetRecentFiles(hwnd)
use Scribe3Globals
implicit none
character(4) TipString
character(5),parameter:: MenuKey(4)= (/ &
        "MRU1"C,"MRU2"C,"MRU3"C,"MRU4"C/)
integer(4) bret
integer(4) hwnd
integer(4) iret
integer(4) hmenu,File,i
integer(4) hKey,Tcount
integer(4) dataType,cbdata
   iret = RegOpenKeyEx(HKEY_CURRENT_USER, &
          "Software\\Smiley\\Scribe3 &
          \\3.0\\Recent File List"C,0, &
           KEY_ALL_ACCESS,loc(hKey))
   iret = RegQueryValueEx(hKey,"Total Count"C, &
            0,loc(dataType),loc(Tcount),loc(cbdata))
   if(iret /= 0) then
     iret = RegQueryValueEx(hKey,"Total Count"C, &
            0,loc(dataType),loc(Tcount),loc(cbdata))
   end if
   do i = 1, Tcount
     iret = RegQueryValueEx(hKey,MenuKey(i),0, &
```

```
                loc(dataType),loc(IniString(i)),loc(cbdata))
      if( iret /= 0) then
       iret = RegQueryValueEx(hKey,MenuKey(i),0, &
              loc(dataType),loc(IniString(i)),loc(cbdata))
      end if
    end do
    iret = RegQueryValueEx(hKey,"Show Tips at Startup"C,0,&
                  loc(dataType),loc(TipString),loc(cbdata))
    if( iret /= 0) then
      iret = RegQueryValueEx(hKey,"Show Tips at Startup"C,0,&
              loc(dataType),loc(TipString),loc(cbdata))
    end if
    iret = RegCloseKey(hKey)
    if (index(TipString,'YES') /= 0) then
      TipsFlag = 1
    else
      TipsFlag = 0
    end if
    call UpdateMRUMenu(hwnd)
    return
end subroutine GetRecentFiles


subroutine UpdateMRUMenu(hwnd)
use Scribe3Globals
implicit none
include 'resource.fd'
!Local variables
logical(4) bret
logical(4) hwnd
logical(4) iret
logical(4) hmenu,File
character(259) MenuString
    MenuString ='1 '//IniString(1)//' 'C
    File = 0
    hMenu = GetSubMenu (GetMenu (hwnd), File)
    bret = ModifyMenu(hMenu, IDM_Mru1, MF_BYCOMMAND, &
          IDM_Mru1,LOC(MenuString))
    MenuString = IniString(2)//' 'C
    MenuString ='2 '//IniString(2)
    bret = ModifyMenu(hMenu, IDM_Mru2, MF_BYCOMMAND, &
          IDM_Mru2,LOC(MenuString))
    MenuString = IniString(3)
    MenuString = '3 '//IniString(3)//' 'C
    bret = ModifyMenu(hMenu, IDM_Mru3, MF_BYCOMMAND, &
```

```
            IDM_Mru3,LOC(MenuString))
   MenuString = IniString(4)
   MenuString = '4 '//IniString(4)//' 'C
   bret =  ModifyMenu(hMenu, IDM_Mru4, MF_BYCOMMAND, &
           IDM_Mru4,LOC(MenuString))
   iret = DrawMenuBar( hWnd)
end subroutine  UpdateMRUMenu
```

程式碼 9-48

第 10 章

程式設計小技巧

1.如何使用說明檔(*.chm)

說明檔對一個完整的應用程式是不可或缺的一部分，由於 Visual Fortran 並未提供相關的函式，我們就先撰寫一個給它用的函式，這個函式是以 C 語法寫的，你可以參考 9.3.1，以下是 VFC_HtmlHelp.C 的內容：

```
//VFC_HtmlHelp
#include <windows.h>
#include <htmlhelp.h>
//=========== Addition  for Transformer ============>>
void VFC_HtmlHelp(HWND *hwndCaller, LPCSTR *pszFile, UINT *uCommand,&
                DWORD_PTR *dwData)
{
    HtmlHelp(*hwndCaller,  *pszFile,  *uCommand, *dwData);
}
//======== end of Addition for Transformer ==========>>
```

程式碼 10-1

使用方法：

```
!------ Into main section of
!===>>
INTERFACE
SUBROUTINE VFC_HtmlHelp [C,ALIAS:'_VFC_HtmlHelp'] (a,b,c,d)
     INTEGER*4 a [REFERENCE]
     INTEGER*4 b [REFERENCE]
     INTEGER*4 c [REFERENCE]
     INTEGER*4 d [REFERENCE]
END  SUBROUTINE VFC_HtmlHelp
END INTERFACE
```

程式碼 10-2

呼叫方式：

```
call VFC_HtmlHelp(0,LOC("level.chm::/level_preface.htm"C),Z'0000',0)
```

2.如何在讀檔中跳過不要的資料

Fortran 讀檔的方式，是按照檔案內容行次，一次讀取一行資料，如果文字資料如下：

第一行	This is a test data
第二行	3 5 8
第三行	90.5 91.5 93.5 86.3

在 READ 時，一次讀進一行，如：

READ(*,*)A	A=This is a test data
READ(*,*)B	B=3
READ(*,*)C,D	C=90.5 D=91.5

以這種方式就可跳過，而不去讀取"5，8，93.5，86.3"。在每換一個 READ 時，它就會自動跳行從頭讀入資料，有多少變數就讀入多少內容，故要跳掉不想讀入的內容，其方法如下：

READ(*,'()')或 READ(*,*)

3.如何改正讀檔錯誤

在讀檔的過程中，有循環重複的資料需要讀入，我們可以採用 LOOP 方式讀檔，但讀其讀檔方式，在讀入最後一筆資料後，會繼續讀下一筆資料，而造成錯誤訊息：

---Read encounter end of file，如何改正它？

此種錯誤發生的原因為，檔案已到最尾端，卻繼續要求往下讀所造成的結果，為了改正，可以在 READ 中加入讀檔的判斷：

```
        READ(UnitID,Format,END=100)
100     STOP 或
DO WHILE(.NOT. EOF(UnitID))
...
END DO
```

4.如何將游標放在同一行上

在螢幕上，READ(*,*) A 時，游標位置往往會出現在下一行，該如何放在同一行上?

在提示行內加入"\"，例如：

```
    WRITE(*,10)
10  FORMAT(20X,'輸入:'\)
    READ(*,*) A
```

5.如何把數字型態改成文字型態

```
CHARACTER*20 wbufer
REAL reaf_input_value
WRITE(wbufer,*) reaf_input_value
```

6.如何把 EDIT CONTROL 所取得的文字型態改為實數數字型態

1.要取得 EDIT CONTROL 的實數文字型態內容，要使用 WIN32 API 函數：Getwindowtext；

iret = GetWindowText(edit_handle,wbuf,sizeof(wbuf))

2.所讀入的文字型態；real_value = chartoreal(LOC(wbuf))

3.要取得 EDIT CONTROL 的整數文字型態內容，方式同上，只是再將實數部份，去掉小數即可

iret = GetDlgItemINT(hDlg,editID,wbuf,sizeof(wbuf))

4.若此 EDIT CONTROL 是位於 Dialog 內，取實數型態的方式，如 1。

7.如何把文字型態改成數字型態

```
REAL*8 FUNCTION RdReal8 ( chInp)
! To read a REAL*8 value from a left justified character string.
!Routines called : none c c Documentation :
IMPLICIT INTEGER*4 (i-n)
CHARACTER*(*) chInp
CHARACTER*8 chFormat
! 計算字串長度
! 找出 E & D 等字眼把他變為大寫
  chFormat = '(F  .0) '
```

```
 Length = LEN( chInp )
 DO i=1 , Length
   IF ( chInp(i:i).EQ.'f' ) chInp(i:i) = 'F'
   IF ( chInp(i:i).EQ.'e' ) chInp(i:i) = 'E'
   IF ( chInp(i:i).EQ.'d' ) chInp(i:i) = 'D'
   IF ( chInp(i:i) .EQ. 'E' ) THEN ! E exponent format
     chFormat = '(E  .0)'
   ELSE IF ( chInp(i:i) .EQ. 'D' ) THEN ! D exponent format
     chFormat = '(D  .0)'
   ELSE IF ( chInp(i:i) .EQ. ' ' ) THEN ! end of string
     Length = i - 1
10   GOTO 20
   END IF
 END DO
20 CONTINUE
 WRITE (chFormat(3:4),'(I2)') Length ! complete Format
 READ (chInp,chFormat,ERR=100) RdReal8
 RETURN
100 CONTINUE
END
```

程式碼 10-3

8.如何組合文字

例如想組"CREATE TABLE XXXXX (YYYYY，ZZZZZ，...)"C

```
i1=index(TableName,char(0))
comstr = "CREATE TABLE"
icount = 14
comstr(icount:icount+i1-2)= TableName(1:i1-1)
icount = icount +1
comstr(icount:icount+1)= " ("
icount = icount + 2
! num2 - number of fields in database;
do j =1,num2
   filename = FieldNames(j)
   i1 = index(filename,char(0)
   icount = icount + 2
   if(j .ne. num2) then
     comstr(icount:icount) =","
     icount = icount +2
   else
     comstr(icount:icount+1) = ")" //char(0)
   endif
enddo
```

程式碼 10-4

9.字串中"//"是啥意思

表接續前面的文字。

10.　I4.4 是啥意思

通常 I4 表四位整數，若不達到四個值則只顯示部份值，而 I4.4 會把未達到的部份以 0 填實，如 3→0003。

11.　NINT 是啥意思

表示最接近且大於該實數之整數，如：

ii=NINT(3.8)

ii=4

12.如何使用 InitializeFlatSB 系列函數

在 COMCTL32.F90 中加入宣告即可，如：

```
!DEC$IF DEFINED(_X86_)
!DEC$ATTRIBUTES STDCALL,ALIAS : _InitializeFlatSB@4'::InitializeFlatSB'
!DEC$ELSE
!DEC$ ATTRIBUTES STDCALL,ALIAS : '_InitializeFlatSB'::InitializeFlatSB
!DEC$ENDIF
```

程式碼 10-5

13.如何偵測按下 Ctrl，Shift，Alt 等鍵

在 Windows 內，偵測這些鍵的參數存放於 wParam 內

鍵	代碼
Ctrl	MK_CONTROL
Shift	MK_SHIFT
Alt	MK_ALT

```
if(IAND(wParam,MK_CONTROL) .ne. 0) then ...
```

14.繪圖時想將原線條刪除，該如何處理

```
setROP2(hdc,R2_XORPEN)
```

15.如何知道子視窗編號

1.在 CreateWindowEx 函數

CreateWindowEx(0，	<--Extended window style
REBARCLASSNAME，	<--class name
""，	<--視窗頭銜
IOR(..)，	<--window style
0，	<--水平位置
0，	<--垂直位置
0，	<--視窗長度
0，	<--視窗寬度
hWnd，	<--父親窗代碼
1，	<--子視窗編號
nInst，	<--handle to application instance
NULL)	<--pointer to window create data

2.取得編號：

id_child=LoWord(wParam)

16.如何取得 ListBox 之 Item

```
Select case(mesg)
  case(WM_COMMAND)
    select case(wParam)
      case 1
      hPicked = LoWord(lParam)
      if(hPicked .EQ. LBN_SELCHANGE)
        處理動作
```

程式碼 10-6

17.如何取得資源表中之 Version 內容

```
!取得資源表中之 Version 內容
! Create a font to use
  hfontDlg = CreateFont(14, 0, 0, 0, 0, 0, 0, 0, 0, 0, 0, 0,&
           IOR(INT(VARIABLE_PITCH) , INT(FF_SWISS)), ""C)
! Get version information from the application
  ret = GetModuleFileName (INT(ghInstance), szFullPath, len(szFullPath))
  dwVerInfoSize = GetFileVersionInfoSize(szFullPath,LOC(dwVerHnd))
  if (dwVerInfoSize .NE. 0) then
  ! If we were able to get the information, process it:
    hMem = GlobalAlloc(GMEM_MOVEABLE, INT(dwVerInfoSize))
    lpstrVffInfo = GlobalLock(hMem)
    ret = GetFileVersionInfo (szFullPath,dwVerHnd, dwVerInfoSize,&
                      lpstrVffInfo)
  ! Walk through the dialog items that we want to replace:
  do i = IDC_VER1, IDC_VER5
    ret = GetDlgItemText(hDlg, i, szResult, len(szResult))
    szGetName = "\\StringFileInfo\\040904E4\\"C
    ret =lstrcat(szGetName,szResult)
    bRetCode = VersionQueryValue(lpstrVffInfo, LOC(szGetName), &
                   LOC(lpVersion), LOC(uVersionLen))
   if ( bRetCode .NE. 0 ) then
    ! Replace dialog item text with version info
      ret = lstrcpy(szResult,lpVersion)
      ret = SetDlgItemText(hDlg, i,szResult)
     ret = SendMessage (GetDlgItem (hDlg, i),WM_SETFONT, hfontDlg, TRUE)
   end if
  end do
  ret = GlobalUnlock(hMem)
  ret = GlobalFree(hMem)
end if
```

程式碼 10-7

18.如何在同一父視窗內製作兩個不同性質的子視窗

1.先完成建立兩個子視窗(如:樹狀子視窗及 List View 視窗)；

2.利用父視窗初始化時會呼叫 WM_SIZE 的機會，把兩個子視窗定位的位置作適當
的區隔(約保持 2pixels)；

3.處理 WM_SIZE 訊息：

```
case (WM_SIZE)
  cxClient = Loword(lParam)
  cyClient = Hiword(lParam)
  rcTree%right = cxClient/4
  rcTree%bottom = cyClient
  iret = MoveWindow(hwndList ,2+cxClient/4 , 0, cxClient-(2+cxClient/4) ,&
```
  cyClient，redraw) <--List View左上角位於橫軸四分之一上
```
  iret = MoveWindow(hWndTree, 0, 0, cxClient/4.0, cyClient,&
```
  redraw) !<--樹狀子視窗僅使用橫軸四分之一的寬度

程式碼 10-8

19.建立好分隔視窗後，如何產生拉動效果

要產生拉動效果的關鍵在如何恰當的設計 WM_LBUTTONDOWN，
WM_MOUSEMOVE，WM_LBUTTONUP 等三個訊息：

```
case (WM_LBUTTONDOWN) ! Change the X coordinates to match the new mouse position.
  xPos = int2(LOWORD(lParam))
  iret = SetCapture(hWnd)
  iret = GetClientRect(hWnd, rcSplit)
  rcSplit%left = min(max(50,xPos-cxSplitter/2), cSplit%right -50)+1
  if(hdcSplit /=0) then
    iret = ReleaseDC(hwnd,hdcSplit)
  end if
  hdcSplit = GetDC(hWnd)
  iret =PatBlt(hdcSplit, rcSplit%left, 0, cxSplitter, &
  rcSplit%bottom,DSTINVERT) <--設計一條拉動線,其位置值由上面得之
  MainWndProc = 0
  return
case (WM_MOUSEMOVE) ! Change the X coordinates to match the new mouse position.
  xPos = int2(LOWORD(lParam))
  if(hdcSplit /= 0) then
    iret =PatBlt(hdcSplit, rcSplit%left, 0, cxSplitter,rcSplit%bottom,&
        DSTINVERT)
    rcSplit%left = min(max(50,xPos-cxSplitter/2), rcSplit%right -50)+1
    iret =PatBlt(hdcSplit, rcSplit%left, 0, cxSplitter,rcSplit%bottom,&
        DSTINVERT)
  end if
  if (xPos >= rcTree%right .AND. xPos <= rcTree%right+2 )then
      iret = SetCursor(LoadCursor(NULL, IDC_SIZEWE))
  else
      iret = SetCursor(LoadCursor(NULL, IDC_ARROW))<--拉動時指標形狀改變
  end if
  MainWndProc = 0
  return
case (WM_LBUTTONUP) ! Change the X coordinates to match the new mouse position.
  xPos = int2(LOWORD(lParam))
  if(hdcSplit /=0) then
```

```
    iret = PatBlt(hdcSplit, rcSplit%left, 0, cxSplitter, rcSplit%bottom,&
          DSTINVERT)
    rcSplit%left = min(max(50,xPos-cxSplitter/2), rcSplit%right -50)+1
    iret = ReleaseCapture()
    iret = ReleaseDC(hwnd,hdcSplit)
    hdcSplit = 0
    rcSplit%left = rcSplit%left -cxSplitter/2
    rcTree%right = rcSplit%left
    if (hWndTree /= 0) then
      iret = SetWindowPos(hWndTree,Null,0,0,rcSplit%left,&
              rcSplit%bottom, SWP_NOZORDER) <--重新計算樹狀控制
元件的新位置後安置之
    end if
    rcSplit%left = rcSplit%left + cxSplitter
    if (hwndList /=0) then
    iret = SetWindowPos(hwndList,Null,rcSplit%left,0, &
      rcSplit%right - rcSplit%left, rcSplit%bottom,&
      SWP_NOZORDER)<--重新計算 List View 控制元件的新位置後安置之
    end if
  end if
 MainWndProc = 0
  return
```

程式碼 10-9

20.如何取消視窗上縮放按鈕功能

在 CreateWindowEx()函式中之第 3 個參數設成：

IAND(WS_OVERAPPENDWINDOW,NOT(WS_MAXIMIZEBOX))

21.如何調整 Windows 之 Swap 大小

Windows XP 作業系統之作法：

於控制臺-->系統-->系統內容(進階)效能-->設定-->效能選項(進階)虛擬記憶體-->
變更，調整到你要的大小，如下圖：

圖 10-1

國家圖書館出版品預行編目資料

Visual Fortran 程式設計與開發 / 陳鴻智，
張嘉強編著. -- 初版. -- 新北市 ：全華圖書，
2012.06
　　面；　公分
　ISBN 978-957-21-8615-2(平裝附光碟片)
　1. Fortran（電腦程式語言）
312.32F68　　　　　　　　　101011868

Visual Fortran 程式設計與開發

作者 / 陳鴻智・張嘉強

執行編輯 / 林宜君

發行人 / 陳本源

出版者 / 全華圖書股份有限公司

郵政帳號 / 0100836-1 號

印刷者 / 宏懋打字印刷股份有限公司

圖書編號 / 10405007

初版一刷 / 2012 年 6 月

定價 / 新台幣 400 元

ISBN / 978-957-21-8615-2(平裝附光碟片)

全華圖書 / www.chwa.com.tw

全華網路書店 Open Tech / www.opentech.com.tw

若您對書籍內容、排版印刷有任何問題，歡迎來信指導

book@chwa.com.tw

臺北總公司(北區營業處)

地址：23671 新北市土城區忠義路 21 號

電話：(02) 2262-5666

傳真：(02) 6637-3695、6637-3696

中區營業處

地址：40256 臺中市南區樹義一巷 26 號

電話：(04) 2261-8485

傳真：(04) 3600-9806

南區營業處

地址：80769 高雄市三民區應安街 12 號

電話：(07) 862-9123

傳真：(07) 862-5562